教育部人文社会科学研究项目（17YJCZH257）
国家自然科学基金项目（41301633）
河南省自然科学基金项目（182300410103）

城市典型产业碳排放综合绩效评价研究

Evaluation of Comprehensive Carbon Emission Efficiency of Urban Typical Industries

赵荣钦 刘 英 刘秉涛 侯丽朋 等◎著

科学出版社
北 京

图书在版编目（CIP）数据

城市典型产业碳排放综合绩效评价研究 / 赵荣钦等著. —北京：科学出版社，2019.7
ISBN 978-7-03-056854-0

Ⅰ. ①城… Ⅱ. ①赵… Ⅲ. ①城市-二氧化碳-排气-综合评价-研究-中国 Ⅳ. ①X511

中国版本图书馆 CIP 数据核字（2018）第 048885 号

责任编辑：石　卉 / 责任校对：贾娜娜
责任印制：徐晓晨 / 封面设计：有道文化

科学出版社 出版
北京东黄城根北街 16 号
邮政编码：100717
http://www.sciencep.com
北京建宏印刷有限公司 印刷
科学出版社发行　各地新华书店经销
*
2019 年 7 月第　一　版　开本：B5（720×1000）
2019 年 7 月第一次印刷　印张：14 1/2
字数：302 000
定价：88.00 元
（如有印装质量问题，我社负责调换）

序

应对、减缓或适应气候变化是全球生态文明建设的重要内容。一直以来，虽然在如何应对碳减排、减缓全球气候变暖方面都存在争议，但“碳排放”仍然是各国或地区政府、学术界乃至公众关注和致力于解决的热点问题。近年来，国内外学者从不同空间尺度（如国家、区域和城市等）和不同人类活动方式（如土地利用、产业活动、旅游等）的视角围绕碳排放与区域低碳发展开展了大量深入且系统的研究，为温室气体清单编制、人类活动的碳排放评估及碳减排策略的选择提供了重要参考。

中国作为负责任的大国，不仅做出到 2030 年左右碳排放达到峰值的承诺，而且制定了一系列应对、减缓和适应气候变化的策略，以推动经济社会的低碳转型乃至发展转型。尤其是十八届三中全会以来，中国进一步明确推进绿色发展、循环发展和低碳发展的定力，并出台一系列重大政策、制度。例如，国务院印发的《“十三五”控制温室气体排放工作方案》提出要“强化全国碳排放权交易基础支撑能力……构建国家、地方、企业三级温室气体排放核算、报告与核查工作体系，建设重点企业温室气体排放数据报送系统”；并提出要“加强温室气体排放统计与核算……完善重点行业企业温室气体排放核算指南……实行重点企（事）业单位温室气体排放数据报告制度”。

企业是经济社会的基本单元。作为能源消费和碳排放的主体之一，企业是从根本上推进低碳转型的重要力量。但企业类型复杂多样，并具有较大的空间异质性，也引致其所负载的经济、政治和社会目标的个体及区域具有差异性。企业的生产活动、方式和效率直接决定了“自然-经济-社会”复合系统中资源能源流动的规模和效率。因此，开展企业碳排放机理研究能够从基础层面推动碳减排和经济社会的低碳转型。实质上，碳排放和碳减排研究不能仅从全球或区域的视角来考虑，开展企业单元的碳排放机理及绩效研究也十分必要。这不仅是温室气体精确核算的重要基础，也是推动企业碳减排、构建企业碳交易体制和低碳产业结构优化调整的必然要求。更重要的是，企业碳减排也是地方政府应对气候变化的重要抓手。

随着低碳发展的不断深入，碳减排的市场机制越来越得到更多发展与实践。近年来，国际上一些国家和地区相继启动碳交易市场。2013 年以来中国开展 7 个省市的碳交易试点建设；2017 年国家发展改革委发布《全国碳排放权交易市场建设方案（发电行业）》，这标志着全国统一的碳交易市场正式启动。企业是碳交易的主体，科学地开展企业碳核查和碳配额分配是建立公平合理的碳交易体制的基础，不仅决定着未来碳交易系统的健康运行，也是履行国家减排承诺的关键。开展企业碳排放综合绩效评价不仅有助于深化小尺度经济单元碳排放机理研究，从企业资源能源代谢和生产供应链的视角分析经济社会的碳排放效率；而且，从服务于国家碳交易体制的角度而言，企业碳排放研究对于完善企业碳核查和碳配额分配方法也具有重要的实践价值。虽然以企业为主体的碳交易实践业已开展，但系统开展企业碳排放及其综合绩效评价的研究成果仍不多见。因此，该书的选题具有重要的理论和实践意义。

该书作者长期从事区域系统碳循环、土地利用碳排放等领域的研究，在“自然-社会”耦合的区域碳排放及其影响机制方面开展了大量且富于学术创新的研究工作。该书得到国家自然科学基金和教育部人文社会科学研究项目等的支撑，选取具有代表性的中原城市——河南省郑州市，以 181 家企业为研究对象，从能源、土地利用、劳动力、水资源消耗及废弃物排放等多指标角度开展企业碳排放综合绩效的评价，对比分析不同类型产业碳排放综合绩效的差异及影响机制，提出基于碳排放综合绩效的碳配额分配方案，同时分析不同碳配额分配方案的碳减排潜力，并提出郑州市产业低碳发展的模式和对策。该书突破以往主要从行业或产业视角开展碳排放研究的局限，进一步丰富和发展了企业碳排放机理及绩效评价研究的内涵。该书不仅可以为完善企业碳核查方法和碳交易理论提供技术指导、思路或方法借鉴，也可以为政府相关部门开展企业碳核查和碳配额分配提供实践指导。

尤其值得一提的是，该书的关注点并不局限于碳排放本身，而是综合考虑企业占地、能源投入、企业经济效率、水资源消耗和污染物排放等多要素与碳排放的关联。传统碳减排研究的目标主要是应对气候变化，但实质上除了应对气候变化之外，中国还面临着其他诸多亟待解决的环境问题，如大气污染、水污染、土壤污染、固体废弃物污染，以及大量的资源消耗和环境破坏带来的生态环境问题。因此，推动碳减排与其他多种污染物的协同治理显得十分必要。该书为推动企业碳减排、土地集约利用、资源节约与环境治理的多重目标的实现提供了理论认知和研究范例。

相信该书的出版能够推动企业碳排放研究的进一步深入，也能够为企业层面碳减排、企业碳核查和碳配额分配提供切实可行的实践借鉴，并为区域碳排放峰值控制策略的选择提供决策参考。

黄贤金

南京大学“长江学者”特聘教授

2018年10月

前　　言

近年来，随着“低碳热”的兴起，国内外学者围绕碳排放和区域低碳发展开展大量研究，并取得一批重要的研究成果，涉及区域、产业、土地利用、生产、贸易和消费等诸多领域。碳排放也是当前多学科交叉研究的重要方向之一。当前，中国面临突出的资源环境与经济转型问题，因此低碳发展显得尤为迫切。

企业是经济社会的基本单元，也是城市能源消费主体和碳排放的重要来源之一，开展企业层面的碳排放机理研究十分必要。目前，不少学者的研究涉及产业碳排放，但大都是基于某一行业或不同产业的对比研究，较少深入到企业层面。自 2013 年以来，我国开展 7 个省市的碳交易试点建设，并于 2017 年 12 月正式启动电力行业的全国碳交易市场。如何从企业单元视角完善碳排放绩效评价和碳配额分配方法成为当前面临的重要科学问题之一。由于企业类型、生产方式、工艺过程、技术水平、产品形式等复杂多样，企业碳排放及其效率受多种因素影响，并具有较大的空间异质性。因此，传统的区域尺度的碳排放研究方法并不适用于多样化的企业碳排放差异研究。企业碳排放研究必须基于详细的企业调查数据来开展。

自 2013 年以来，笔者先后承担中国博士后科学基金第六批特别资助项目“城市不同功能区碳排放与碳流通模拟及低碳调控研究”（2013T60518）、国家自然科学基金项目“城市典型产业空间的碳排放强度与碳代谢效率研究”（41301633）和教育部人文社会科学研究项目“基于碳排放综合绩效的企业碳配额分配研究”（17YJCZH257）等。在以上项目的支持下，笔者和课题组成员了 2011～2016 年在郑州市和南京市开展企业调研，收集整理大量不同类型企业的第一手资料和数据，为本研究的顺利开展奠定了基础。

本书以郑州市 181 家企业为研究对象，对不同产业的碳排放进行核算，探讨碳排放效率的行业及空间差异，基于 LMDI 因素分解分析方法分析典型产业碳排放变化的影响机制；基于熵权法对典型产业碳排放综合绩效进行评价，提出基于碳排放综合绩效的碳配额分配方案，并提出郑州市低碳产业发展的模式和对策建议。

本书的特色主要体现在两个方面：一是从企业视角构建小尺度经济社会单元碳排放综合绩效评价的方法，从理论上进一步深化企业碳排放研究，突破以往仅从行业或产业视角开展碳排放研究的局限，将碳排放研究深入到微观经济单元层面，建立从能源消耗、土地利用、劳动力投入、水资源消耗及废弃物排放等多指标角度开展企业碳排放综合绩效评价的方法；二是提出基于碳排放综合绩效的企业碳配额分配方案，既可以为完善企业碳核查方法和碳交易理论提供技术指导，也可以为各级政府开展地方企业碳核查、进行更加公平合理的碳配额分配提供参考，且对推动企业碳减排、土地集约利用、资源节约与环境治理的多重目标的实现具有一定的现实指导意义。

本书的顺利完成，首先要感谢笔者的博士生导师——南京大学黄贤金教授。他对笔者的国家自然科学基金项目申请书提出宝贵的意见和建议，对本书思路的形成起到关键的引导作用。笔者在南京进行企业调研时，导师也给予了大力支持和帮助。感谢南京大学地理与海洋科学学院鹿化煜教授、濮励杰教授、李升峰副教授、钟太洋副教授、揣小伟副教授，他们在笔者博士后工作期间给予诸多关心和支持。还要感谢河南大学环境与规划学院秦耀辰教授、秦明周教授，河南省科学院地理研究所所长冯德显研究员，以及华北水利水电大学测绘与地理信息学院曹连海教授、郝仕龙教授、张战平副教授和丁明磊博士，环境与市政工程学院刘秉涛教授、管理与经济学院王洁方副教授等提出的宝贵修改建议，使研究得以进一步完善。感谢郑州市环保局李伟民副局长和朱艳在企业数据调研和收集过程中提供的帮助和支持。

从 2017 年起，笔者作为创新团队成员参与了南阳师范学院南水北调中线水源区水安全河南省协同创新中心的相关研究工作。本书的出版也得到该中心相关专项经费的资助。

本书由赵荣钦提出写作思路和大纲，由赵荣钦、刘英（郑州航空工业管理学院）统稿。具体撰写工作分工如下：第一章赵荣钦、刘英；第二章赵荣钦、满洲、刘英；第三章刘薇、丁明磊、王帅、杨文娟；第四章李宇翔、杨文娟、张战平、赵荣钦；第五章侯丽朋、赵荣钦、余娇；第六章侯丽朋、余娇、赵荣钦、刘英；第七章侯丽朋、余娇、杨青林、刘秉涛；第八章杨青林、刘英、姚伦广。

本书的顺利完成得益于几位研究生——侯丽朋、杨青林、满洲、余娇、杨文娟和王帅，以及本科生李宇翔、刘薇和唐军等的共同努力和积极参与。特别是侯丽朋在数据调研和处理等方面做了大量的基础工作，并在此基础上完成了她的硕士学位论文；余娇和李宇翔也参与了企业数据的收集、调研和整理；杨文娟参与了书稿的校核工作。在此一并表示感谢！

本书得以顺利出版要感谢科学出版社高教化资分社赵峰社长的大力支持，感谢科学出版社科学人文分社石卉编辑对本书所做的编辑工作！

需要说明的是，本书仅仅从能源、土地利用、劳动力、水资源消耗及废弃物排放等多要素入手，探讨企业碳排放综合绩效评价的方法，并尝试性地提出基于综合绩效评价的碳配额分配方案。实际上，企业碳排放的研究框架、内容和体系等方面均需进一步完善和深入。而且企业碳排放研究涉及的内容很多，如企业全生命周期过程的碳排放核算，企业碳流通和碳代谢效率，不同类型企业碳排放因子的统计和确定，政府政策、投资因素和对外贸易等对企业碳排放的影响，企业用地空间的低碳优化和调控，企业视角的“水-土-能-碳”关联研究等，都是值得进一步深入研究的方向。

由于笔者水平有限，书中难免存在不足之处，敬请各位专家和读者批评指正！

赵荣钦

2018年10月于郑州

目　录

第一章 绪论

出于对全球变暖的担忧，碳排放和低碳经济成为各国政府、科学界和公众共同关心的热点问题，相关领域的研究也逐渐增多。同时，改革开放以来，中国的粗放型经济增长方式也造成了一系列突出的环境问题（Xiao and Zhao，2017），正面临着经济新常态、产业结构调整和经济发展方式转型方面的压力。因此，如何在气候变化和低碳发展的背景下走出一条绿色、可持续、低碳高效的经济发展道路是中国面临的重要问题。为实现这一目标，中国政府秉承五大发展理念，大力推进生态文明建设，并在国家“十三五”规划和党的十九大报告中提出一系列推进生态文明建设和低碳发展的策略，计划从社会发展的各个领域全面推进经济社会的低碳转型。

作为经济社会活动的基本单元，企业是能源消费和碳排放的主体之一。由于在生产工艺过程、资源消耗、能源结构及产品类型方面存在差别，不同类型企业的碳排放强度及效率具有显著的差异。为推动经济运行效率的提升并实现碳减排的目标，中国从 2013 年开始，分别在深圳、北京、上海等 7 省市开展碳排放交易试点；2017 年 12 月，国家发展改革委印发《全国碳排放权交易市场建设方案（发电行业）》，标志着我国碳排放交易体系完成总体设计，并正式启动。碳交易主要是以企业为基本单元，通过碳核查和配额管理，以市场机制来约束企业的碳排放行为。因此，开展企业层面的碳排放综合绩效评价、影响机制及配额分配研究，不仅有助于从多要素视角进一步完善企业碳核查方法和碳配额分配方案，而且对于构建更加科学合理的全国统一碳交易市场体制机制具有重要的实践意义。

第一节 研究背景

一、产业碳排放是城市的主要碳排放源

随着经济社会的快速发展，碳排放增加导致的全球变暖成为国际社会广泛关注的焦点。中国已经超过美国成为全球最大的碳排放国，并在国际气候谈判中面临着较大的碳减排压力（Jiang，2016）。因此，如何协调碳减排与经济发展的关系成为我国未来经济社会发展中亟待解决的问题。中国政府一直致力于控制温室气体排放，应对气候变化，并努力成为全球气候治理的重要贡献者和引领者。哥本哈根世界气候大会上，中国政府承诺到 2020 年中国单位国内生产总值二氧化碳排放比 2005 年下降 40%～45%。2015 年，习近平主席在巴黎气候变化大会上提出，中国将于 2030 年左右达到碳排放峰值并争取尽早实现，2030 年单位国内生产总值二氧化碳排放比 2005 年下降 60%～65%。中国政府在积极履行国际义务的同时，也致力于通过自身的努力控制国家温室气体排放。国家“十三五”规划提出要实现生态环境质量总体改善；能源资源开发利用效率大幅提高，能源和水资源消耗、建设用地、碳排放总量得到有效控制，主要污染物排放总量大幅减少。党的十九大报告指出要建立健全绿色低碳循环发展的经济体系；构建市场导向的绿色技术创新体系，发展绿色金融，壮大节能环保产业、清洁生产产业、清洁能源产业；构建清洁低碳、安全高效的能源体系；推进资源全面节约和循环利用。这都向世界显示了中国应对气候变化、推动经济社会可持续发展的决心。为实现国家的减排目标、履行减排承诺，必须进一步明晰碳排放的来源

和构成，了解碳排放特征、效率及其变化规律，以便制定有针对性的减排措施，开展更加切实可行的减排行动。

城市是人类经济社会活动和资源消耗最集中的地区，也是主要的碳排放源，其温室气体排放量占全球总量的 70%以上（IPCC，2013）。中国目前仍处于快速城市化进程中，随着城市人口的不断增加和城市规模的不断扩大，经济发展和资源环境的矛盾日益突出。产业活动特别是重工业和高耗能产业是城市碳排放的主要来源，而且，城市产业类型复杂多样，不同产业具有不同的资源能源消耗强度和碳排放效率。因此，基于企业调研开展城市产业碳排放核算是城市碳排放研究的基础工作，这不仅有助于了解城市产业碳排放的结构特征，明确各产业碳排放的变化趋势及驱动因素，深化微观经济单元碳排放的机理研究，也是落实应对气候变化和碳减排的国家行动的有效途径。

二、低碳产业是经济新常态下产业转型的必然选择

2013 年中央经济工作会议上，习近平总书记首次提出“新常态”这一概念。新常态之“新”在于经济发展模式不同于以往，新常态之“常”在于发展的相对稳定。新常态时期，经济增长、社会发展与环境保护三者的关系更和谐，社会结构更优化，经济保持中高速增长，与传统的粗放型发展模式基本告别。经济新常态着眼于提升经济发展的质量和效益，加快推进产业转型，开创经济发展新局面。如何适应经济新常态的要求，走出一条经济社会发展和环境保护相协调的道路，是新时代中国经济社会面临的重要抉择。2015 年，十八届五中全会提出“创新、协调、绿色、开放、共享”五大发展理念。党的十九大报告指出，我们要建设的现代化是人与自然和谐共生的现代化；必须坚持节约优先、保护优先、自然恢复为主的方针，形成节约资源和保护环境的空间格局、产业结构、生产方式、生活方式，并提出未来低碳发展和生态文明体制改革的构想，这充分反映了国家层面对未来低碳绿色发展的关注。

产业转型的关键在于通过调整资本、劳动力等生产要素的分布，使其由高投入、高污染、低产出的传统产业向低投入、高效益的绿色环保产业和高

新技术产业转移，从而实现产业结构、组织及技术等多方面的优化。工业是经济的支柱，也是产业转型的重点领域。中国城市传统产业部门长期处于粗放型发展中，资源能源消耗大且产出效益低，资源型产业普遍存在产能过剩的问题。从适应经济新常态的要求出发，发展低碳绿色产业是未来产业转型的必然趋势。这就要求对城市不同产业的碳排放绩效进行科学合理的评价，以寻求低碳高效的产业发展模式，为区域产业转型和低碳产业结构优化提供实践指导。

三、城市产业碳排放综合绩效评价是完善碳核查理论和方法的基础

碳核查是开展碳排放交易的重要前提。国家“十二五”规划提出建立完善温室气体统计核算制度，逐步建立碳排放交易市场。《“十二五”控制温室气排放工作方案》提出加快构建国家、地方、企业三级温室气体排放核算工作体系，实行重点企业直接报送温室气体排放和能源消费数据制度。2013～2015 年，国家发展开放革委分三批发布了 24 个重点行业企业温室气体排放核算方法与报告指南，以帮助企业科学核算和规范报告自身的温室气体排放，制定企业温室气体排放控制计划，积极参与碳排放交易，强化企业社会责任，同时也为相关部门掌握重点企业温室气体排放情况、制定相关政策提供支撑。这些指南成为 2013 年我国开展碳交易试点建设以来各地方开展企业碳核查的主要依据。但总体来看，这些方法重点是从企业生产工艺过程入手，对企业各种能源投入的碳排放进行核算，强调的是企业碳排放本身的差异，而没有综合考虑企业产值、用水及废弃物排放等多要素对碳排放效率的影响。

实质上，碳排放效率的差异也应该成为碳核查的重要参考因子。基于碳排放综合绩效评价开展企业碳核查对于推动建立公平合理的碳交易体制具有重要意义，这不仅有助于衡量产业碳排放对经济发展、社会福利水平及环境质量的影响，而且有助于制定差别化的产业低碳发展模式和策略，引导城市产业低碳转型。

四、企业碳配额分配是构建科学合理的碳交易体制的基础

《京都议定书》把市场机制作为解决以二氧化碳为代表的温室气体减排问题的新路径，即把碳排放权作为一种商品而进行交易，简称“碳交易”。当前，国际上一些国家和地区，如欧盟、美国、新西兰等都建立了碳交易市场，这成为应对全球气候变化、推动碳减排的重要举措。2008 年，国家发展改革委首次提出要建立国内的碳交易所。2011 年 11 月，国家发展改革委下发《关于开展碳排放权交易试点工作的通知》，批准北京、上海、广州、深圳、天津、重庆、湖北等 7 省市开展碳排放权交易试点工作。2013 年 6 月 18 日，中国第一个碳交易试点在深圳正式启动。2017 年 12 月，国家发展改革委印发《全国碳排放权交易市场建设方案（发电行业）》，标志着全国统一的碳交易市场正式启动。

企业是经济活动的基本单元，是碳交易市场的主要参与者。制定确保企业获得与其生产经营水平相适应的碳排放空间的碳配额分配方案是企业参与碳交易的基础。对于起步不久的中国碳交易市场而言，建立科学合理的碳交易体制，确定总量控制下的各企业部门的碳配额是确保碳市场健康运行的关键。传统碳配额分配主要采用历史法和基准线法进行，未能从企业资源消耗、用水、废弃物排放、土地占用及劳动力投入等角度综合考虑企业碳排放效率的差异。科学合理的碳配额分配方案必须充分考虑多要素对碳排放的影响，这对构建更加公平合理的碳配额分配制度和碳交易机制具有重要的实践意义。

基于上述研究背景，本书以郑州市为例，通过对企业能源消费碳排放的核算，探讨不同生产要素对企业碳排放的驱动机制，并提出基于碳排放综合绩效评价的企业碳配额分配方案。一方面，本书综合评估企业生产过程各投入要素（能源、用地、用水、劳动力）及产出要素（工业产值、废弃物排放）对碳排放效率的影响，建立基于熵权法的产业碳排放综合绩效评价的方法。这突破了前期研究仅关注产业碳排放及其强度差异的不足，将企业碳排放与企业污染治理、资源节约相结合，从理论角度进一步丰富和深化了小尺度经济社会单元的碳排放研究，为今后开展企业视角的碳排放研究提供了参考和方法借鉴。另一方面，本书提出了基于碳排放综合绩效评价的碳配额分

配方案。通过引入企业占地、劳动力投入、工业用水及废弃物排放等指标，开展基于碳排放综合绩效评价的碳配额分配，有助于完善碳交易体系，为企业碳核查和碳配额管理提供实践指导，并对推动企业碳减排、土地集约利用、资源节约与环境治理的多重目标的实现具有重要的实践意义。

第二节　企业碳排放机理分析

一、企业碳排放构成及其特征

1. 企业碳排放构成

城市是非农人口及非农产业的集聚地，是人类活动对地理环境影响最深刻的地方，城市产业构成、经济活动、交通格局与地域形态等均受到人类活动的深刻影响。城市产业是社会分工的结果，不同企业资源能源消耗类型和种类、能源利用效率、产品类型、生产工艺过程等具有明显的差异。从企业活动全生命周期的过程来看（图 1-1），原料开采、运输、生产、加工、销售和废弃物处理等不同的环节都会产生一定的碳排放。

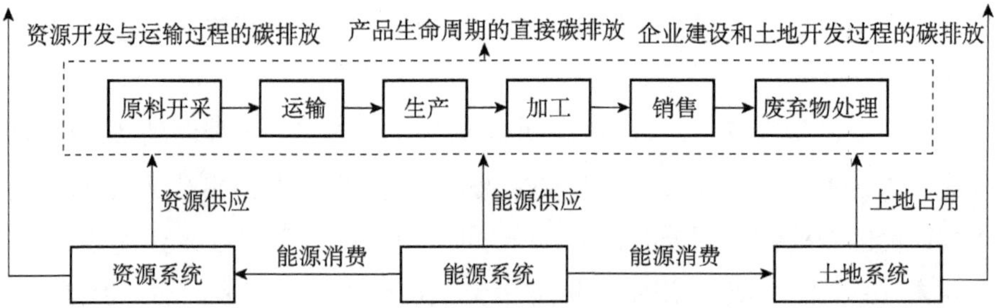

图 1-1　企业活动全生命周期的碳排放构成

（1）企业原料开采过程中的碳排放。各类原料开采、能源开采与加工、水资源开发与处理等都会产生直接或间接的碳排放。一般而言，这不属于企业生产的直接碳排放，但是由企业活动所引起的，也应该算作企业碳排放的一部分。

（2）企业原料和产品运输过程中的碳排放。这主要是指原料和产品运输过程中能源消耗产生的直接或间接的碳排放。

（3）企业生产和加工过程中能源消费的碳排放。这是企业生产过程中的主要碳排放源，主要是指生产和加工环节消耗的各类能源带来的碳排放，其能源使用效率直接决定了企业的碳排放效率。

（4）企业产品销售过程中的碳排放（这主要是指企业产品宣传、销售及相关服务等过程所产生的碳排放）。

（5）企业废弃物处理过程中的碳排放。这主要包括企业废弃物运输和处理等环节产生的碳排放。

（6）其他由企业生产活动引起的间接碳排放（又称隐含碳排放）。例如，因产业活动用水而带来的水资源开发、供应和处理等能源消费的碳排放；企业土地占用和开发带来的能源消费的碳排放；企业生产车间、厂房和办公楼房建设等带来的碳排放；企业运营和管理过程中能源消费的碳排放。这主要是指企业办公、管理服务部门电力消耗产生的碳排放；等等。

2. 企业碳排放特征

作为人类社会经济活动的基本单元，企业碳排放构成复杂，碳排放特征也与自然过程明显不同，主要特点如下：

（1）企业碳排放主要受人类活动强度的影响和支配。城市产业碳排放与自然过程碳排放最大的不同点在于：城市产业活动是一种完全人工化的系统，其碳排放主要受产业类型、生产规模、产业活动的能源消费强度及人类经济活动强度的支配。

（2）企业碳排放既包括直接碳排放，也包括隐含碳排放。直接碳排放主要来自企业生产加工、原料和产品运输等过程中的能源消费。化石燃料作为生产资料进入生产经济系统，与其他生产资料共同经过加工转换过程，以二氧化碳形式排放到大气中。隐含碳排放主要是指企业经营管理和产品销售等过程中的电力消费的碳排放，以及隐含在上游企业原料中的碳排放。

（3）企业碳排放是一个涉及整个产业链的相互关联的碳排放系统。从本质上讲，产业链是一个具有某种内在联系的企业群结构，存在着上下游关系和价值的交换，上下游环节之间相互输送原料、产品，并反馈信息。一方面，企业经济活动是一个涉及多区域、多种原料和多类型产品加工转换过程的综合系统，因此从原材料运输、产品加工、销售和产品废弃的整个过程均消耗一定的资源和能源，并产生碳排放；另一方面，某企业生产和经营效率及碳排放强度直接影响了生产链中其他企业的生产效率和碳排放。因此，需要从企业关联的视角分析碳排放的构成、隐含碳的流向，以及不同企业之间碳排放效率的相互影响和作用机制。

（4）企业碳排放具有较大的空间异质性。不同企业的资源能源类型多样，来源各异。另外企业生产工艺过程、环节及产品类型等具有较大差异，这导致企业碳排放及其效率有较大的空间异质性。比如对重工业和高耗能产业而言，企业碳排放主要来源于原料生产、运输及产品生产过程；对于消费品生产企业或服务业而言，产品销售、宣传和推广等过程中的碳排放也是不可忽视的。因此，这就需要区别对待不同的企业，以确定主要的碳排放来源环节和类型，并综合分析企业全生命周期过程中的碳排放效率。

（5）产业地域分工引起企业集聚并导致企业碳排放的空间集聚和差异。从产业空间关联的视角而言，不同类型企业的碳排放会产生空间集聚现象。原料和能源开采导致的碳排放主要集中在原料产地，产品生产过程的碳排放主要集中在产业园区，而销售过程的碳排放主要集中在城市或人口密集区。因此，对于产业链不同环节的碳排放，既要分析碳排放的环节差异，也要分析与之对应的碳排放的空间差异。

二、企业碳排放及其效率的影响机理分析

由于企业类型及生产方式复杂多样，所以其碳排放及效率受多种因素影响，如能源结构与效率、生产工艺及技术效率、产品运输及销售因素、资源及土地利用效率、产品类型、企业关联与集聚等（图 1-2）。

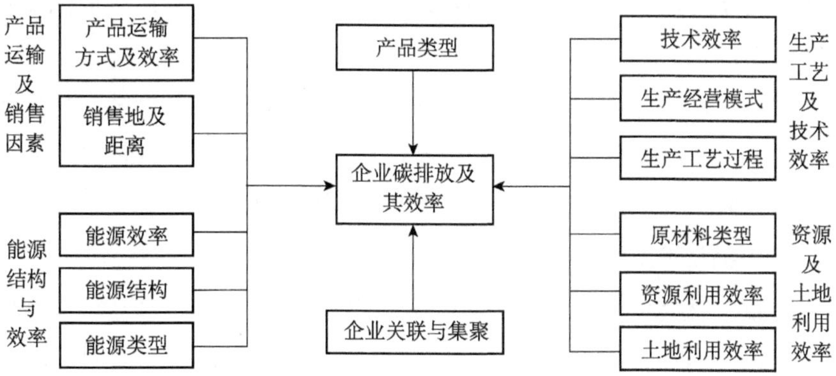

图 1-2 企业碳排放及其效率的影响机理

1. 能源结构与效率

能源是企业生产和运行的动力源，能源供给的类型及结构是决定企业碳排放水平的主要因素。不同企业能源结构和类型有所差异，如电力、钢铁、有色金属等行业直接使用大量的化石能源，而大部分轻工业则以电力为主要能源。化石能源的碳排放属于直接碳排放，而电力的碳排放则是隐含碳排放。因此，企业能源类型、结构及其效率是决定企业碳排放效率的重要因素。对于高耗能产业而言，调整能源结构、提高能源效率是推动企业碳排放效率提升的重要措施。比如，鼓励企业采用清洁能源和可再生能源，能够有效降低企业的碳排放强度。另外，也可以采用经济或行政手段，对能源利用效率高的企业给予一定的经济激励或政策支持，鼓励企业开发能源高效利用技术，推动能源效率和碳排放绩效的提升。

2. 生产工艺及技术效率

生产工艺决定企业不同生产阶段的能源投入结构，进而决定企业的碳排放强度。不同类型企业的生产工艺流程具有较大差异，这是导致碳排放行业差异的根本原因。另外，同一行业内部不同企业技术水平的差异，也使企业碳排放效率有所不同。生产技术及其效率是影响企业投入产出比例的决定性因素，并决定企业的运行效率。技术投入水平体现在投入产出效率上，技术投入的增加提高了企业资源利用及劳动效率。当技术投入较高时，企业能够通过较少的物质投入获得较高的产出，从而降低碳排放强度。因此，企业生产生命周期过程中各投入产出因素效率的差异是引起产业碳排放强度差异的主要因素。

此外，科学合理的企业管理方式和生产经营模式也是影响碳排放效率的因素之一。通过加强生产过程的管理，可以在一定程度上提高劳动效率和设备使用效率，从而进一步提高生产效率和碳排放效率。

3. 产品运输及销售因素

不同类型企业的原料和产品具有较大的差异，原料产地、产品产地和销售市场的关系也不同，因此在原料和产品运输过程会造成不同的碳排放强度。另外，交通运输方式的差别也会造成碳排放差异。

4. 资源及土地利用效率

原料和资源能源利用效率、企业的土地利用强度影响企业的生产效率，进一步影响碳排放效率。一般而言，资源能源利用率越高、土地利用越集约的企业生产效率越高，碳排放效率就越高。

5. 产品类型

工业企业的产品类型多样。企业产品类型的差异决定了企业生产工艺的复杂程度、资源利用效率，以及原料和产品的运输方式及效率。因此，不同类型的企业，单位产品的隐含碳排放具有较大的差异。从微观经济单元的视角而言，可以对同一行业内不同企业的单位产品的隐含碳排放强度进行对比，并分析其碳排放效率的差异。

6. 企业关联与集聚

企业关联与集聚是影响企业生产效率的重要因素。通过构建企业集群、工业园区的方式，将一些关联性强的企业集中布局，可以有效降低原材料的运输成本，还可以通过企业共用部分基础设施来降低废弃物处理和管理的成本。因此，对园区企业碳排放进行分析时，应该考虑企业关联和集聚对企业碳减排的影响，以寻求低碳的产业结构和布局。

除此之外，政府政策、企业规模、社会环境、居民消费理念、产业结构及其调整也会影响企业碳排放。这些因素都需要在具体的研究中进行分析和区别对待。

第三节 研究区概况

郑州市是河南省省会、中国中部地区中心城市、中原经济区核心城市，是中国公路、铁路、航空、通信兼具的综合交通枢纽，是中国（河南）自由贸易试验区的主要组成部分。郑州市位于东经 112°42′～114°14′、北纬 34°16′～34°58′，属温带大陆性季风气候，冷暖适中、四季分明，自然资源丰富。郑州市总面积为 7446 平方公里，截至 2015 年年末，下辖 6 个市辖区、1 个县、代管 5 个县级市，总人口 956.9 万人。

2015 年，郑州市完成地区生产总值 7315.2 亿元（郑州市统计局，2016）。主导优势产业主要有汽车及装备制造、煤电铝、食品、纺织服装、电子信息等，并在建材、耐火材料、有色金属、食品等产业上具有较明显的发展优势。郑州市拥有亚洲最大、最先进的大中型客车生产企业——郑州宇通集团有限公司。郑州市是中国重要的冶金建材工业基地，氧化铝产量占中国市场份额的一半左右。

工业在国民经济中起主导作用，决定着国民经济现代化的速度、规模和水平，是第二产业的主要组成部分。2015 年，郑州市全年完成地区生产总值 7315.2 亿元，同上年相比第二产业和第三产业的增加值分别是 3625.5 亿元和 3538.7 亿元，第二产业和第三产业基本持平；第二产业中全部工业增加值为 3188.2 亿元，增长 9.6%；规模以上工业企业完成增加值 3312.3 亿元，增长 10.2%，其中轻工业完成增加值 782.7 亿元（增长 6.4%），重工业完成增加值 2529.6 亿元（增长 11.4%），占总规模以上工业增加值的 76.4%；七大主导产业完成增加值 2375.6 亿元（增长 12.6%），六大高能耗产业（煤炭、电力、化工、建材、钢铁、铝）完成增加值 1330.6 亿元（增长 6.8%），贡献了规模以上工业增加值的 40.2%（郑州市统计局，2016）。郑州市第三产业在城市生产总值中的比重持续增加，但是工业部门仍是城市经济的支柱，工业在贡献较高生产总值的同时也消耗了大部分的能源资源，是城市碳排放的主体，也是经济新常态下产业转型的重点领域。郑州市传统的电力、金属冶炼等产业长期处于较粗放的经济发展模式，且这些产业在城市产业结构中占较大比重，新兴信息技术产业所占比重较小，产业结构急需优化升级。

郑州市产业转型面临一系列的障碍，如高能耗产业比重较大，第三产业在产业结构中的比重有待进一步增加；产业创新能力不强，先进技术对产业进步的影响作用有限等。但是郑州市也面临着独特的优势，如郑州市是公铁航信兼具的综合性交通通信枢纽，其地理位置得天独厚，区位优势非常明显，尤其是在《中原城市群发展规划》和《郑州航空港经济综合实验区发展规划（2013—2025 年）》得到正式批复之后，在我国中西部地区及在带动中原城市群的形成和崛起方面具有举足轻重的作用。

总体来看，郑州市城市发展迅速，其经济发展模式及产业结构等在我国中西部地区具有代表性。郑州市既有传统产业，也有新型产业，既面临着产业结构转型升级的问题，也面临着“三化”（生态化改造、清洁化整治、绿色化生产）协调发展、保证粮食安全的国家政策需求的问题。因此，对郑州市企业碳排放绩效进行研究对于指导区域低碳产业结构优化调整具有实践意义，也可为中西部地区其他城市提供参考借鉴。基于上述背景，本书以郑州市为研究区域，结合 181 家企业的调研数据，对产业碳排放进行核算，研究其变化趋势，分析碳排放变化的驱动因素；结合企业能源消耗、占地面积、工业用水、劳动力投入及废弃物排放等因素，建立基于多要素的产业碳排放综合绩效评价的方法，并提出基于碳排放综合绩效的碳配额分配方案，为未来郑州市乃至全国开展企业碳核查和碳配额分配提供参考和借鉴。

第四节　研究框架和结构体系

本书从企业单元出发，通过对企业碳排放影响因素的分析和综合绩效评价，提出基于碳排放综合绩效评价的碳配额分配方案。本书按照产业调研和数据收集-行业碳排放的全要素生产率分析-产业碳排放效率分析-碳排放的因素分解分析-碳排放综合绩效评价-碳配额分配方案-碳减排潜力分析-低碳产业发展模式与对策的思路由浅入深地开展研究（图 1-3）。在对郑州市 181 家企业调研的基础上，对郑州市典型产业的碳排放进行核算，分析产业碳排放变化的影响机制；采用基于熵权法的多因素评价方法对郑州市典型产业碳排放综合绩效进行评价，提出基于碳排放综合绩效的碳配额分配方案，以及郑州市低碳产业发展的对策建议。

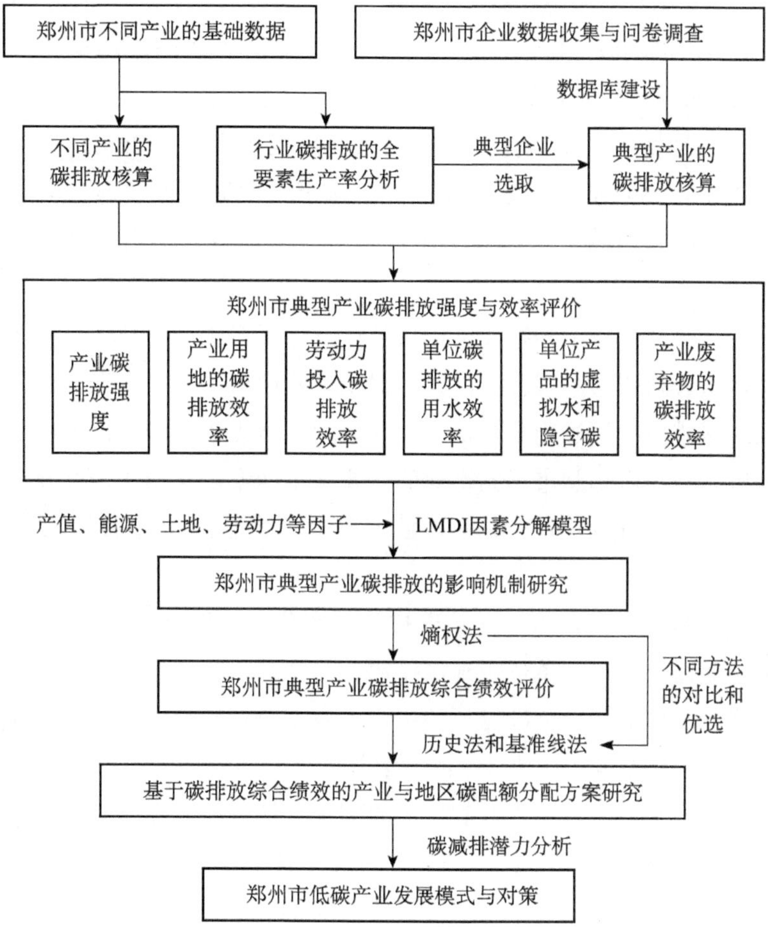

图 1-3 本书研究框架

本书重点是基于企业开展郑州市不同产业碳排放综合绩效的评估；研究关键是从不同指标入手，开展企业碳排放强度及其影响机制分析；最终目标是通过更合理的碳配额分配方案探寻企业低碳发展路径和模式，为企业碳交易及低碳产业发展提供指导。本书从能源消费、土地占用、劳动力、废弃物排放等多因素的视角开展企业碳排放综合绩效评价，并初步提出基于碳排放综合绩效评估的企业碳配额分配方案，为微观经济单元视角的碳排放研究提供新的思路和方法参考。

本书共分八章，主要内容如下：

第一章是绪论。阐述了城市产业碳排放及其绩效评价研究的背景和意义；从企业碳排放的构成、特征及影响机制等方面揭示企业碳排放的机理；对研究区进行简要介绍；对本书的研究框架、主要内容和特色做了说明。

第二章是城市产业碳排放研究进展。从气候变化与碳减排的国内外研究背景入手，重点从城市碳排放核算、城市产业碳排放及影响因素研究、企业碳交易与碳配额分配研究等方面对近年来国内外的相关研究进行总结和评述。

第三章是郑州市不同行业碳排放核算及全要素生产率分析。基于城市行业层面，结合郑州市不同行业能源消费及工业产值等相关数据，对郑州市不同行业的碳排放特征进行分析，并对其碳减排潜力进行预测；采用全要素生产率分析方法，对郑州市不同行业的全要素生产率及其变化进行分析，从整体上阐明行业碳排放及其效率的影响因素，为企业调查和行业选取提供依据。

第四章是郑州市典型产业的碳排放效率分析。以郑州市 181 家企业为例，采用碳排放强度、单位用地碳排放、单位劳动力碳排放、单位产品的虚拟水和隐含碳排放、单位碳排放的用水效率、企业废弃物的碳排放强度等指标综合分析典型企业碳排放效率的时空差异。

第五章是郑州市典型产业碳排放的因素分解分析。在碳排放强度核算的基础上，采用 Kaya 恒等式和 LMDI 因素分解分析模型，探讨能源消费、土地占用、劳动力投入等因子对企业碳排放的影响，并提出影响不同产业碳排放强度的关键因子、产业差别化的低碳发展模式和建议。

第六章是郑州市典型产业碳排放的综合绩效评价。将产业用地、用水、能源消耗、劳动力投入及废弃物排放等要素纳入熵权法评估模型，定量分析不同产业的碳排放综合绩效水平，解析各生产因素对碳排放综合绩效的影响，并依据评估结果对产业进行绩效等级划分；分析不同产业用地效益水平与碳排放强度的关系，为面向低碳和用地集约双重目标的产业结构优化提供指导。

第七章是基于碳排放综合绩效评价的碳配额分配研究。基于地区、行业和企业三个层次，分析采用历史法、基准线法和熵权法的碳配额分配方案的差异，通过碳配额与原始碳排放的比较，分析不同碳配额分配方案的碳减排潜力，提出不同产业碳配额分配方案的选取建议。

第八章是郑州市低碳产业发展的模式和对策。依据前文的研究结论，针对当前郑州市低碳产业发展中存在的问题，提出未来郑州市低碳产业发展的模式和对策。

第二章

碳排放研究进展综述

近年来，碳排放成为国内外学术界研究的热点问题，国内外在碳排放核算及分析（Allen et al.，2009；方精云等，2011；朱永彬等，2009）、碳减排方案及潜力（Agnolucci et al.，2009；刘燕华等，2008）、国际贸易的碳排放（Lin and Sun，2010）、碳排放的驱动因素（Adom et al.，2012；Zhang et al.，2013；赵志耘和杨朝峰，2012；肖皓等，2014）等方面涌现出大量的研究成果。城市产业是人类生产和能源消费的集中地，是碳排放的重要来源之一，因此成为国内外碳排放研究的重点领域。本章从气候变化与碳减排的国内外研究背景入手，重点从城市碳排放核算、城市碳排放影响因素、企业碳交易与碳配额分配研究等方面对近年来国内外的相关研究进行总结和评述。

第一节　气候变化与碳减排研究背景

工业革命以来，由人类活动导致的二氧化碳等温室气体的排放逐年增加，大气的温室效应也随之增强，进而引起全球气候变暖等一系列问题，给人类的生存和发展带来严峻挑战。在全球气候变暖的大时代背景下，如何减少二氧化碳等温室气体的排放已经成为 21 世纪人类面临的一大难题。在这样的国际环境和时代背景下，低碳经济理念应运而生。低碳经济由英国政府于 2003 年首次提出，顾名思义就是在可持续发展的前提下尽可能地降低碳排放，达到经济发展与生态环境保护双赢的一种经济发展理念。

近年来，随着全球变化和低碳经济的发展，国际社会也给予气候变化越来越多的关注。1992 年联合国环境与发展大会提出发达国家应该率先采取措施限制碳排放，同时考虑到发展中国家的具体国情及需要，向其提供资金援助；1997 年 12 月，在日本京都通过的《京都议定书》，规定了 6 种受控温室气体，并制定了各缔约国削减目标；2007 年，联合国气候变化大会在印尼巴厘岛拉开帷幕，最终达成“巴厘岛路线图”；2009 年，在丹麦哥本哈根召开的世界气候大会达成《哥本哈根协议》；2015 年 12 月在气候变化巴黎大会上，中国政府郑重承诺，到 2030 年，非化石能源占一次能源消费总量的比重达到 20%左右，单位国内生产总值二氧化碳排放量比 2005 年下降 60%～65%；2030 年前后碳排放达到峰值，并力争尽早达到峰值。

目前，碳减排研究成为国际学术界和各国学者未来一定时期内研究的热点问题（Soytasa et al.，2007）。我国作为最大的发展中国家，也是世界上的碳排放大国之一，在国际气候谈判中面临较大的碳减排压力（赵荣钦，2012）。随着国际社会给予低碳发展越来越多的关注，我国也积极响应号召，高度重视碳减排与低碳发展问题。基于中国的基本国情，目前低碳经济的发展还处于摸索阶段，没有形成系统的发展模式，缺乏约束目标。因此，深入研究碳排放机制及其发展趋势并制定相关约束政策是我国实现经济转型亟待解决的问题。近年来，我国政府也采取了一系列相关政策来约束碳排放，并取得了一定进展。2006 年，我国制定 2010 年单位国内生产总值的能耗比 2005 年降低 20%左右的约束性指标；2007 年 6 月 4 日，我国正式出台《中国应对气候变化国家方案》，同年 9 月 8 日，在亚洲太平洋经济合作组织（APEC）会议上首次明确提出发展低碳经济，研发低碳能源技术，促进碳吸收技术发展的主张；2009 年 11 月 26 日，我国政府宣布控制温室气体排放的行动目标，到 2020 年二氧化碳排放强度比 2005 年降低 40%～45%；国家

“十二五”规划提出二氧化碳排放强度降低 17%的目标；国家“十三五”规划把碳排放总量作为控制目标，提出我国碳排放将于 2030 年左右达到峰值。这些举措体现了我国政府对发展低碳经济的高度重视及实现经济转型的决心。

我国碳排放研究虽然起步较晚，但随着新思路、新方法的引进，我国学者也积极进行了深入研究。帅通和袁雯（2009）基于《2006 年 IPCC 国家温室气体清单指南》中不同类型能源的碳排放量折合计算系数，以上海近年来工业各类能源的消耗、单位国内生产总值的增长及产业结构变化的相关数据为支撑，分析上海市的碳排放变化总体趋势，并深入研究产业结构和能耗结构的变化对碳排放量的影响；刘红光等（2010）建立区域碳排放结构分析模型及其敏感性分析方法，在此基础上研究中国产业能源消费碳排放根源及由贸易产生的碳排放转移问题和中国经济结构调整的排放敏感性；曹俊文（2011）以江西省 1992～2007 年投入产出表为数据支撑，在投入产出模型的基础上对江西省各产业部门的直接碳排放强度和完全碳排放强度进行测算和分析；张丽君等（2012）采用郑汴地区 34 种产业 2000～2009 年的能源消费数据，构建二氧化碳测算模型并核算各部门、各产业的二氧化碳排放，运用 LMDI 方法对不同层级产业的二氧化碳排放变化机理进行研究，运用脱钩指数分析郑汴地区产业低碳发展的类型与方向；米国芳和赵涛（2012）对中国火力发电企业碳排放（1997～2009 年）进行计算分析及预测，总结我国火力发电企业的碳排放特征，并与世界主要发达国家进行对比研究；李平星和曹有挥（2013）以长三角地区的工业能源消费为研究对象，分析 5 个典型年份碳排放的空间格局和演变规律，探索产业转移对碳排放格局演变的影响；钱明霞等（2014）以我国产业部门为研究对象，在投入产出技术的基础上分别构建需求拉动与供给驱动下的碳排放模型，采用碳平均传播长度（APL）指标来测算产业部门之间的碳距离，进而衡量产业部门的碳波及效应；李建豹等（2015）利用空间变差函数和探索性空间数据分析（ESDA）方法分析中国省域人均碳排放的空间异质性和空间自相关性，利用地理加权回归模型分析影响碳排放的主要因素；马大来等（2015）基于最小距离法测算我国 1998～2011 年省际二氧化碳排放效率，并分析其空间差异性及影响因素；原嫄等（2016）在全球尺度下对产业结构给碳排放带来的影响进行计量分析，认为碳减排应从降低峰值高度、促进峰值提前等方向入手，且产业结构的变化对碳排放强度具有较大影响。

以上研究从不同空间尺度对碳排放及其影响机制开展研究，为应对气候变化的温室气体清单编制和碳减排提供理论支撑，而且为区域碳减排策略的制定提供实践指导。

第二节 城市碳排放研究进展

城市是人类社会经济活动的集聚地，也是各种工业企业聚集的区域，其高强度的经济活动和能源消费产生了大量的碳排放。高密度的人口及其各种社会活动也进一步加剧了二氧化碳等温室气体的排放。城市本身是一个错综复杂的大系统，相对自然生态系统而言，城市的碳排放过程更加复杂。以往的碳排放研究大多着眼于自然生态环境系统，对于城市层面的碳排放研究较少，随着城市规模扩张、数量增加，超大城市和城市群不断增加，人类活动对全球碳排放的影响也更加深刻。深入进行城市碳排放的相关研究有利于更好地了解人为因素对碳排放的影响，进而寻求减缓和应对之策。

一、城市碳排放核算研究进展

碳排放的科学核算既是碳排放研究的重点，也是开展其他相关研究的数据基础。碳排放核算起源于城市温室气体清单研究。20 世纪八九十年代以来，出现了一些针对国家和地区的城市温室气体清单研究，其中最权威的机构是联合国政府间气候变化专门委员会（Intergovernmental Panel on Climate Change，IPCC）。IPCC 于 1996 年和 2006 年先后两次发布“IPCC 国家温室气体清单指南”，该指南已成为世界上不同国家和地区开展碳排放研究的重要方法及技术参考（IPCC，2006）。IPCC 清单法主要从能源利用的角度进行碳排放核算，适用于国家层面的碳收支清单的编制，其中缺省法、部门法的应用比较广泛。缺省法是采用能源使用过程的缺省碳排放因子进行碳排放核算。部门法是采用自下而上的方法，按照能源使用过程及模式的不同对生产部门进行分类，汇总部门碳排放，从而得到生产系统的总碳排放（叶懿安等，2013）。Kennedy 等（2010）与 Larsen 和 Hertwich（2009）对城市温室气体清单核算的方法进行进一步的完善和发展；Glaeser 和 Kahn（2010）、Dhakal（2004）分别对美国 66 个大城市、韩国首尔及中国北京、上海的温室气体排放进行研究；同时，纽约、丹佛、伦敦、东京等城市也开展了温室气体清单编制（蔡博峰等，2009）。基于《2006 年 IPCC 国家温室气体清单指南》（IPCC，2006）和中国国情，我国学者也相继开展了中国城市温室气体清单编制的方法和指标探讨（蔡博峰等，2009；张志强等，2008；顾朝林和袁晓辉，2011），并取得一些重要成果。

在此基础上，城市碳排放核算研究也逐渐展开。Gomi 等（2010）对东京市的碳排放及碳减排潜力进行分析；Sovacool 和 Brown（2010）对全球十二个大都市区的碳足迹进行研究和对比评价。另外，国外对城市碳源的分布（Gioli et al.，2012）、城市碳排放与土地利用的关系（Ali and Nitivattananon，2012）及城市碳管理等（Dhakal and Shrestha，2010）也开展了相应的研究。在我国，程叶青等（2013）估算 30 个省区的碳排放强度，探讨中国省级尺度碳排放强度的时空格局特征及其主要影响因素；钱杰（2004）对上海市的碳源碳汇结构进行分析测算；燕华等（2010）利用 STIRPAT 模型，定量分析上海市的碳排放量对城市发展模式的影响；王海鲲等（2011）建立中国城市碳排放的核算框架和方法，并以无锡市为例进行研究；丛建辉等（2014）从不同角度梳理 9 种城市碳排放核算的边界界定方法，厘清各种界定方法之间的关系，并分析生产视角核算与消费视角核算各自的优劣势，认为消费视角核算是未来城市碳排放核算方法发展的重要方向；马巾英等（2011）构建城市复合生态系统的碳氧分析模型，估算城市社会经济活动和城市中自然生态系统的碳氧收支，对城市生态系统平衡状况进行定量化指征，并对厦门市进行实证研究；赵荣钦等（2012）集成城市碳储量和碳通量的核算方法，并对南京市城市系统碳循环和碳平衡进行实证研究与分析；刘红光等（2012）利用投入产出模型，构建计算城市活动碳足迹的宏观方法，测算分析北京市碳足迹；张金萍等（2010）和任婉侠等（2012）分别对京津沪渝和沈阳市的碳排放进行核算分析；从建辉等（2013）对河南省济源市的工业碳排放进行核算，并探讨结构因素、规模因素和技术因素对工业碳排放量变化的影响程度。其他的相关研究还发现，城市碳排放受多种因素影响，如产业结构（张丽君等，2012；张维阳等，2012）、城市化（Svirejeva-Hopkins and Schellnhuber，2008；孙昌龙等，2013）、能源结构和能源强度（任婉侠等，2012）、城市规划与空间布局（顾朝林等，2009；叶玉瑶等，2012）、人文因素（潘家华，2002）等。

随着城市化进程的加快，中国一方面面临着碳排放的持续增加，另一方面面临着来自国际社会的减排压力。未来中国碳排放将呈现何种变化趋势，中国的碳排放峰值将于何时出现，中国在 2030 年左右达到碳排放峰值这一目标能否实现等问题引起专家学者们的高度关注。对碳排放峰值预测主要是基于碳排放的变化趋势及经济增长速率等。渠慎宁和郭朝先（2010）采用回归分析，基于 30 个省（自治区、直辖市）的面板数据分析得出中国碳排放的峰值年将在 2020～2045 年出现的结论；朱永彬等（2009）从能源消费的视角对中国的碳排放峰值进行预测，认为我国将于 2040 年达到碳排放高峰；王宪恩等（2014）基于 STIRPAT 模型预测出低碳情景下碳排放峰值将于 2029 年出现，基准情景下碳排放峰值将于 2045 年出现；王铮等（2010）及侯丽朋等（2016）的研究也得出类似结论。研究表明，若维持现有的能源消费模式及技术条件，我国碳排放峰值年出现的时间将在 2030 年以后，但若将碳排放峰值年作为约束条件，通过调整生产模式、降低能源强度等方式可促进碳排放水平下降，从而促使碳排放峰值年提前到来（朱永彬等，2009）。朱勤等（2010）基于因素分解模型对国家尺度的能源消费碳排放进行分解分析，讨论其影响及贡献率。邢芳芳等（2007）估算北京市 1995～2005 年终端能源消费量，并分析其对应的碳排放结构。刘春兰等（2010）分析北京市碳排放变化的机理。这些研究为城市尺度上的能源消费碳排放核算提供了实践参考，也提出了现阶段城市尺度能源消费碳排放计算存在的问题，如缺乏针对中国统计口径和行政区划的计算方法，因而探讨适合中国国情的能源消费碳排放的统计方法十分必要。

城市能源消费碳排放核算是定量化表述碳排放变化趋势和分析碳减排潜力的基础，由于世界各国的行政区划方法不同，不同国家的城市空间尺度也存在明显差异，所以目前城市尺度的碳排放核算与清单编制并没有统一或公认的标准化方法。区域尺度的能源消费碳排放核算多根据《2006 年 IPCC 国家温室气体清单指南》中的一般方法、优良方法和参考方法进行编制。结合齐玉春和董云社（2004）的研究，城市能源消费碳排放主要来源于工业生产、电力生产中的化石燃料燃烧，燃料加工、运输及工业使用过程中的泄漏和挥发，交通工具带来的碳排放和居民独立采暖、生活炉灶中化石燃料的使用。能源消费碳排放大多采用表观能源消费量估算法进行测算，即根据各类能源的消费量和各类能源的碳排放系数进行计算。刘竹等（2011）参照《2006 年 IPCC 国家温室气体排放清单指南》编制方法，根据中国能源统计现状，利用能源表观消费量数据和现行的能源消费碳排放核算方法，将能源消费碳排放核算方法分为三种：①基于能源平衡表的碳排放核算；②基于一次能源消费量的碳排放核算；③基于终端能源消费量的碳排放核算。刘竹等（2011）根据这三种核算方法构建城市能源消费碳排放核算体系，并以北京市为例，将基于这三种核算方法的能源消费碳排放核算结果进行对比。研究结果表明，能源消费碳排放核算方法的选择对核算结果有很大影响，通过分析误差产生的原因，认为排放因子、碳氧化水平及加工转换过程是三个主要影响因素。

综上所述，目前的城市碳排放核算研究有以下特点。①核算方法主要采用清单核算法，核算参数主要来源于 IPCC 及国内外相关研究的成果。②核算领域主要集中在城市能源消费和工业生产领域，对其他领域也有涉及，如食物（吴燕等，2012；罗婷文等，2005）、垃圾处理（于洋等，2012）及城市居住区（Li and Chen，2017）等。③对中国城市碳收支核算框架和方法的研究逐渐增多（王海鲲等，2011；丛建辉等，2014；马巾英等，2011；赵荣钦等，2012）。大多数研究是从城市整体层面展开，且国内研究主要集中在较发达的城市和地区，如上海（赵敏等，2009；谌伟等，2010）、北京（刘春兰等，2010）、沈阳（任婉侠等，2012）、无锡（王海鲲等，2011）等，或者进行大城市碳排放的横向比较研究（张金萍等，2010；张维阳等，2012；王铮等，2012）。总体来看，当前研究主要是在城市温室气体清单核算的基础上针对城市整体或某一特殊行业展开，研究重点是城市能源消费碳排放核算及其构成分析。

二、城市碳排放影响因素研究进展

城市碳排放与能源消费、经济发展、人口增长、消费行为、土地利用模式等因素密切相关。20 世纪人类能源消费量增加了 16 倍，同期碳排放较 19 世纪增加了 10 倍多（郭运功，2009）。大部分高碳排放的亚洲国家的碳排放增加与能源消费增加几乎一致（McNeill，2000）。不同种类的能源含碳量不同，与石油、天然气相比，煤炭属于高碳排放能源，因此能源消费结构直接决定了其碳排放强度。减少化石能源消费，增加核能、生物质能、风能、水能、太阳能等可再生能源的利用是减少碳排放的主要途径。

就经济发展而言，不同的发展阶段、发展速度、经济结构对能源需求量及能源转换效率的影响不同。处于工业化发展阶段的城市，经济增长主要依靠第二产业拉动，国内生产总值（GDP）增速几乎与能源消费增长一致，甚至低于能源消费的增长；而处于工业化后期向信息化时代转变的城市，经济增长主要依靠高新技术和第三产业拉动，能源消费的增长低于 GDP 增长（Sissiqi，2000）。一般而言，碳排放的增加主要源于经济发达地区。经济发展速度加快，碳排放相应增加，反之亦然。

城市人口增长是城市碳排放增加的重要原因。Birdsall（1992）认为人口增长一方面导致能源消费及碳排放增多；另一方面导致土地利用方式的改变，使碳排放增加。就人口结构而言，在人口压力不大的情况下，人口老龄化对长期碳排放有抑制作用。随着城镇化水平的提高、城市人口比重的增加、居民整体生产和生活消费水平的提高，碳排放也会随之增加。

居民消费行为对城市碳排放有直接或间接影响。Schipper 等（1989）研究表明，私人汽车、家庭、服务等消费行为产生的碳排放占全部能源消费的45%~55%。Kim（2002）对 1985～1995 年韩国居民消费模式变化对碳排放影响的研究表明，居民生活的直接能源消费及对高碳消费品的需求，是影响温室气体排放的最主要因素。梅建屏等（2009）通过城市微观主体碳排放评价模型分析认为，私人交通的碳排放明显大于公共交通。另外，城市发展模式也与能源消耗息息相关，混合型、紧凑型的城市发展模式能够缩短通勤距离，减少交通能耗和碳排放。

第三节　城市产业碳排放研究进展

产业活动是城市的主要碳排放源，人类经济活动和能源活动对区域碳循环的影响在很大程度上是通过改变产业活动及其空间布局方式实现的。人类的能源消费状况会因产业空间布局及地区差异而变化，进而影响区域碳排放及碳循环效率（赵荣钦等，2010）。目前，国内外学者的相关研究主要集中于城市产业碳排放、城市产业空间碳排放、产业碳排放影响因素等。

一、城市产业碳排放主要研究领域

产业碳排放研究可以从国际、国家、区域、城市及企业等不同层面展开。国际层面主要是贸易碳转移（余慧超和王礼茂，2009；魏本勇等，2009）及不同国家碳排放的对比研究（Schipper et al.，2001）。国家及区域层面主要集中在不同产业部门碳排放、碳转移及其影响因素研究（Casler and Rose，1998；刘红光等，2010；张雷，2006），如 Selvakkumaran 等（2014）定量预测在低碳情境下泰国工业部门 2050 年的碳排放量；邓吉祥等（2014）在中国八大区域碳排放特征及其演变规律的基础上，探讨中国碳排放区域差异变化的原因与规律；Yan 等（2016）建立基于敏感性分析的投入产出模型，对导致六种能源密集型行业碳排放强度变化的敏感因素进行分析，并提出相关政策建议。

城市层面的产业碳排放研究可以归纳为以下三类：

一是不同城市产业碳排放的比较研究（Dhakal，2009）或城市内部不同产业碳排放的对比研究（Lin and Sun，2010；帅通和袁雯，2009；Bi et al.，2011），主要是对比研究城市不同产业或部门碳排放的差异并分析其影响因素。例如，帅通和袁雯（2009）分析上海城市的碳排放变化趋势，探讨产业结构和能源结构变化对碳排放量的影响；Bi 等（2011）研究南京市的碳排放特征，认为工业能源消耗、工业过程及交通是三个最大的产业温室气体排放源。

二是城市特定行业（或部门）碳排放的研究，即仅针对某一行业开展研究，如交通（Howitt et al.，2010）、建筑（You et al.，2011；付加锋和黄江丽，2010）、钢铁（Ren and Wang，2011；张晓平等，2010；张肖等，2012）、电力（刘韵等，2011）、旅游（石培华和吴普，2011）、民航（Zhou et al.，2016）、城市废弃物处置（于洋等，2012）等。可见，产业碳排放研究逐渐涉及微观领域，并开始探索不同产业生产过程碳排放的差异。例如，Zhao 等（2010）对上海工业碳排放的影响因素进行分析；González 等（2016）对传统陶瓷业的碳减排途径进行研究；Neamhom 等（2016）探讨泰国蔗糖产业碳减排的有效途径；Liu 等（2011）对中国成都旅游业的碳排放进行分析；Lin 和 Ouyang（2014）对中国非金属矿业的碳排放及其变化进行研究；Xu 等（2016）对中国水泥行业的碳减排潜力进行测算；Xu 和 Lin（2016）分析中国钢铁产业碳排放的区域异质性；Liu 等（2016）对中国铝业温室气体排放的驱动力进行研究；Xu 和 Lin（2016）分析了制造业碳排放的驱动因素；吕可文等（2012）对河南省工业行业能源消耗碳排放的行业差异进行分析。另外，国内外对住宅和居民消费碳排放的研究也有涉及（Qin and Han，2013；Fan et al.，2013），如 Qin 和 Han（2013）从家庭入手研究不同层次家庭的碳排放情况，并分析影响居民碳排放量的因素。

三是产业结构变化对碳排放的影响研究。例如，郭朝先（2012）定量分析产业结构变化对碳排放的影响；帅通和袁雯（2009）研究上海市产业结构变动对碳排放的影响及应对策略；朱守先和庄贵阳（2010）探讨吉林市产业结构的低碳发展策略。

从研究方法上来看，区域（或城市）尺度的产业碳排放研究多采用碳足迹（赵荣钦等，2010）、温室气体清单（IPCC，2006）、投入产出分析（魏本勇等，2009）、情景分析（Phdungsilp，2010）、因素分解（Schipper et al.，2001）和 DEA 模型（游和远和吴次芳，2014）等方法进行；微观层面的企业碳排放研究常采用碳排放系数[①]、生命周期分析（付加锋和黄江丽，2010）、物质流（肖序等，2013）、成本-收益双向指标（姜庆国，2013）等方法开展，大部分出于企业碳核查目的，分析碳排放构成及减排潜力；隐含碳分析（石敏俊等，2012）和物质代谢分析（黄贤金等，2006）主要用于对区域尺度不同系统或系统内部碳排放或碳流通研究。

以上研究对了解不同产业碳排放的特征有重要的促进作用。但总体而言，前期研究主要是基于统计数据的产业碳排放研究，更多的是针对城市不同部门的碳排放的对比研究；而企业层面的研究主要侧重于对单一企业碳过程的分析，对城市内部不同产业碳排放的调查研究及对比分析还需要进一步加强。

二、城市产业空间碳排放研究进展

城市产业空间指某一产业活动的空间范围。产业空间与土地利用密切相关。近年来，有关土地利用碳排放的研究日益增多，如赖力和黄贤金（2011）对中国不同省区不同土地利用方式的碳排放进行分析；游和远和吴次芳（2010）、余德贵和吴群（2011）分别对土地利用的碳排放效率和低碳优化途径进行研究；潘海啸（2010）从土地利用的角度论述低碳城市空间布局的理念。这些研究为从空间角度研究城市产业活动的碳排放特征提供了较好的思路。

在产业空间碳排放方面，赵荣钦等（2010）构建能源消费碳排放和碳足迹模型，建立不同产业空间与能源消费碳排放的对应关系，将产业活动空间进行分类，并对各省区不同产业空间碳排放强度和碳足迹进行对比分析；石敏俊等（2012）采用投入产出方法对中国各省区的碳足迹及区域空间的碳转移进行研究；王莉雯和卫亚星（2012）基于地理信息系统（GIS）对沈阳城区碳排放的空间分布进行模拟，分析碳排放的空间分布特征及土地覆盖类型

① 2013 年 11 月以来，国家发展改革委分三批发布了 24 个行业企业温室气体核算方法与报告指南。2015 年 11 月，国家质量监督检验检疫总局、国家标准化管理委员会批准《工业企业温室气体排放核算和报告通则》等 11 项国家标准，规定企业温室气体核算边界包括企业的主要生产、辅助生产、附属生产等三大系统；核算范围包括企业生产的燃料燃烧排放，过程排放以及购入和输出的电力、热力产生的排放；主要方法是采用相关能源类型的碳排放系数进行核算。

与碳排放之间的关系；程叶青等（2013）研究中国省级尺度碳排放强度的时空格局特征及其主要影响因素，并指出能源强度、能源结构、产业结构和城市化率对中国能源消费碳排放强度时空格局演变具有重要影响；苏泳娴等（2013）基于夜间灯光数据，进行全国、四个经济区及六大城市群三个层面的碳排放估算和分析，探究我国碳排放总量、人均碳排放强度和单位国内生产总值碳排放强度的空间特征；宋德勇和刘习平（2013）对我国省际碳排放空间分配进行研究，从人均历史累计碳排放的视角，对我国各地区 2020 年的碳排放量进行空间分配；田云等（2012）测算我国多年农业碳排放量，发现农业碳排放强度总体呈现出西高东低的特征；邓吉祥等（2014）探讨中国八大区域 1995～2010 年碳排放区域差异变化的原因与规律。另外，一些学者也开展了区域、城市或典型行业碳排放的空间分布研究（蔡博峰，2012；林伯强和黄光晓，2011；周颖等，2011；薛磊等，2013）；叶玉瑶等（2012）认为城市产业空间结构和土地利用方式对城市碳排放具有明显的影响；董会娟等（2011）对比分析中心城区和市郊区能耗碳排放格局的差异，发现城市空间的碳排放强度受城市用地强度的影响，并分别给出相应的碳减排建议。

以上研究主要侧重于对城市碳排放的空间分布及区域碳排放的空间转移进行研究，而对不同产业空间碳排放，特别是基于企业层面开展的碳排放空间特征的研究还较少。今后应进一步加强对城市产业空间碳排放及其对城市化响应的研究，以更深入地了解不同产业空间的碳排放及其演变特征。

三、城市产业碳排放影响因素研究进展

由于生产模式、投资、用地等因素的不同，不同产业碳排放的影响机制也不同。探讨区域产业碳排放的影响因素，有助于制定有针对性的低碳发展战略。产业碳排放影响因素主要有以下方面。

1. 经济规模

刘定惠和杨永春（2012）发现经济规模持续扩大是甘肃省碳排放快速增加的决定性因素；汪宏韬（2010）利用对数平均迪氏分解法（LMDI）模型研究上海市三次产业能源消费碳排放变化机理，发现经济快速增长是上海市碳排放增加的主导因素，能源强度下降是抑制碳排放增长的重要因素；卢愿

清和史军（2012）发现产业产出是促进中国第三产业能源碳排放贡献率逐年增长的主要因素之一；Yu 和 Zhang（2014）、宗刚等（2016）发现人口增长和经济发展水平是推动碳排放增加的原因；袁力和王翔（2012）研究发现经济发展对中国人均碳排放增长的贡献率呈指数增长，并通过建立隐性经济规模与碳排放分解因素的计量模型，进而判断隐性经济规模对碳排放的影响；顾剑华和秦敬云（2016）分析城市化快速发展阶段中国碳排放量持续增长的原因，发现经济规模是推动中国碳排放持续增长的主导因素。

2. 能源因素

能源因素主要包括能源强度与能源结构。产业生产中大量化石能源的消耗是造成碳排放水平居高不下的主要原因，因此能源强度（单位产值能源消耗）及能源结构对碳排放及其变化具有深远影响。顾剑华和秦敬云（2016）、王开和傅利平（2017）认为能源强度降低是促进碳排放减少的主导因素。当前，煤炭和石油是最主要的产业能源，这种能源消费模式在较短时间内难以改变，因此通过技术改革提高能源效率从而减少能源消耗是减少产业碳排放的主要措施（何立华等，2015；赵涛等，2015）。

3. 产业结构

不同地区的产业结构对碳排放的影响呈现出较明显的差异。栗新巧等（2014）认为产业结构对碳排放增加表现为正效应；原嫄等（2016）通过分析多国数据，认为产业结构调整所引起的碳排放变动强度具有明显差异，产业升级对中高等发展水平国家的减排效率明显高于极高发展水平国家，且中等发展水平国家将在更早的发展阶段迎来碳排放高峰；顾高翔和王铮（2017）认为加速产业结构升级是中国实现减排目标的重要途径，投资控制具有显著的减排效果，能加速中国的产业转型和升级，但对经济的负面影响也不容忽视。同时，也有研究认为产业结构对碳排放的影响程度有限或产业结构整体变化并未促进碳减排（张旺和周跃云，2013；任建兰等，2015；刘源等，2014）。

总体来看，近年来产业碳排放变化的影响机制研究使用最广泛的方法是因素分解分析。该方法是将一个较大的系统分解为若干个因子的乘积，基于研究系统的动态变化来分析各个因子对系统变化的影响程度。因素分解分析包括结构分解分析（SDA）和指数分解分析（IDA）（Geng et al.，2013；许士春等，2016；Andreoni and Galmarini，2016；Malla，2009），其中指数分解分析又分为 Laspeyres 指数分解和 Divisia 指数分解。产业碳排放影响因素分解分析主要是基于 Kaya 恒等式（Yoichi，1989），从国家、省级产业等尺度探讨能源、经济产出等因素的影响（刘丙泉等，2016；Guo，2011）。作为经济生产中的基础单元，针对企业碳排放变化影响机制的研究亟待完善。除能源及经济产出外，产业生产用地、劳动力投入及废弃物排放等对产业碳排放变化的影响同样不可忽略。

四、城市产业碳排放和碳代谢效率研究进展

城市物质代谢的概念是由 Wolman（1965）于 1965 年提出的。他认为城市物质代谢就是将能量、食物等输入城市系统，并将产品和废物从城市系统中输出的过程。碳代谢研究可以从不同层面开展。Kennedy 等（2007）对世界五大洲八个都市区的城市代谢过程进行研究，分析城市代谢通量的变化趋势，并探讨城市代谢研究在城市规划设计中的应用（Kennedy et al.，2011）。在国家和区域层面，刘卫东等（2012）构建地区间贸易流量的产业-空间模型，分析我国地区间产业贸易流的特征；曹淑艳和谢高地（2010）对中国不同产业间的直接和间接碳足迹流进行分析。在城市层面，Warren-Rhodes 和 Koenig（2001）对香港的城市代谢趋势进行分析；谢士晨等（2009）对上海市能源消费的碳排放清单与碳流通进行研究；Chen 和 Chen（2012）通过城市碳代谢的网络分析方法，对城市不同部门的碳代谢和转移过程进行探讨；赵荣钦（2012）探讨南京市城市各子系统之间的碳流通状况；Bullock 等（2011）对墨西哥城市系统的碳流通进行分析。基于社区层面，Christen 等（2010）运用城市代谢理论，通过对城市主要模块的碳储量和碳通量的核算，对温哥华的 Sunset 社区的碳过程进行模拟分析。另外，城市代谢也可以从微观的家庭层面展开，Biesiot 和 Noorman（1999）、罗婷文等（2005）分别对荷兰城市家庭代谢和我国北京市家庭食物碳消费进行了分析。

碳排放效率评价与分析的主要目的是借助生产观测数据，使用相关测度方法，对碳排放的经济、社会产出进行评估、决策。碳排放效率评价的研究内容主要包括效率核算方法、效率差异（空间差异及行业差异）及效率差异

产生的原因等。一些学者采用碳生产率（谌伟等，2010）、SBM 模型（周五七和聂鸣，2012）、供地控制指标（游和远和吴次芳，2014）、碳排放绩效指标（谢传胜等，2011；邓大跃等，2011）等方法对城市不同产业或典型行业的碳排放效率进行研究，不仅考虑到传统碳排放强度、碳生产率等指标，也考虑到碳依赖度、碳暴露度、碳风险（张彩平和肖序，2011）、碳处理能力和碳治理效果（徐光华和林柯宇，2015）等综合反映企业经济效益和污染物治理能力的指标，使企业碳排放效率评价方法体系进一步完善。研究认为，企业产值、能源消费量、能源效率等是影响企业碳排放效率的主要因素，但在企业碳排放效率评价中，不仅应考虑碳排放的经济效率指标，也应该将企业污染物治理等作为衡量碳减排效率的标准之一（刘英等，2018）。

碳排放效率评价最常用的方法是数据包络分析和随机前沿函数。数据包络分析是由著名的运筹学家 Charnes 等（1978）提出的一种应用模型。该方法可用于由多个投入及产出单元组成的多决策单元的效率评价（魏权龄，2000；马占新，2010）。其主要原理是通过保持决策单元（decision marking uinits，DMU）的输入或输出不变，借助数学方法确定相对有效的生产前沿面，将各个决策单元投影到 DEA 的生产前沿面上，通过比较决策单元偏离 DEA 生产前沿面的程度来评价它们的相对有效性。Aigner（1977）提出，随机前沿函数对由两个成分组成的误差进行描述，可用于面板数据，并可用于估计随时间变化的和不变的效率、成本及产量函数等。数据包络分析及随机前沿函数成为测度效率的重要工具（Tamaki et al.，2016；杜娟和霍佳震，2016；Shui et al.，2015）。由于企业生产过程的复杂性及多样性，能源等投入因素及工业产值等产出因素均受到产业结构及经济规模的影响，由产业结构及经济规模决定的碳排放效率是评估产业综合效率的重要指标。碳排放效率是一个由多投入多产出因素共同作用的多决策单元，数据包络分析及随机前沿函数已成为评估碳排放效率的重要指导方法（于敦涌等，2015；Meng et al.，2016）。王群伟等（2014）基于生产技术的差异，分析碳排放绩效损失的来源，认为技术差距无效率和管理无效率是碳排放绩效损失的原因所在。陆宁等（2015）计算 2008～2012 年我国 30 个省（自治区、直辖市）的建筑业碳排效率并进行分类分析，探究建筑业碳排效率的变化趋势。张恪渝等（2016）基于改进的 DEA 模型对北京 42 个部门的碳排放效率进行计算评估。张雪花等（2015）提出“全碳排”的核算方法，并用其评价北京市和重庆市 2001～2011 年的碳排放综合绩效，发现能源消费仍是影响碳排放的最主要因素。马大来等（2015）利用最小距离法测算我国多年的省际碳排放效率，发现经济规模、工业结构和能源消费结构对碳排放效率造成较大的负面影响，对外开放、企业所有制结构及政府干预对碳排放效率有正向影响，而产业结构对碳排放效率的影响则不显著。游和远和吴次芳（2014）基于 DEA 模型，构建供地控制指标引导产业碳排放效率分析的投入产出指标，并计算得到杭州市 26 个产业部门的总效率、技术效率与规模效率。韩元军等（2015）借鉴旅游消费剥离系数概念对中国五省份旅游业碳排放量进行测度，然后利用传统 DEA 模型和非期望产出 DEA 模型，结合碳排放指标，评价五省份旅游产业效率，并进行比较分析。薛俊宁和吴佩林（2014）利用 DEA-SBM 模型测算 1998～2012 年中国 31 个省（自治区、直辖市）的碳排放效率，并利用各省（自治区、直辖市）的面板数据，分析高技术产业、产业结构、人均 GDP、技术水平、对外贸易对我国整体及不同区域的碳排放效率的影响。丰超和黄健柏（2016）首次运用非参数方法，从结构、技术和管理三个层面对碳排放效率、减排潜力进行分解，实证分析中国的碳排放效率、减排潜力及实施路径。王群伟等（2010）利用含有非期望产出的 DEA 模型构建可用于研究碳排放绩效动态变化的 Malmquist 指数，以此为基础测度 1996～2007 年我国 28 个省（自治区、直辖市）的碳排放绩效，并借助收敛理论和面板数据回归模型分析区域差异及其影响因素。

数据包络分析主要用于对线性规划模型下的相对效率的评价，因此该方法的适用范围受到一定的限制，将其与其他模型相结合可大大扩展该方法的应用领域。Malmquist 指数主要是基于“分解”的思想，将生产效率的变动看作是技术进步和技术效率改进（技术不变）共同作用的结果。“基于 DEA 的 Malmquist 指数”方法在评价碳排放效率方面具有较高的参考价值（吴贤荣等，2014；董捷和员开奇，2016），但是数据包络分析方法无法处理产出值为负的决策单元的效率评价问题，将 SBM 模型、Malmquist 指数与 DEA 方法结合则能够很好地解决该问题（孙秀梅等，2016；刘薇等，2017）。

提高碳排放效率是促进区域低碳发展的关键，开展碳排放效率研究有助于揭示区域碳排放的空间和行业差异及其影响机制。受自然条件及人为因素的干扰，不同地区的碳排放效率存在空间差异；受产业结构及能源消费模式影响，不同行业的碳排放效率也参差不齐。碳排放效率在空间上存在着自相关性，并表现出较明显的集群趋势：碳排放效率高的省份分布于东部沿海地区，中西部地区碳排放效率较低；技术进步有助于提高碳排放效率，轻工业与重工业之间能源效率的差异是行业碳排放效率产生差异的主要原因（江洪和赵宝福，2015）。因此，低碳发展的关键在于实现经济增长方式由粗放型向集约型的转变，重点调整工业结构及能源消费结构，同时提升生产质量，加强减排力度，增强政府对低碳产业及低碳经济的引导作用。

第四节 企业碳交易与碳配额分配研究进展

随着经济社会的快速发展，我国的经济实力、综合国力都在不断提高，在国际上的影响力也与日俱增，低碳经济的发展也受到国际社会的广泛关注。为加快国内碳核查及碳排放权交易制度的建立，近年来我国制定了一系列相关政策。2010 年 7 月，国家发展改革委确定在广东、辽宁等 5 省和天津、重庆等 8 市开展低碳试点；2012 年 12 月 5 日，第二批试点城市确定，至此我国已确定 6 个低碳试点省区，36 个低碳试点城市。2013 年 6 月起，北京、天津、上海、深圳、广州、湖北、重庆等 7 省市的碳交易试点逐步启动。2014 年，我国通过限制二氧化碳当量及能源消费总量来监控高碳排放、高能耗的企事业单位。2017 年 12 月国家发展改革委印发《全国碳排放权交易市场建设方案（发电行业）》，标志着全国统一的碳排放交易市场正式启动。当碳排放交易市场全面建立时，绝大多数企业都将面临碳排放约束，若各企业未按约定控制碳排放量，则会面临严重的经济惩罚，企业的品牌形象也会大打折扣，影响其信誉度及市场竞争力。目前，我国主要采用 ISO 14064 系列标准进行碳排放核算。基于该标准，截止到 2015 年 7 月，我国分别于 2013 年 10 月（10 个行业）、2014 年 12 月（4 个行业）和 2015 年 7 月（10 个行业）分三批发布了 24 个行业企业的温室气体核算方法。

碳配额是碳交易市场最主要的标识物，代表的是控排单位在特定时间及特定区域内可以合法排放的温室气体量，是控排单位在相应履约年度的排放权利及发展权利。国际上主要以《京都议定书》作为建立碳排放权及交易制度的法律基础和理论依据。《京都议定书》建议把二氧化碳排放权作为一种商品，形成二氧化碳排放权交易，为全球范围内碳交易活动的开展提供理论及技术支撑。碳交易的实质就是将碳排放权市场化、商品化，利用市场实现碳排放资源的优化配置，将市场在碳排放交易中的作用发挥至最大（Hentrich et al.，2009）。碳配额分配主要解决三类问题：配额分给谁，配额怎样分配，配额数量是多少？美国经济学家戴尔斯早在 1968 年就在《污染、财富和价格：一篇有关政策制定和经济学的论文》中创造性地提出“排污权交易”这一理论，认为明确初始的排污权利并赋予其可交易性可以有效缓解污染问题。他提出将被允许排放的污染物量设定为许可权配额，将其分配给排污者并允许其进行市场性交易，以此来有效提高环境资源配置效率。我国从 2013 年 6 月开始开展碳交易工作。全国碳市场建设分为三个阶段：2013～2016 年为前期准备阶段，完成碳市场基础建设工作；2017～2020 年为运行完善阶段，实施碳排放权交易，调整和完善碳交易制度，实现市场稳定运行；2020 年之后为稳定深化阶段，进一步扩大覆盖范围，完善规则体系，并探索和研究与国际碳市场连接。在前期的碳交易试点中，主要的碳配额分配方法采用历史法和基准线法。

在此背景下，国内外学者展开了相应研究。朱潜挺等（2015）构建全球碳排放权配额分配模型，通过模型对排放水平控制方案、单一原则方案和加权原则方案进行情景模拟和分析。贺胜兵等（2015）基于反事实分析框架，采用匹配估计量方法进行参数估计，选择实施 CDM 项目最多的火电、钢铁、水泥三个行业的上市公司分析项目实施效果，发现碳交易对企业绩效的影响存在明显的行业性差异。王文军等（2016）通过对山东省和广东省水泥行业的实证研究发现，短期内由于减排技术投入成本较高，与强制性的行政管理手段相比，碳交易机制更具成本效益。王文军等（2012）以广东省为例，建立碳交易体系的行业选择机制，为我国各地区界定碳交易行业范围提供了一定的参考。针对不同行业，国内主要研究碳交易体制对电力行业的影响（许小虎和邹毅，2016；江成瑶，2014），并探究该行业的碳排放权交易机制（骆跃军等，2014）。骆瑞玲等（2014）定量模拟碳交易情境下，2020年我国石化行业碳排放权分配情况，以及碳交易对各子行业经济发展、减排水平的影响。令狐大智和叶飞（2015）研究阶段减排目标设定情况下的减排效用及配额分配策略对企业行为的影响，结果表明当行业中的企业存在单位产品碳排放水平差异时，对低排企业宽松的碳配额分配策略具有更强的减排激励效用，利于企业主动实施低碳技术改造；阶段式递进减排机制对“共同但有区别的责任”原则在行业内应用、企业低碳技术改造的激励效用及减排政策的稳步推进有积极的作用。高锦杰（2016）通过比较分析国内外碳配额总量设定与分配制度的发展经验，指出碳配额总量设定和分配方法应结合我国实际情况，具有一定弹性及灵活性。Pan 等（2014）根据人均累计碳排放量分配碳配额，实现全球公平的碳排放空间。Wu 等（2013）针对限额交易系统中碳排放初始分配额问题，提出改进的 DEA 模型，考虑欧盟地区公平减排和排放额再分配，证明减排和再分配机制有利于最优规模经营国家，不利于非最优规模经营国家，并且提高了欧盟系统整体效率。Zetterberg（2014）分析基准线法下的碳配额分配，并研究企业的减排决策及产品价格决策。Zhang 等（2014）从中国八个区域之间的合作减排关系中提出用 Shapley 模型分配各个区域的碳配额量。Xu 等（2015）在历史法的基础上提出供电行业的三级多目标模型，对电力行业的碳排放配额分配进行评估。Zhao 等（2016）在我国 2030 年行业减排目标的约束条件下提出一种基于投入产出分析和熵权分配相结合的集成研究方法，对我国 41 个行业的碳排放强度和碳配额进行分析研究。

以上研究主要侧重于对电力、钢铁、水泥、化工等行业的碳交易与碳配额分配，且分析集中在碳交易市场对该行业的影响方面。针对我国近年来碳交易市场的发展和未来建设目标，今后应进一步加强碳交易对不同产业的相关性影响研究，以及不同产业协同下的碳配额分配研究，为建立和完善全国统一碳交易市场提供理论与数据支撑。

第五节 研究评述

从以上文献总结来看，国内外学者对产业碳排放开展了大量的研究，主要包括四个方面。①从不同空间尺度开展产业碳排放的核算及其对比研究。这些研究既有城市层面不同产业的对比，也包括单个行业的研究，为我们了解碳排放的行业差异提供重要参考。②开展城市产业碳排放的影响机制研究，特别是围绕区域产业碳排放，基于时间序列上的核算结果，解析产业经济规模、能源指标及产业结构等对碳排放变化的影响。③开展产业空间碳排放及其强度的研究。从不同产业空间入手，探讨土地利用承载的产业碳排放强度的差异，提出未来产业结构调整的政策建议。④开展产业碳排放效率研究。采用全要素生产率、生产观测数据、绩效评价等方法对产业碳排放的效率进行研究，揭示了不同行业未来碳减排的空间和对策。

总体而言，以上研究为从产业角度开展碳排放研究提供了重要的基础和方法借鉴。但该领域的研究仍需要在以下方面进一步深化。

（1）基于微观经济单元的企业碳排放强度及差异研究。前期研究主要是针对城市不同产业碳排放的对比研究或单一典型企业的研究，缺乏对城市内部不同类型产业碳排放的对比研究。如果能结合不同企业开展调查研究，探讨不同产业碳排放的特征，则更符合区域产业生产过程的特点，也更符合地方实际。因此，应在对企业进行深入调研的基础上，开展不同类型企业的碳排放强度及其差异研究。

（2）企业碳排放绩效与多种资源能源利用效率的关系研究。企业的碳排放机制十分复杂，影响因素众多，如能源利用效率、技术水平、生产工艺、土地利用强度、废弃物排放、劳动力投入等，而目前的碳排放研究大多通过折算能源消耗量来衡量企业的碳排放效率，没有进一步研究碳排放强度与企业用地、用水和废弃物排放之间的关系。因此，依据不同企业能源消耗、企业水资源消耗、土地占用、工业产值和废弃物排放等多要素视角开展碳排放综合绩效评价，对于更准确地研究企业碳排放效率，并在此基础上开展企业碳核查、指导产业结构调整等具有重要的理论和实践意义。

（3）基于多要素综合绩效评价的企业碳配额分配方案研究。在前期研究及国家的碳交易体系设计中，主要从经济效率的视角开展企业碳排放评估及碳配额分配，而未能从企业资源消耗、用水、废弃物排放、土地占用及劳动力投入等角度综合考虑企业碳排放效率的差异。实际上，碳排放只是衡量企业温室气体排放的指标，而不能代表企业的综合资源消耗和污染水平。如果单纯研究企业碳排放，而不考虑企业资源消耗和污染物排放状况，难免会有失偏颇，并可能会导致为了碳减排而不计其他资源环境代价的企业生产行为。因此，如何将资源利用效率、废弃物排放效率与企业碳排放绩效评价相结合，并将其融入国家碳排放交易机制中，以碳排放强度、资源能源利用效率和废弃物排放效率的综合评价结果来引导、约束企业的减排行为，是一个值得深入探讨的问题。这不仅有助于构建基于多目标的企业碳排放绩效综合评估的理论方法，也能够更深入地了解不同企业碳排放及其与资源能源消耗和废弃物排放的关系。因此，确定科学合理的碳配额分配方案必须考虑多因素对碳排放的影响，构建基于多要素综合绩效评价的企业碳配额分配方案，对于制定更加公平合理的碳配额分配制度和碳交易机制具有重要的实践意义。

第三章

郑州市行业碳排放核算及全要素生产率分析

行业活动是碳排放的重要来源，对不同行业碳排放进行研究是开展城市低碳行业调控的前提和基础。本章以郑州市 36 个行业为研究对象，基于能源消费和工业总产值等的相关统计数据，对郑州市 2000～2012 年不同行业的碳排放和碳排放强度进行初步测算，采用脱钩分析和弹性系数法分析碳排放与经济增长的关系，并对郑州市行业碳排放进行预测和减排潜力分析；基于行业碳排放的分析结果，将 DEA 方法与 Malmquist 指数相结合，对不同行业碳排放的全要素生产率进行对比分析，分析不同行业技术效率及规模效率等对行业碳排放的影响。本书有助于从宏观尺度上了解郑州市不同行业的碳排放特征，为企业样本的科学选择提供依据。

第一节　研究方法与数据来源

一、行业碳排放核算方法

本书采用行业活动中的各类能源消费数据，借鉴 IPCC 的计算方法，确

定各种能源消费碳排放的计算公式为（赵荣钦，2012）

$$CE_{\text{energy}-i} = Q_{\text{energy}-i} \times H_{\text{energy}-i} \times (C_{\text{energy}-i} + M_{\text{energy}-i}) \quad (3\text{-}1)$$

式中，$CE_{\text{energy}-i}$ 为第 i 种能源的碳排放；$Q_{\text{energy}-i}$ 为第 i 种能源的消费量；$H_{\text{energy}-i}$ 为第 i 种能源的净发热值；$C_{\text{energy}-i}$ 为第 i 种能源的碳排放系数，$M_{\text{energy}-i}$ 为第 i 种能源的 CH_4 排放系数。其中，$C_{\text{energy}-i} = A_i \times B_i$，$A_i$ 为缺省碳含量，B_i 为缺省氧化碳因子。其中的主要参数来源及其转化方法见表 3-1。

表 3-1　各种能源类型的碳排放系数计算表

能源类型	净发热值/[kJ/kg（kJ/m³）]	缺省碳含量/（kgC/GJ）	缺省氧化碳因子	CH_4 排放系数/（kgCH_4/TJ）	总碳排放系数	单位备注
原煤	20908.00	25.800	1	1	0.5394	kg/kg
洗精煤	26344.00	26.209	1	1	0.6905	kg/kg
其他洗煤	9408.50	26.950	1	1	0.2536	kg/kg
煤制品	15909.80	26.600	1	1	0.4232	kg/kg
型煤	15909.80	26.600	1	1	0.4232	kg/kg
水煤浆	9408.50	26.950	1	1	0.2536	kg/kg
粉煤	9408.50	26.950	1	1	0.2536	kg/kg
焦炭	28435.00	29.200	1	1	0.8303	kg/kg
其他焦化产品	34332.00	26.600	1	3	0.9133	kg/kg
焦炉煤气	17353.50	12.100	1	1	0.2100	kg/m³
高炉煤气	2985.19	70.800	1	1	0.2114	kg/m³
其他煤气	16970.33	60.200	1	1	1.0216	kg/m³
天然气	38931.00	15.300	1	1	0.5957	kg/m³
原油	41816.00	20.000	1	3	0.8364	kg/kg
汽油	43070.00	18.900	1	3	0.8141	kg/kg
煤油	43070.00	19.600	1	3	0.8443	kg/kg
柴油	42652.00	20.200	1	3	0.8617	kg/kg
燃料油	41816.00	21.100	1	3	0.8824	kg/kg
液化石油气	50179.00	17.200	1	1	0.8631	kg/kg
炼厂干气	46055.00	15.700	1	1	0.7231	kg/kg
煤焦油	33453.00	20.000	1	3	0.6691	kg/kg
电力（当量）	3596.00［kJ/（kW·h）］	26.950	1	1	0.0969	kg/（kW·h）

关于碳排放系数，说明如下：①为尽量符合中国的实际情况，各种能源的净发热值主要来自于《中国能源统计年鉴》，部分缺失项目（如煤制品、

型煤、其他焦化产品、焦炉煤气、缺省碳含量、缺省氧化碳因子和 CH_4 排放系数等取自于 IPCC。其他洗煤、粉煤等碳含量数据在 IPCC 中没有对应的项目，因此取 IPCC 几种煤产品碳含量系数的均值。②总碳排放系数是将各种能源类型的 CO_2 和 CH_4 的排放量进行了汇总和折合，代表一单位能源消费产生的碳排放（折纯量）。

二、碳排放强度的测算方法

碳排放强度是指单位 GDP 所排放的二氧化碳量。因此碳排放强度计算公式为

$$I_c = CE_t / G_t \tag{3-2}$$

式中，I_c 为碳排放强度；CE_t 为该行业的碳排放总量；G_t 为企业总产值。

三、碳排放的全要素生产率计算方法

1. 全要素生产率的内涵和界定

全要素生产率（total factor productivity，TFP）最早由美国经济学家罗伯特 • 索洛（Robert M. Solow）提出，即“索洛余值”。该理论阐述了全要素生产率的来源，包括技术进步、制度管理创新、产业规模集聚化和生产工艺创新等。TFP 是以资本、劳动力和能源作为投入要素，只考虑到期望的产出，而碳排放约束下的全要素生产率（total factor producivity of carbon，TFPc）是将碳排放这一非期望产出也考虑在内进行研究分析。

2. 全要素生产率投入和产出指标的选取

关于全要素生产率的研究多数采用资本、能源和劳动力作为投入要素（叶懿安等，2013）。在劳动力投入指标的选取上有着多种选择，总体有劳动力人数和劳动力收入两种类型。由于我国目前并未完全实现同酬同劳，所以从实际情况出发，本节主要以劳动人数来代表劳动力投入。资本投入的度量也有很多方法，本节主要采用固定资产净值年平均余额。最后一个投入指标是能源投入指标，本节选取的是能源消耗量，选取工业总产值为期望产出，碳排放为非期望产出。具体说明如下。

（1）劳动力投入（L）：用各行业从业人员平均人数（人）表示劳动力要素配置；

（2）资本投入（K）：用规模以上固定资产净值平均余额（万元）表示资本要素配置；

（3）能源投入（E）：用工业能源消费量（万吨标准煤）表示能源配置；

（4）合意产出（Y）：工业总产值（万元）；

（5）非合意产出（C）：各行业碳排放（吨）。

经过搜集并计算处理后的所有数据具体见表 3-2。

表 3-2　数据的统计概述

指标	名称	样本数	平均值	标准差	最大值	最小值
K	资本存量/亿元	350	23.98	40.62	275.26	0
L	年末从业人员/万人	350	2.54	4.14	26.86	0
E	能源消费量/万吨标准煤	350	78.41	247.61	1980.86	0
Y	工业总产值/亿元	350	189.75	366.18	2827.38	0.13
C	碳排放/万吨	350	60.00	189.01	1520.54	0

注：0 表示该数值小于 0.005。本书采用四舍五入计数保留法，全书余同

3. Malmquist 指数

根据 Shephard 距离函数，全要素生产率从 t 时期到 t+1 时期变化的 Malmquist 指数具体形式为

$$M_o(x_{t+1},y_{t+1},x_t,y_t)=\left(\frac{d_o^t(x_{t+1},y_{t+1})}{d_o^t(x_t,y_t)}\times\frac{d_o^{t+1}(x_{t+1},y_{t+1})}{d_o^{t+1}(x_t,y_t)}\right)^{1/2} \tag{3-3}$$

式中，（x_t，y_t）是 t 时期的投入和产出向量；d_o^t是以 t 时期的技术 s^t 为参照的距离函数；（x_{t+1}，y_{t+1}）是 t+1 时期的投入和产出向量；d_o^{t+1} 表示以 t+1 时期的技术 s^{t+1} 为参照的距离函数；下标 o 表示基于产出角度。如果 $M>1$，表示从 t 到 t+1 时期的 TFP 提高，表现为增长状态，行业处于良性发展；如果 $M<1$，表示从 t 到 t+1 时期的 TFP 下降，表现为降低状态，行业处于恶化发展。

在假设规模报酬固定的前提下该指数可分解成技术进步指数（Techch）和技术效率指数（Effch）：

$$M_o(x_{t+1},y_{t+1},x_t,y_t)=\underbrace{\left(\frac{d_o^{t+1}(x_{t+1},y_{t+1})}{d_o^t(x_t,y_t)}\right)}_{\text{Effch}}\times\underbrace{\left(\frac{d_o^t(x_{t+1},y_{t+1})}{d_o^{t+1}(x_{t+1},y_{t+1})}\times\frac{d_o^t(x_t,y_t)}{d_o^{t+1}(x_t,y_t)}\right)^{\frac{1}{2}}}_{\text{Techch}} \tag{3-4}$$

$$=\text{Effch}\times\text{Techch}$$

若 Effch＞1，表示决策单元向前沿面趋近，效率改善，行业的制度、管理、经营体制合理；Effch＞1，表示效率下降，和最高技术水平差距大，经营管理不协调。若 Techch＞1，表示相对技术进步，接近最高的技术水平；若 Techch＜1，表示相对技术退步，技术落后，工艺情况差（叶懿安等，2013）。

4. 全要素生产率的分解方法

Effch 为技术效率指数，即科技进步指标在动态、空间、计划等方面的具体反映，由 Pech 和 Sech 两部分构成。Pech 为纯技术效率指数，表示可变规模报酬下由管理创新、制度创新所引发的生产率变动；Sech 为规模效率指数，代表规模经济的作用。Techch 为技术进步指数，即生产前沿面的移动，表示技术创新、工艺改进对生产率变动的贡献（吴常艳等，2014）。

我们将 DEA 方法和 Malmquist 指数相结合，对全要素生产率进行分解，在规模报酬变动的假定下，Effch 可进一步分解为 Pech 和 Sech 的乘积，分解公式如下：

$$
\begin{aligned}
\text{Effch} &= \frac{d_o^{t+1}\left(x_{t+1}, y_{t+1} | \text{CRS}\right)}{d_o^t\left(x_t, y_t | \text{CRS}\right)} \\
&= \frac{d_o^{t+1}\left(x_{t+1}, y_{t+1} | \text{VRS}\right)}{d_o^t\left(x_t, y_t | \text{VRS}\right)} \times \left[\frac{d_o^{t+1}\left(x_{t+1}, y_{t+1}\right) \Big| \text{CRS}}{d_o^t\left(x_t, y_t\right) \text{CRS}} \times \frac{d_o^t\left(x_t, y_t\right) \Big| \text{VRS}}{d_o^{t+1}\left(x_{t+1}, y_{t+1}\right) \Big| \text{VRS}}\right] \quad (3\text{-}5) \\
&= \text{Pech} \times \text{Sech}
\end{aligned}
$$

式中，CRS 和 VRS 是 DEA 中的两种数据模型。CRS 是不变规模报酬模型，计算 Effch；VRS 是可变规模报酬模型，是把 Effch 分解成 Pech 和 Sech。若 Pech＞1，表示在规模报酬变动的前提下效率改进；若 Pech＜1，意味着效率下降。若 Sech＞1，表示评价单元在第 t+1 期相对于第 t 期更接近规模报酬及长期最优规模；若 Sech＜1，意味着偏离规模报酬及长期最优规模。

四、数据来源与处理过程

对郑州市不同行业碳排放及其强度进行核算主要采用以下数据：工业总产值，工业增加值，工业能源购进、消费与库存等，以上数据主要来自 2000～2013 年的《郑州统计年鉴》和《河南统计年鉴》；对不同行业碳排放的全要素生产率分析主要采用郑州市 2005～2014 年不同行业投入产出的面板数据，主要包括采矿业、制造业、供应业三大产业类别，以及细分的 36 个行业，各行业的统计数据来源于历年的《郑州统计年鉴》。

本书采用软件 DEAP2.1 对郑州市 33 个行业 2005～2014 年的数据的全要素生产率进行分析。需要说明的是，由于“工艺品及其他制造业”和“文教体育用品制造业”两个行业的数值较小，不满足全要素生产率的计算要求，在具体的计算时，TFP 和 Malmquist 指数会出现偏差，影响结果，所以在有关全要素生产率的分析中剔除了这两个行业。在统计年鉴中，“塑料制品业”和“橡胶制品业”统称为“橡胶和塑料制品业”，并且多数学者在进行全要素生产率的计算时也是将这两个行业合并成“橡胶和塑料制品业”，因此本章节在计算行业的全要素生产率时也采用该合并方法。

第二节　行业碳排放特征分析

一、行业碳排放构成分析

这里主要针对郑州市不同行业，通过企业的能源消费量及库存量，并结合前文的相关方法，通过能源消费量（数据均来自《郑州统计年鉴》工业企业能源购进、消费与库存情况）和能源的碳排放系数，算出郑州市 2000～2012 年各行业的碳排放（表 3-3）。结果发现，郑州市 2000～2012 年总碳排放总体呈上升趋势，其中 2008 年和 2009 年总碳排放相比其他年份的涨幅有所下降，但是从 2009 年开始碳排放呈直线增长。总体而言，郑州市 2000～2012 年行业碳排放平均每年以 11.79%的增幅增长，2012 年行业碳排放相比 2000 年增长了 2.81 倍。其中，煤炭开采和洗选业，非金属矿物制品业，有色金属冶炼及压延加工业，电力、热力生产和供应业等是主要的高碳排放行业（表 3-3）。

根据表 3-3 的核算结果，为进一步分析主要高耗能行业的特征，这里把碳排放排名前十的行业进行单独分析，并探讨 2000～2012 年的变化情况（表 3-4）。

表 3-3 2000～2012 年郑州市行业碳排放

（单位：万吨）

行业	2000 年	2001 年	2002 年	2003 年	2004 年	2005 年	2006 年	2007 年	2008 年	2009 年	2010 年	2011 年	2012 年
电力、热力生产和供应业	207.29	252.39	307.30	374.15	455.55	554.65	579.82	643.99	673.71	722.47	890.04	1108.45	1380.46
电气机械及器材制造业	2.22	1.63	1.19	0.87	0.64	0.47	0.66	0.90	1.02	1.19	1.22	1.33	1.45
纺织服装、鞋、帽制造业	0.06	0.11	0.20	0.36	0.66	1.21	0.78	1.28	1.63	2.41	2.93	4.47	6.82
纺织业	1.49	1.80	2.19	2.66	3.22	3.91	4.23	5.91	7.08	7.04	7.64	7.26	6.90
非金属矿采选业	25.42	9.22	3.35	1.21	0.44	0.16	0.16	0.16	0.16	0.20	0.15	0.23	0.35
非金属矿物制品业	114.46	128.48	144.23	161.90	181.74	204.01	229.47	255.78	259.85	265.49	260.33	253.93	247.69
工艺品及其他制造业	0.03	0.05	0.07	0.10	0.14	0.20	0.26	0.31	0.33	0.31	0.43	0.52	0.63
黑色金属矿采选业	0.05	0.05	0.05	0.04	0.04	0.04	0.05	0.06	0.07	0.10	0.10	0.11	0.12
黑色金属冶炼及压延加工业	1.01	2.21	4.86	10.69	23.48	51.58	70.45	73.37	49.11	49.47	57.47	54.55	51.78
化学纤维制造业	0.65	0.59	0.54	0.49	0.45	0.41	0.40	0.34	0.30	0.26	0.17	0.10	0.06
化学原料及化学制品制造业	29.72	34.09	39.12	44.89	51.50	59.09	57.85	57.52	60.21	61.45	64.52	65.40	66.29
家具制造业	0.01	0.01	0.02	0.04	0.04	0.01	0.02	0.02	0.03	0.06	0.07	0.09	0.08
交通运输设备制造业	1.90	1.94	1.98	2.03	2.07	2.12	2.93	3.55	3.92	4.05	4.47	5.85	7.66
金属制品业	0.83	0.99	1.19	1.42	1.70	2.03	2.05	3.21	4.22	6.73	7.46	7.66	7.87
煤炭开采和洗选业	32.45	37.90	42.40	48.46	55.38	63.30	63.60	69.81	76.01	78.06	88.71	134.23	204.35
木材加工及木、竹、藤、棕、草制品业	0.11	0.11	0.11	0.11	0.12	0.12	0.08	0.11	0.14	0.12	0.11	0.14	0.18
农副食品加工业	2.16	2.47	2.83	3.24	3.72	4.26	4.00	4.49	4.22	4.42	3.96	4.36	4.80
皮革、毛皮、羽毛（绒）及其制品业	0.32	0.20	0.12	0.08	0.05	0.03	0.02	0.03	0.03	0.04	0.03	0.03	0.03
燃气生产和供应业	0.16	0.15	0.14	0.20	0.24	0.03	0.04	0.08	0.07	0.11	0.12	0.16	0.09
石油加工炼焦及核燃料加工业	0.56	0.57	0.59	0.60	0.62	0.63	0.64	0.72	0.53	0.56	0.60	0.54	0.49

续表

行业	2000年	2001年	2002年	2003年	2004年	2005年	2006年	2007年	2008年	2009年	2010年	2011年	2012年
食品制造业	110.21	57.53	30.03	15.67	8.18	4.27	5.25	6.95	12.16	10.48	11.84	13.13	14.56
水的生产和供应业	0.19	0.18	0.17	0.16	0.15	0.14	0.14	0.13	0.15	0.16	0.17	0.19	0.21
塑料制品业	0.30	0.27	0.24	0.22	0.20	0.18	0.20	0.67	0.83	1.79	1.91	2.23	2.60
通信设备、计算机及其他电子设备制造业	0	0	0.01	0.04	0.19	0.94	0.84	0.83	0.87	0.89	0.87	0.90	0.93
通用设备制造业	3.05	3.15	3.26	3.37	3.49	3.61	3.81	3.97	5.20	6.63	6.92	7.41	7.93
文教体育用品制造业	0.19	0.12	0.08	0.05	0.03	0	0	0	0.01	0.01	0.01	0.01	0.01
橡胶制品业	0.19	0.22	0.26	0.30	0.35	0.41	0.42	0.86	0.98	0.82	1.43	1.66	1.93
烟草制品业	0	0.01	0.03	0.09	0.26	0.73	0.77	0.19	0.20	0.21	0.21	0.22	0.23
医药制造业	1.22	1.37	1.53	1.72	1.93	2.17	2.16	2.88	3.53	3.53	3.32	3.48	3.65
仪器仪表及文化、办公用机械制造业	0.03	0.03	0.04	0.05	0.05	0.06	0.07	0.07	0.08	0.09	0.11	0.12	0.13
饮料制造业	6.21	5.66	5.15	4.69	4.27	3.89	3.54	4.63	4.91	5.08	4.72	4.16	3.67
印刷业和记录媒介的复制	0.11	0.17	0.25	0.39	0.59	0.90	1.25	1.08	1.04	0.94	1.27	1.21	1.15
有色金属矿采选业	0.01	0.06	0.09	0.11	0.14	0.21	0.35	0.39	0.83	1.16	1.09	0.70	1.21
有色金属冶炼及压延加工业	54.68	72.55	96.24	127.68	169.39	224.73	322.77	322.29	309.70	296.31	299.29	285.78	272.88
造纸及纸制品业	12.39	14.58	17.16	20.19	23.75	27.95	38.46	43.81	45.79	40.23	34.58	34.05	33.53
专用设备制造业	4.19	3.97	3.76	3.57	3.38	3.21	3.99	4.39	4.51	4.78	5.07	5.86	6.77
总计	613.87	634.83	710.78	831.84	998.15	1221.66	1401.53	1514.78	1533.43	1577.65	1763.34	2010.52	2339.49

表 3-4 2012 年郑州市碳排放前十行业及其占行业总碳排放比重

行业	碳排放/（万吨）	比重/%
电力、热力生产和供应业	1380.46	59.00
有色金属冶炼及压延加工业	272.88	11.66
非金属矿物制品业	247.69	10.59
煤炭开采和洗选业	204.35	8.73
化学原料及化学制品制造业	66.29	2.83
黑色金属冶炼及压延加工业	51.78	2.21
造纸及纸制品业	33.53	1.43
食品制造业	14.56	0.62
通用设备制造业	7.93	0.34
金属制品业	7.87	0.34
合计	2287.34	97.77

结果发现：①郑州市碳排放前十大行业中，大多为高耗能、高污染行业；②2012 年，碳排放第一位为电力、热力生产和供应业，碳排放达 1380.46 万吨，较 2000 年增长了 5.66 倍，比重由 2000 年的 33.77%上升到 59.00%，增长率为 74.71%；③2012 年，有色金属冶炼及压延加工业和非金属矿物制品业碳排放占行业碳排放的 11.66%和 10.59%，非金属矿物制品业碳排放比重较 2000 年有所减低，而食品制造业碳排放比重迅速下降；④除了前十大行业外，其余 26 个行业的碳排放较少，2000 年和 2012 年合计均不足 3.00%。

结合以上研究发现，2012 年郑州市碳排放排名前七位的高耗能行业是电力、热力生产和供应业，有色金属冶炼及压延加工业，非金属矿物制品业，煤炭开采和洗选业，化学原料及化学制品制造业，黑色金属冶炼及压延加工业，造纸及纸制品业，以上七个行业应成为未来碳减排的重点。2000～2012 年，郑州市每年碳排放最多的行业是电力、热力生产和供应业，达到了每年碳排放的一半以上，可以将其归为第一级（高）；其次是有色金属冶炼及压延加工业和非金属矿物制品业，每年的碳排放约占全年碳排放的百分之十几，将其归为第二级（较高）；然后是煤炭开采和洗选业、化学原料及化学制品制造业、黑色金属冶炼及压延加工业和造纸及纸制品业，每年的碳排放占全年碳排放的百分之几，将其归为第三级（中）；其余行业每年的碳排放很少，将其归为第四级（低）（表 3-5）。

表 3-5 郑州市各个行业碳排放分类等级

行业	等级	行业	等级
电力、热力生产和供应业	高	农副食品加工业	低
有色金属冶炼及压延加工业	较高	皮革、毛皮、羽毛（绒）及其制品业	低
非金属矿物制品业	较高	燃气生产和供应业	低
煤炭开采和洗选业	中	石油加工炼焦及核燃料加工业	低
黑色金属冶炼及压延加工业	中	食品制造业	低
造纸及纸制品业	中	水的生产和供应业	低
化学原料及化学制品制造业	中	塑料制品业	低
电气机械及器材制造业	低	通信设备、计算机及其他电子设备制造业	低
纺织服装、鞋、帽制造业	低	通用设备制造业	低
纺织业	低	文教体育用品制造业	低
非金属矿采选业	低	橡胶制品业	低
工艺品及其他制造业	低	烟草制品业	低
黑色金属矿采选业	低	医药制造业	低
化学纤维制造业	低	仪器仪表及文化、办公用机械制造业	低
家具制造业	低	饮料制造业	低
交通运输设备制造业	低	印刷业和记录媒介的复制	低
金属制品业	低	有色金属矿采选业	低
木材加工及木、竹、藤、棕、草制品业	低	专用设备制造业	低

二、行业碳排放强度分析

依据各行业的碳排放量，可以计算出不同行业的碳排放强度（表 3-6）。结果发现，较 2005 年，2011 年郑州市行业碳排放强度下降了 32.82%。其中，大部分行业的碳排放强度呈下降趋势，降幅居前十位的行业是烟草制品业，化学纤维制造业，石油加工炼焦及核燃料加工业，木材加工及木、竹、藤、棕、草制品业，通信设备、计算机及其他电子设备制造业，农副食品加工业，黑色金属冶炼及压延加工业，饮料制造业，化学原料及化学制品制造业，造纸及纸制品业，说明这十个行业节能减排的效果很好，在保证经济持续增长的同时使碳排放的增幅有所降低。碳排放强度降幅较小甚至有所上升的行业有通用设备制造业、煤炭开采和洗选业、工艺品及其他制造业、黑色金属矿采选业、交通运输设备制造业、电气机械及器材制造业、食品制造业、有色金属矿采选业等，这说明这八个行业节能减排的效果较差，需要进一步加大节能减排的力度。但部分行业的碳排放强度却出现了增长，如家具制造业，塑料制造业，燃气生产和供应业，纺织服装、鞋、帽制造业，橡胶制品业，文教体育用品制造业，金属制品业等，这说明这些行业的节能减排效果很差，需要进一步加强节能降耗和技术革新。

表 3-6　郑州市 2005～2011 年各行业碳排放强度　　（单位：吨/万元）

行业	2005 年	2006 年	2007 年	2008 年	2009 年	2010 年	2011 年
电力、热力生产和供应业	5.39	4.71	4.40	4.01	3.85	4.12	4.38
电气机械及器材制造业	0.05	0.06	0.07	0.07	0.07	0.07	0.06
纺织服装、鞋、帽制造业	0.44	0.23	0.32	0.36	0.47	0.50	0.65
纺织业	0.55	0.50	0.58	0.61	0.54	0.51	0.42
非金属矿采选业	0.08	0.06	0.05	0.05	0.05	0.03	0.04
非金属矿物制品业	1.99	1.87	1.76	1.55	1.42	1.21	1.01
工艺品及其他制造业	0.07	0.07	0.07	0.07	0.06	0.07	0.07
黑色金属矿采选业	0.72	0.74	0.75	0.76	0.89	0.79	0.76
黑色金属冶炼及压延加工业	2.22	2.54	2.22	1.30	1.17	1.18	0.96
化学纤维制造业	0.65	0.53	0.38	0.29	0.22	0.13	0.07
化学原料及化学制品制造业	3.13	2.56	2.14	1.95	1.79	1.63	1.41
家具制造业	0.01	0.02	0.02	0.03	0.05	0.05	0.05
交通运输设备制造业	0.08	0.09	0.09	0.09	0.08	0.08	0.09
金属制品业	0.19	0.16	0.21	0.24	0.35	0.34	0.29
煤炭开采和洗选业	0.65	0.54	0.50	0.47	0.44	0.43	0.56
木材加工及木、竹、藤、棕、草制品业	0.10	0.06	0.06	0.07	0.05	0.04	0.04
农副食品加工业	0.31	0.24	0.23	0.19	0.18	0.14	0.13
皮革、毛皮、羽毛（绒）及其制品业	0.02	0.02	0.02	0.02	0.02	0.01	0.01
燃气生产和供应业	0.03	0.03	0.06	0.05	0.07	0.07	0.07
石油加工炼焦及核燃料加工业	0.32	0.27	0.26	0.16	0.16	0.14	0.11
食品制造业	0.31	0.31	0.35	0.53	0.41	0.40	0.38
水的生产和供应业	0.07	0.06	0.04	0.04	0.04	0.04	0.04
塑料制品业	0.04	0.03	0.09	0.10	0.20	0.18	0.18
通信设备、计算机及其他电子设备制造业	0.17	0.13	0.10	0.10	0.09	0.07	0.07
通用设备制造业	0.18	0.16	0.14	0.16	0.18	0.16	0.15
文教体育用品制造业	0.04	0.04	0.04	0.06	0.06	0.06	0.06
橡胶制品业	0.25	0.22	0.37	0.37	0.28	0.41	0.41

续表

行业	2005年	2006年	2007年	2008年	2009年	2010年	2011年
烟草制品业	0.03	0.03	0.01	0	0	0	0
医药制造业	0.26	0.21	0.24	0.26	0.23	0.19	0.17
仪器仪表及文化、办公用机械制造业	0.04	0.04	0.04	0.03	0.03	0.03	0.03
饮料制造业	0.73	0.55	0.61	0.56	0.52	0.42	0.32
印刷业和记录媒介的复制	0.15	0.17	0.13	0.11	0.09	0.10	0.08
有色金属矿采选业	0.07	0.10	0.10	0.18	0.22	0.18	0.10
有色金属冶炼及压延加工业	3.74	4.49	3.77	3.15	2.70	2.37	1.93
造纸及纸制品业	1.57	1.80	1.73	1.57	1.24	0.92	0.78
专用设备制造业	0.13	0.14	0.13	0.11	0.11	0.10	0.10
总计	1.95	1.87	1.70	1.50	1.38	1.34	1.31

对郑州市 2011 年各行业碳排放强度进行排名发现，前十名的行业是电力、热力生产和供应业，有色金属冶炼及压延加工业，化学原料及化学制品制造业，非金属矿物制品业，黑色金属冶炼及压延加工业，造纸及纸制品业，黑色金属矿采选业，纺织服装、鞋、帽制造业，煤炭开采和洗选业，纺织业。其中，碳排放强度最大的行业是电力、热力生产和供应业，排放强度为 4.38 吨/万元；其次为有色金属冶炼及压延加工业和化学原料及化学制品制造业，碳排放强度分别为 1.93 吨/万元和 1.41 吨/万元；再次为非金属矿物制品业，黑色金属冶炼及压延加工业，造纸及纸制品业，黑色金属矿采选业，纺织服装、鞋、帽制造业，煤炭开采和洗选业，纺织业，碳排放强度分别为 1.01 吨/万元、0.96 吨/万元、0.78 吨/万元、0.76 吨/万元、0.65 吨/万元、0.56 吨/万元、0.42 吨/万元。排名第一的电力、热力生产和供应业的碳排放强度约是纺织业碳排放强度的 11 倍。这说明电力、热力生产和供应业的节能减排效果很差，能源利用效率低，依然没有摆脱高消耗、高排放的传统发展道路。电力、热力生产和供应业应成为未来郑州市低碳发展的重点整治行业，应重点改善能源结构，研发煤的清洁利用技术，使电力、热力生产和供应业在保持经济发展的同时碳排放有所减少。

三、行业碳排放与经济增长的关系分析

脱钩指标是基于驱动力-压力-状态-影响-响应框架而设计的，主要反映

前两者的关系，也就是驱动力（如 GDP 增长）和压力（如环境污染）在同一时期的增长弹性变化情况。本书采用常用的两种脱钩分析方法对郑州市 2005～2011 年经济增长和碳排放进行脱钩分析。

1. 脱钩指数法

脱钩指数指在一个时期内，一个具体压力变量的相对变化和一个相关的经济驱动力变量的相对变化的比率（庄贵阳，2007），表达式为

$$DR_{t_0,t_1}=\frac{EP_{t_1}/EP_{t_0}}{DF_{t_1}/DF_{t_0}} \tag{3-6}$$

式中，DR_{t_0,t_1} 为脱钩指数；EP 为环境压力变量；DF 为经济驱动力变量；t_0 和 t_1 分别为考虑时段的起始时间和终止时间。这里以工业增加值代表经济驱动变量，碳排放代表环境压力变量。

2. 弹性分析法

弹性分析法的计算方法如下：

$$\text{碳排放的GDP弹性}=\%\Delta CO_2/\%\Delta GDP \tag{3-7}$$

式中，$\%\Delta CO_2$ 和$\%\Delta GDP$ 分别代表碳排放变化的百分比和 GDP 变化的百分比。利用弹性、ΔGDP 和 ΔVOL 三个变量来确定碳排放与 GDP 脱钩的程度。

结果发现，郑州市大部分年份行业碳排放和经济增长呈弱脱钩状态，即碳排放的 GDP 弹性介于 0 和 0.80 之间。但也有个别年份，如 2011 年，由于行业碳排放增长较快，碳排放与 GDP 的关系为扩张性耦合。总体而言，2005～2011 年，郑州市行业碳排放与 GDP 的脱钩指数为 0.67，而碳排放的 GDP 弹性为 0.45，处于弱脱钩状态（表 3-7）。这说明郑州市行业碳排放增速低于经济发展的速度。当然，目前郑州市行业碳排放总体还是呈增长趋势，只有当未来碳排放达到峰值并开始下降时，才会出现碳排放与经济发展的绝对脱钩或强脱钩，这是未来低碳经济发展的目标。因此，对于郑州市而言，应该在保证经济持续发展的同时，尽可能降低能源消耗碳排放强度。特别是碳排放和碳排放强度排名前十的高耗能行业，要重点调整和整治，降低脱钩指数，并最终实现碳排放与经济增长的脱钩。

表 3-7 郑州市 2005～2011 年行业碳排放与经济增长脱钩分析

年份	GDP 可比价/万元	碳排放/万吨	脱钩指数法			弹性分析法			脱钩分析
			EP_{t_1}/EP_{t_0}	DF_{t_1}/DF_{t_0}	DR_{t_0,t_1}	%ΔCO_2	%ΔGDP	碳排放的GDP 弹性	
2005	626.18	1221.66							
2006	749.54	1401.53	1.15	1.20	0.96	0.15	0.20	0.75	弱脱钩
2007	891.20	1514.78	1.08	1.19	0.91	0.08	0.19	0.42	弱脱钩
2008	1023.10	1533.43	1.01	1.15	0.88	0.01	0.15	0.07	弱脱钩
2009	1142.80	1577.65	1.03	1.12	0.92	0.03	0.12	0.25	弱脱钩
2010	1315.37	1763.34	1.12	1.15	0.97	0.12	0.15	0.80	弱脱钩
2011	1538.98	2010.52	1.14	1.17	0.97	0.14	0.17	0.82	扩张性耦合
2005～2011			1.65	2.45	0.67	0.65	1.45	0.45	弱脱钩

注：2006 年对应的脱钩指标及其分析代表 2005～2006 年的情况，其他年份依此类推

四、行业的碳减排潜力分析

在不同行业碳排放及其强度研究的基础上，本小节对郑州市不同行业的碳排放进行情景设置，并初步分析了郑州市 2030 年的行业碳减排潜力。情景分析法又称情景描述法，是在假定某种趋势将持续到未来的前提下，对预测对象可能出现的情况及引起的后果做出预测的方法。郑州市行业碳减排潜力分析主要参考不同情景下的碳排放强度约束指标进行设置。根据郑州市五年规划纲要文件，“十一五”期间，郑州市经济增长率为 13%；“十二五”期间经济增长率为 11.2%；“十三五”规划预期规模以上工业增加值增长 10%。根据该约束指标，设置两种情景对郑州市行业碳减排潜力进行分析。

（1）低碳情景：按照国家提出的“2020 年单位国内生产总值二氧化碳排放比 2005 年下降 40%~45%”的最高目标进行设置。2005 年郑州市行业碳排放强度为 1.95 吨/万元，因此低碳情景下 2020 年行业碳排放强度设置为 1.07 吨/万元。该情景下，“十三五”期间规模以上工业增加值年均增长 6.45%。

（2）基准情景：按照 2000～2011 年郑州市行业碳排放强度自然状态下年均下降率 6.35%的幅度进行行业碳减排潜力分析。

参考上述碳减排潜力情景分析方法，2016～2050 年郑州市行业碳排放预测及碳减排潜力分析数据如图 3-1 所示。①郑州市行业碳排放呈先增加后下降趋势。基准情景下，行业碳排放峰值 5914.37 万吨于 2046 年出现，该值是

2011 年行业碳排放的 2.94 倍，是 2000 年行业碳排的 9.63 倍；2046 年低碳情景下产业碳排放为 5199.51 万吨，与基准情景相比，行业碳减排为 714.87 万吨，碳减排比例为 12.09%；低碳情景下，行业碳排放峰值出现于 2038 年，略早于基准情景，其碳排放峰值为 5324.14 万吨，该值是 2000 年行业碳排放的 8.67 倍，是 2011 年行业碳排放的 2.65 倍，2038 年基准情景下行业碳排放为 5818.26 万吨，年度行业碳减排为 494.12 万吨，碳减排比例为 8.49%。②行业碳排放强度明显下降。基准情景下，2020 年行业碳排放强度为 1.07 吨/万元，与 2005 年相比下降率为 45.13%，2050 年，碳排放强度为 0.54 吨/万元，与 2005 年相比，下降率为 72.31%；低碳情景下，2050 年行业碳排放强度为 0.47 吨/万元，与 2005 年相比，下降率为 75.90%；行业碳排放强度的下降表明生产过程中碳循环效率的提升，单位碳排放的社会经济产出得到提高。③2020 年之前，低碳情景行业碳排放高于基准情景。低碳情景下，按照 45% 的减排目标进行行业碳减排潜力分析，2020 年之前该情景下的行业碳排放大于基准情景，但是行业碳减排及减排比例一直处于增加状态，2020 年之后，低碳约束下的行业碳排放逐渐小于基准情景，且二者的差值逐渐增大，可见，低碳目标的约束有助于行业碳减排，碳减排政策的效应逐渐明显。

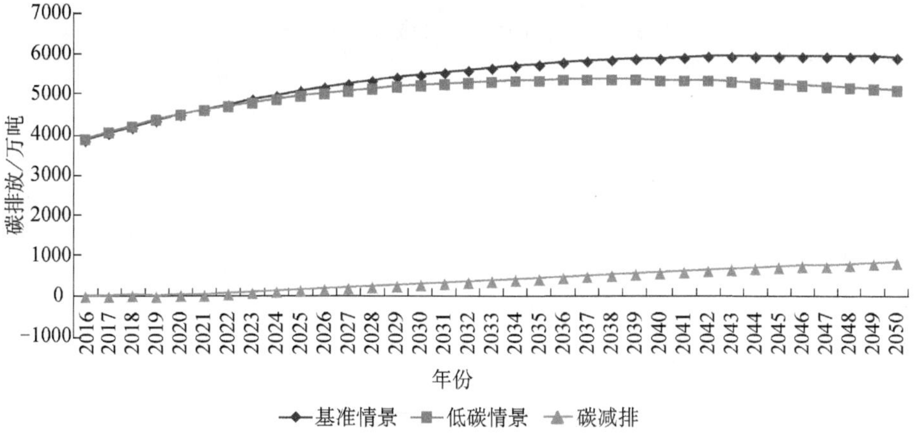

图 3-1　2016～2050 年郑州市行业碳排放预测及碳减排潜力分析

基准情景下，2030 年行业碳排放将达到 5450.74 万吨，碳排放强度为 0.85 吨/万元；低碳情景下，2030 年行业碳排放为 5191.77 万吨，碳排放强度为 0.81 吨/万元，与基准情景比较，碳减排为 258.97 万吨，减排比例为

4.75%。2050 年，基准情景下的行业碳排放为 5886.40 万吨，碳排放强度为 0.54 吨/万元；低碳情景下的行业碳排放为 5072.26 万吨，碳排放强度为 0.47 吨/万元，该年度碳减排比例为 13.83%，碳减排为 814.14 万吨，该值大于 2000 年行业碳排放。因此，郑州市在未来的经济发展中应采取节能减排降耗措施，推进节能技术的传播使用，加大行业碳减排力度，坚持实施碳减排政策。2038 年的行业碳减排将达到 494.12 万吨，这有助于我国履行“2030～2040 年达到碳排放峰值”的国际承诺，也有助于郑州市“低碳经济”产业链的形成与发展。

为进一步分析不同行业的碳减排潜力，本书将郑州市 36 个行业按照碳减排效率和碳减排量分别进行排名（表 3-8），并以处于中间位置的行业为界限，横坐标以碳减排量排序，纵坐标以碳减排效率排序，把不同行业分到四个象限中（图 3-2）。第一象限代表碳减排效率低、碳减排量也低的行业，定义为三级；第二象限代表碳减排效率低但碳减排量高的行业，碳减排潜力中等，定义为二级；第三象限代表碳减排效率高且碳减排量也高的行业，碳减排潜力最大，定义为一级，此类行业应该首先进行碳减排；第四象限代表碳减排效率高但碳减排量较低的行业，碳排放潜力中等，也定义为二级。

表 3-8 郑州市 36 个行业碳减排潜力分级表

行业名称	行业代码	碳减排量排名	碳减排效率排名
电力、热力生产和供应业	a	1	16
煤炭开采和洗选业	b	2	14
食品制造业	c	3	9
金属制品业	d	4	5
交通运输设备制造业	e	5	11
纺织服装、鞋、帽制造业	f	6	7
通用设备制造业	g	7	15
塑料制品业	h	8	1
纺织业	i	9	17
专用设备制造业	j	10	19
橡胶制品业	k	11	4
电气机械及器材制造业	l	12	10
有色金属矿采选业	m	13	8
医药制造业	n	14	20
工艺品及其他制造业	o	15	12

续表

行业名称	行业代码	碳减排量排名	碳减排效率排名
燃气生产和供应业	p	16	3
家具制造业	q	17	2
黑色金属矿采选业	r	18	13
仪器仪表及文化、办公用机械制造业	s	19	18
文教体育用品制造业	t	20	6
非金属矿采选业	u	21	21
皮革、毛皮、羽毛（绒）及其制品业	v	22	33
水的生产和供应业	w	23	23
木材加工及木、竹、藤、棕、草制品业	x	24	27
印刷业和记录媒介的复制	y	25	22
石油加工炼焦及核燃料加工业	z	26	34
通信设备、计算机及其他电子设备制造业	aa	27	32
化学纤维制造业	ab	28	36
烟草制品业	ac	29	35
饮料制造业	ad	30	29
农副食品加工业	ae	31	31
造纸及纸制品业	af	32	26
黑色金属冶炼及压延加工业	ag	33	30
化学原料及化学制品制造业	ah	34	28
有色金属冶炼及压延加工业	ai	35	24
非金属矿物制品业	aj	36	25

结果发现，郑州市 36 个行业主要位于第三象限和第一象限（图 3-2）。位于第三象限中的行业依次是电力、热力生产和供应业，煤炭开采和洗选业，食品制造业，金属制品业，交通运输设备制造业，纺织服装、鞋、帽制造业，通用设备制造业，塑料制品业，纺织业，专业设备制造业，橡胶制品业，电气机械及器材制造业，有色金属矿采选业，医药制造业，工艺品及其他制造业，燃气生产和供应业，家具制造业，黑色金属矿采选业，仪器仪表及文化、办公用机械制造业。这批行业碳减排效率高且减少产值后带来的碳减排量也较高，应该成为未来郑州市进行产业结构调整实现减排目标的首批行业。

郑州市碳减排潜力前十的行业排序依次为塑料制品业，家具制造业，燃气生产和供应业，橡胶制品业，金属制品业，文教体育用品制造业，纺织服装、鞋、帽制造业，有色金属矿采选业，食品制造业，电气机械及器材制造业。这些行业多为制造业，碳减排潜力很大。郑州市应进行产业结构调整，并重点对传统的高能耗、高污染行业进行整顿，以实现城市低碳发展。

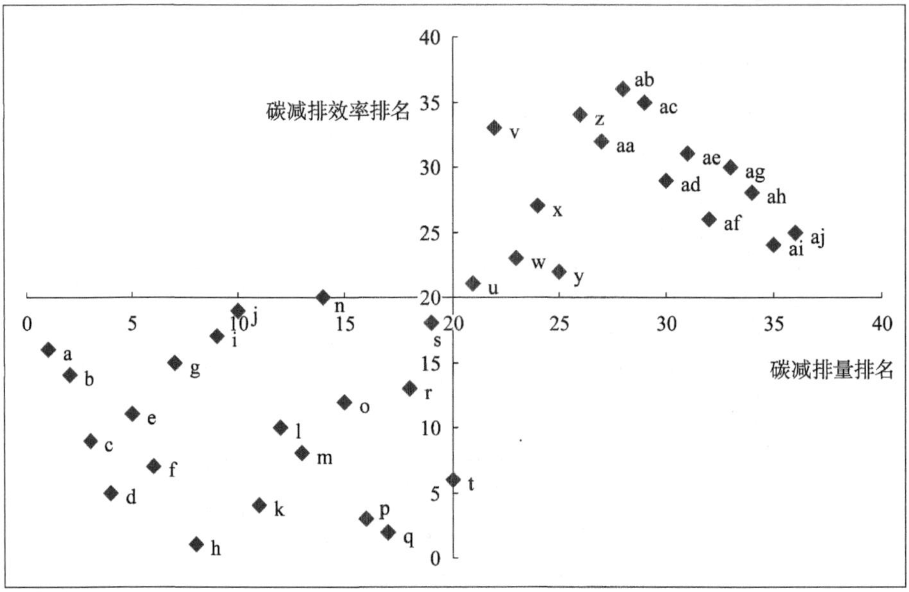

图 3-2　郑州市 2020 年 36 个行业碳减排潜力分布图

第三节　行业碳排放的全要素生产率分析

工业是城市 GDP 增长的支柱，但也是碳排放的主要来源。产业布局决定城市未来发展的方向，而碳排放的 TFP 分析将找出高碳行业，使政府有针对性地调整产业结构，实现低碳发展。

一、郑州市整体行业的全要素生产率分析

（一）郑州市整体行业的 Malmquist 指数分析

2006～2014 年郑州市 33 个行业传统的 TFP 总体均值为 0.796（表 3-9），

而且具体到每一年的 TFP 值都是小于 1，最高的年份是 2012 年，具体 TFP 值为 0.944。细分到 Effch 和 Techch 来看，Effch 年均值为 0.997，Techch 年均值仅为 0.798，在所有年份中，Techch 全部小于 1，而 Effch＞1 的年份只有 2006 年、2010 年、2012 年和 2014 年。而郑州市 2006～2014 年行业碳排放 TFPc 总体年均值为 0.908，其中 2012 年和 2014 年的 TFPc 大于 1（表 3-10）。Effch 和 Techch 均值分别为 0.919 和 0.988，其中 Effch＞1 的年份只有 2006 年和 2009 年，而 Techch＞1 的年份有 2008 年、2010 年、2012 年、2013 年和 2014 年。由此可以看出，两种情形下的全要素生产率都比 1 小，TFPc 明显大于 TFP，均值高了 0.112，仅在 2011 年和 2013 年比 TFP 小。这说明郑州市行业全要素生产率水平较低，整体处于一个非良性的发展状态。郑州市工业整体的技术效率和技术进步出现恶化的现象，技术落后是其主要原因。由于碳排放是非合意产出，对经济增长存在负外部性，所以在评估行业的全要素生产率增长时考虑二氧化碳排放将更符合客观实际。如果不考虑二氧化碳的排放，则会明显低估郑州市行业的全要素生产率。

表 3-9　郑州市 2006～2014 年传统的全要素生产率 Malmquist 指数

年份	Effch	Techch	Pech	Sech	TFP
2006	1.022	0.539	1.022	1.000	0.551
2007	0.984	0.697	0.984	1.000	0.686
2008	0.993	0.793	0.993	1.000	0.787
2009	0.954	0.793	1.002	0.951	0.756
2010	1.012	0.865	1.023	0.990	0.875
2011	0.969	0.868	0.967	1.002	0.841
2012	1.039	0.908	0.980	1.060	0.944
2013	0.994	0.901	0.994	1.000	0.896
2014	1.006	0.908	1.006	1.000	0.914
均值	0.997	0.798	0.997	1.000	0.796

表 3-10　郑州市 2006～2014 年行业碳排放全要素生产率 Malmquist 指数

年份	Effch	Techch	Pech	Sech	TFPc
2006	1.109	0.763	1.000	1.109	0.846
2007	0.876	0.900	1.000	0.876	0.788
2008	0.669	1.261	1.000	0.669	0.844

续表

年份	Effch	Techch	Pech	Sech	TFPc
2009	1.533	0.595	1.000	1.533	0.913
2010	0.873	1.106	1.000	0.873	0.965
2011	0.771	0.990	1.000	0.771	0.763
2012	0.903	1.367	1.000	0.903	1.233
2013	0.794	1.083	1.000	0.794	0.860
2014	0.972	1.077	1.000	0.972	1.047
均值	0.919	0.988	1.000	0.919	0.908

（二）郑州市整体行业全要素生产率变动趋势分析

从郑州市 2006～2014 年行业的 TFP 和 TFPc 对比分析来看（图 3-3），自 2006 年以来，TFP 和 TFPc 的增长速率呈现出明显的波动增长的特征，但 TFPc 的波动趋势明显较大，特别是在 2010～2014 年波动更加明显。其中 TFP 在 2008～2009 年、2010～2011 年、2012～2013 年出现了负增长。TFP 的年均增长率为 7.04%，其中 Effch 年均增长率为-0.10%，Techch 年均增长率为 7.14%，说明在工业生产过程中 TFP 的增长依赖于 Techch。对 Effch 进一步分解，Pech 纯技术效益指数年均增长为-0.16%，Sech 规模效率指数年均增长为 0.07%。由此可得，TFP 的增长主要依赖于 Sech，Pech 起到抑制作用。而 TFPc 的增长速率在 2006～2007 年、2010～2011 年、2012～2013 年三个时间段出现了负增长，总体的年均增长率为 5.79%，其中 Effch 年均增长率为 7.15%，Techch 年均增长率为 12.17%，这说明 TFPc 同时依赖于 Effch 和 Techch。在 Effch 的分解中，Sech 年均增长率为 7.15%，表明 Effch 仅仅由 Sech 决定，由此可得，TFPc 主要依赖于 Sech，Pech 对其不起作用。这说明了无论是否考虑二氧化碳排放，郑州市行业的全要素生产率的增长绝大部分是由 Techch 提升的，特别是前沿的 Techch 是全要素生产率提升的重要来源。Effch 特别是 Pech 对全要素生产率的贡献不大，还有可能起抑制作用。所以，发展低碳经济不是简单地调整经济结构。节能技术和低碳技术的发展将有效地降低碳排放，技术创新将有效地推动全要素生产率的提高。郑州市的经济增长方式是粗放的，对生产中的技术提高和效率的改进重视程度不高，所以郑州市行业碳减排应该尽快加速传统技术向低碳技术的转变，提高生产技术，改进生产效率，切实有效地发展低碳经济。

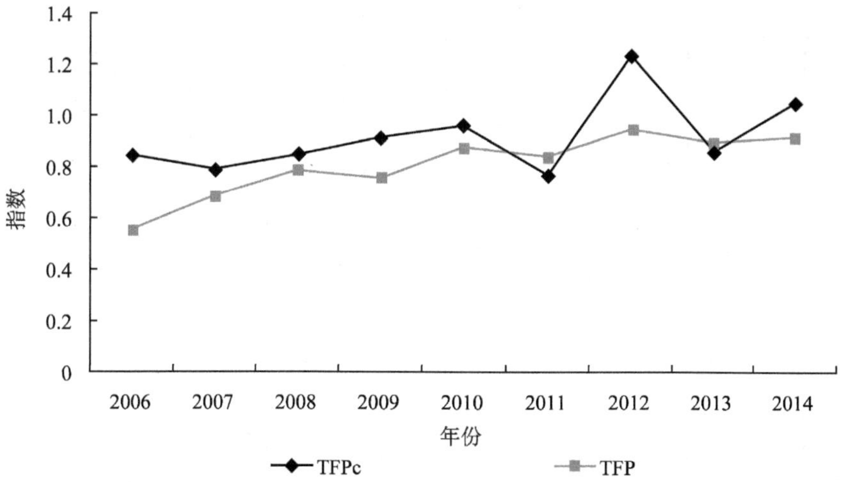

图 3-3　郑州市 2006～2014 年行业全要素生产率 Malmquist 指数

二、郑州市不同行业的全要素生产率分析

为找出能源利用效率最有潜力的行业，本书对 33 个行业的 TFPc 及 TFP 进行分析（表 3-11）。

（一）传统的全要素生产率分析

行业 TFP 均值为 0.796，比均值高的有 7 个行业，占 21.21%，分别是化学纤维制造业，木材加工及木、竹、藤、棕、草制品业，皮革、毛皮、羽毛（绒）及其制品业，石油加工炼焦及核燃料加工业，仪器仪表及文化、办公用机械制造业，燃气生产和供应业，水的生产和供应业，其中，仅化学纤维制造业的 TFP 大于 1。分解到 Effch 和 Techch 上发现，Effch 均值是 0.997，其中绝大部分行业大于均值，只有黑色金属矿采选业及家具制造业小于均值，也是仅有的两个小于 1 的行业；Techch 均小于 1，均值也只有 0.798。不同行业的全要素生产率年均增长率为−20.4%，其中 Effch 年均增长率为−0.3%，Techch 年均增长率为−20.2%，表明 TFP 的增长中 Techch 贡献很大。虽然随着科技的发展，设备不断更新，Effch 有所提高，但郑州市经济发展基础相对较弱，低碳发展滞后，使得 Effch 的效果没有凸显出来，由此 TFP 的增长主要依赖于 Techch。

表 3-11 郑州市工业 33 个行业 2006～2014 年 Malmquist 指数

行业	含碳排放					不含碳排放				
	Effch	Techch	Pech	Sech	TFPc	Effch	Techch	Pech	Sech	TFP
非金属矿采选业	0.971	1.130	1.000	0.971	1.097	1.000	0.782	1.000	1.000	0.782
黑色金属矿采选业	0.992	0.968	1.000	0.992	0.960	0.830	0.916	0.830	1.000	0.760
煤炭开采和洗选业	1.232	0.898	1.000	1.232	1.106	1.000	0.775	1.000	1.000	0.775
有色金属矿采选业	1.067	1.048	1.000	1.067	1.118	1.006	0.788	1.006	1.000	0.793
电气机械及器材制造业	0.934	1.096	1.000	0.934	1.024	1.000	0.774	1.000	1.000	0.774
纺织服装、鞋、帽制造业	0.831	0.950	1.000	0.831	0.790	1.000	0.775	1.000	1.000	0.775
纺织业	1.056	0.964	1.000	1.056	1.018	1.000	0.774	1.000	1.000	0.774
非金属矿物制品业	0.868	0.956	1.000	0.868	0.829	1.000	0.775	1.000	1.000	0.775
黑色金属冶炼及压延加工业	0.951	0.986	1.000	0.951	0.938	1.000	0.775	1.000	1.000	0.775
化学纤维制造业	1.123	1.033	1.000	1.123	1.160	1.088	0.939	1.088	1.000	1.021
化学原料及化学制品制造业	0.883	0.968	1.000	0.883	0.854	1.000	0.774	1.000	1.000	0.774
家具制造业	0.773	1.136	1.000	0.773	0.877	0.899	0.858	0.899	1.000	0.771
交通运输设备制造业	0.839	1.068	1.000	0.839	0.896	1.000	0.774	1.000	1.000	0.774
金属制品业	0.870	0.960	1.000	0.870	0.835	1.000	0.774	1.000	1.000	0.774
木材加工及木、竹、藤、棕、草制品业	0.884	1.053	1.000	0.884	0.931	1.001	0.828	1.001	1.000	0.828
农副食品加工业	0.891	0.976	1.000	0.891	0.870	1.000	0.774	1.000	1.000	0.774
皮革、毛皮、羽毛（绒）及其制品业	1.065	1.065	1.000	1.065	1.134	1.059	0.911	1.059	1.000	0.965
石油加工炼焦及核燃料加工业	0.962	0.986	1.000	0.962	0.949	1.034	0.811	1.034	1.000	0.839
食品制造业	0.888	0.948	1.000	0.888	0.842	1.000	0.774	1.000	1.000	0.774

续表

行业	含碳排放					不含碳排放				
	Effch	Techch	Pech	Sech	TFPc	Effch	Techch	Pech	Sech	TFP
通信设备、计算机及其他电子设备制造业	0.677	0.982	1.000	0.677	0.665	1.000	0.781	1.000	1.000	0.781
通用设备制造业	0.855	0.973	1.000	0.855	0.831	1.000	0.774	1.000	1.000	0.774
橡胶和塑料制品业	0.844	0.957	1.000	0.844	0.808	1.000	0.774	1.000	1.000	0.774
烟草制品业	0.969	1.013	1.000	0.969	0.981	1.001	0.774	1.001	1.000	0.776
医药制造业	0.920	0.929	1.000	0.920	0.855	1.000	0.774	1.000	1.000	0.774
仪器仪表及文化、办公用机械制造业	0.923	1.010	1.000	0.923	0.932	1.000	0.837	1.000	1.000	0.837
饮料制造业	0.883	0.940	1.000	0.883	0.830	1.000	0.774	1.000	1.000	0.774
印刷业和记录媒介的复制	0.953	0.940	1.000	0.953	0.897	1.000	0.774	1.000	1.000	0.774
有色金属冶炼及压延加工业	0.926	0.948	1.000	0.926	0.878	1.000	0.775	1.000	1.000	0.775
造纸及纸制品业	0.926	0.945	1.000	0.926	0.875	1.000	0.774	1.000	1.000	0.774
专用设备制造业	0.859	0.948	1.000	0.859	0.815	1.000	0.774	1.000	1.000	0.774
电力、热力生产和供应业	0.841	0.939	1.000	0.841	0.790	1.000	0.774	1.000	1.000	0.774
燃气生产和供应业	0.832	1.022	1.000	0.832	0.850	1.000	0.809	1.000	1.000	0.809
水的生产和供应业	1.026	0.932	1.000	1.026	0.957	1.000	0.860	1.000	1.000	0.860
均值	0.919	0.988	1.000	0.919	0.908	0.997	0.798	0.997	1.000	0.796

（二）碳排放约束下的全要素生产率分析

所有行业的 TFPc 均值是 0.908，大多数行业该指数小于 1，大于 1 的有非金属矿采选业，煤炭开采和洗选业，有色金属矿采选业，电气机械及器材制造业，纺织业，化学纤维制造业，皮革、毛皮、羽毛（绒）及其制品业等 7 个行业，仅占 21.21%。TFPc 高的 4 个行业为煤炭开采和洗选业，有色金属矿采选业，化学纤维制造业，皮革、毛皮、羽毛（绒）及其制品业，TFPc 分别为 1.106、1.118、1.160、1.134。

在 TFPc 高的行业中，增长最快的是化学纤维制造业，年均增长率为 16.00%，其中 Techch 贡献率为 3.30%，Effch 为 12.30%；剩下三个行业的年均增长率分别为 10.60%、11.80%和 13.40%，除煤炭开采和洗选业外，均是由 Techch 和 Effch 为增长做出了贡献。而且，这四个行业的 Effch 也都大于 1，对 TFPc 的提高起了积极的作用。

在所有行业中，有 19 个行业的 TFPc 比均值小，占比达到了 57.58%，其中纺织服装、鞋、帽制造业，通信设备、计算机及其他电子设备制造业，电力、热力生产和供应业三个行业最少，分别为 0.790、0.665、0.790，最小的比均值少 0.243。从分解项来看，主要原因是 Effch 值不高，Techch 值也较小。

从三者的变化可以看出，不同行业的年均增长率为−9.20%，且 Effch 年均增长率为−8.10%，Techch 年均增长率为−1.20%，说明 TFPc 的贡献率主要来自于 Effch。在经济发展水平相对较低的情况下，Techch 往往体现为产出水平的提高，随之带来的是行业规模扩大，这也是全要素生产率增长的原因之一，但相应的能源消耗量剧增，碳排放增多。这样的 Techch 是非低碳的，因此在考虑碳排放的情况时，Techch 的贡献就会较低。

对两种情况对比分析可以看出，TFPc 明显大于 TFP，其中增长最快的是非金属矿采选业、煤炭开采和洗选业、有色金属矿采选业、电气机械及器材制造业、纺织业、烟草制品业六个行业；纺织服装、鞋、帽制造业，饮料制造业，通信设备、计算机及其他电子设备制造业，橡胶和塑料制品业，专用设备制造业，电力、热力生产和供应业，以及水的生产和供应业的增长最慢；通信设备、计算机及其他电子设备制造业甚至是有所减少，降低了 0.116。全要素生产率增长最快的行业主要是重工业及能耗较高的行业。郑州市正处于快速工业化和城镇化的阶段，高能耗、高污染、高排放的行业带动的 GDP 快速增长依然是郑州市经济发展的主线，重工业的快速发展是短时间内的特征。因此，高耗能行业将大规模发展，且 TFPc 会明显高于 TFP，而 TFPc 的提高是以环境污染为代价的。

三、郑州市不同行业碳排放的全要素生产率分析

1. 郑州市不同行业碳排放的全要素生产率分类分析

为了更好地发现郑州市行业在发展中的问题，将郑州市 33 个行业 2006～2014 年的 TFPc 从高到低进行排序，根据 TFPc 的趋势，我们将所有行业分为四类。

第一类：TFPc＜0.8，包括通信设备、计算机及其他电子设备制造业，纺织服装、鞋、帽制造业，电力、热力生产和供应业，占比为 9.09%。

第二类：0.8＜TFPc＜0.9，包括橡胶和塑料制品业，专用设备制造业，非金属矿物制品业，饮料制造业，通用设备制造业，金属制品业，食品制造业，燃气生产和供应业，化学原料及化学制品制造业，医药制造业，农副食品加工业，造纸及纸制品业，家具制造业，有色金属冶炼及压延加工业，交通运输设备制造业，印刷业和记录媒介的复制，占比为 48.48%。

第三类：0.9＜TFPc＜1，包括木材加工及木、竹、藤、棕、草制品业，仪器仪表及文化、办公用机械制造业，黑色金属冶炼及压延加工业，石油加工炼焦及核燃料加工业，水的生产和供应业，黑色金属矿采选业，烟草制品业，占比为 21.21%。

第四类：TFPc＞1，包括纺织业，电气机械及器材制造业，煤炭开采和洗选业，有色金属矿采选业，皮革、毛皮、羽毛（绒）及其制品业，化学纤维制造业，非金属矿采选业，占比为 21.21%。

从中可以看出，全要素生产率高的行业多是郑州市的重化工业及传统支柱行业。传统支柱行业自身具有长足的优势，发展规模大，而且资金雄厚，可以不断地引进新的设备和技术。目前，郑州市处于重化工业时期，政府对其非常重视，不断调整产业结构，壮大发展规模和更新仪器设备。重化工业是拉动郑州市经济发展的主要行业，但也是能耗量高的行业。所以，郑州市

现在的经济发展是非良性的、非持续发展的，政府对低碳经济的实行存在着偏差。除此之外，通信设备、计算机及其他电子设备制造业等的全要素生产率很低，这反映出了全要素生产率低的行业不一定是具有自身技术低下、能耗高、污染严重等特征的行业。

从所有行业的 Techch 和 Effch 可以看出，总体上 Techch 对全要素生产率起了拉动作用，只有水的生产和供应业、黑色金属矿采选业、纺织业、煤炭开采和洗选业、有色金属矿采选业、化学纤维制造业等 6 个行业是 Effch 的拉动作用大。由此表明，重化工行业及传统支柱行业由于自身性质，一般行业规模大、资金雄厚、政府重视、技术投入相对有保障，甚至自身要求技术含量高，重视技术创新、引进新技术及设备，所以 Techch 对其全要素生产率的影响不是太明显。这些行业调整企业内部的管理模式，转变经营体制，优化企业的治理结构等都将有效提高其技术效率，从而提高全要素生产率。由于重化工行业和传统支柱行业在郑州市的产业布局中所占份额大，对所有行业的全要素生产率的影响也大，所以造成了 TFPc 的 Effch 贡献率大。因此，郑州市工业行业的经济发展整体是粗放式的，低碳经济的技术还有待提高，而技术进步能有效提高全要素生产率。

2. 郑州市不同行业碳排放的 Effch 分析

将碳排放下各行业的 Effch 进一步分解为 Pech 和 Sech（表 3-12），Sech 年均下降 2.70%，Pech 年均降低 4.50%。在以 Effch 为主导的工业生产中，Sech 占主导，表明规模化集聚生产对于提高能源利用效率、降低二氧化碳排放有积极作用。Sech 低于年均均值的有 8 个行业，占整个行业的 24.24%，最少的 5 个行业分别为黑色金属矿采选业、煤炭开采和洗选业、非金属矿物制品业、化学纤维制造业、有色金属冶炼及压延加工业。高于年均均值的行业有 24 个，占 72.73%。其中，Sech 最高为 1 且刚好为 1 的行业有 15 个，占 45.45%，如有色金属矿采选业、电气机械及器械制造业、纺织业、黑色金属冶炼及压延加工业、化学原料及化学制品制造业、家具制造业等。由此说明，在经济发展阶段、需求结构、供求结构及全球化分工等因素作用下，在郑州市产业升级的过程中，重工业制造业、原材料制造业，以及以非农产品为原料的轻制造业、以农产品为原料的轻制造业是有待产业升级的重点行业。

表 3-12 2006～2014 年行业 Effch 分解指数

行业	Effch	Pech	Sech
非金属矿采选业	0.864	0.871	0.992
黑色金属矿采选业	0.611	1.000	0.611
煤炭开采和洗选业	0.898	1.000	0.898
有色金属矿采选业	0.873	0.873	1.000
电气机械及器材制造业	1.000	1.000	1.000
纺织服装、鞋、帽制造业	0.929	0.955	0.973
纺织业	0.953	0.953	1.000
非金属矿物制品业	0.894	1.000	0.894
黑色金属冶炼及压延加工业	1.000	1.000	1.000
化学纤维制造业	0.920	1.000	0.920
化学原料及化学制品制造业	0.892	0.892	1.000
家具制造业	1.000	1.000	1.000
交通运输设备制造业	1.000	1.000	1.000
金属制品业	0.917	0.930	0.986
木材加工及木、竹、藤、棕、草制品业	1.000	1.000	1.000
农副食品加工业	1.000	1.000	1.000
皮革、毛皮、羽毛（绒）及其制品业	1.000	1.000	1.000
石油加工炼焦及核燃料加工业	0.939	0.953	0.984
食品制造业	0.923	0.925	0.998
通信设备、计算机及其他电子设备制造业	0.673	0.674	0.999
通用设备制造业	0.966	1.000	0.966
橡胶和塑料制品业	0.968	0.996	0.972
烟草制品业	0.962	0.962	1.000
医药制造业	0.820	0.820	0.999
仪器仪表及文化、办公用机械制造业	1.000	1.000	1.000
饮料制造业	0.926	0.926	1.000
印刷业和记录媒介的复制	0.925	0.926	0.999
有色金属冶炼及压延加工业	0.950	1.000	0.950
造纸及纸制品业	1.000	1.000	1.000
专用设备制造业	0.963	1.000	0.963
电力、热力生产和供应业	1.000	1.000	1.000
燃气生产和供应业	0.927	0.928	0.999
水的生产和供应业	0.923	0.925	0.998
均值	0.928	0.955	0.973

第四章

郑州市典型产业的碳排放效率分析

碳排放效率是衡量不同产业总产值、资源能源投入和碳排放的关系的指标，也是不同产业对环境影响程度的重要表征。在第三章不同行业碳排放核算及全要素生产率分析的基础上，本章选取郑州市 22 类产业共 181 家企业的样本数据，采用相关指标对产业的碳排放效率进行对比分析，探讨不同产业碳排放效率的空间差异。通过对郑州市不同类型企业碳排放效率的分析，系统探讨不同类型企业的碳排放强度及其与产值、能耗、废弃物排放之间的关系。一方面有助于深入了解不同产业碳排放效率的差异，从企业生产的源头分析企业碳排放效率的影响因素；另一方面有助于加强资源开发利用效率与碳排放效率研究的结合，为企业层面碳减排提供新的视角和参考借鉴。

第一节　产业碳排放效率研究方法

本章采用各种单项指标（如碳排放强度、单位用地碳排放、单位劳动力碳排放、单位用水的碳排放效率、单位产品的虚拟水和隐含碳、废弃物的碳排放强度等）对郑州市产业的碳排放效率进行计算和分析，重点探讨碳排放效率的产业差异和空间差异。其中，碳排放的计算方法见第三章第一节，各单项指标的计算公式如下。

（1）单位用地碳排放是指企业能源消费的碳排放与企业用地面积的比值（单位：吨/米^2），代表单位用地面积对应的碳排放，反映了不同类型企业用地的碳排放效率。计算公式为

$$C_{\mathrm{L}}=\frac{C_{\mathrm{E}}}{S} \tag{4-1}$$

式中，C_{L}为企业单位用地碳排放；C_{E}为碳排放；S为企业用地面积。

（2）单位劳动力碳排放是指企业能源消费的碳排放与企业员工数的比值（单位：吨/人），反映了企业员工碳排放效率。计算公式为

$$L_{\mathrm{C}}=\frac{C_{\mathrm{E}}}{L} \tag{4-2}$$

式中，L_{C}为单位劳动力碳排放；C_{E}为碳排放；L为企业员工数。

（3）碳排放强度是指单位产值对应的碳排放，即企业能源消费碳排放与企业总产值的比值（单位：吨/万元），用于衡量企业碳排放的经济效率。计算公式为

$$C_{\mathrm{Q}}=\frac{C_{\mathrm{E}}}{G} \tag{4-3}$$

式中，C_{Q}为单位产值碳排放；C_{E}为碳排放；G为企业总产值。

（4）单位产值耗水量是指企业总用水量与企业总产值的比值（单位：吨/万元），用来反映企业的水资源利用效率。计算公式为

$$G_{\mathrm{W}}=\frac{T_{\mathrm{W}}}{G} \tag{4-4}$$

式中，G_{W}为单位产值耗水量；T_{W}为企业总用水量；G为企业总产值。

（5）单位用水的碳排放效率是指企业能源消费的碳排放与用水量的比值（单位：吨/吨）。由于碳排放与能源消耗挂钩，因此该指标实际上反映了企业能耗与水资源消耗的比例，代表着单位用水对应的碳排放。计算公式为

$$C_{\mathrm{W}}=\frac{C_{\mathrm{E}}}{T_{\mathrm{W}}} \tag{4-5}$$

式中，C_{W}为单位用水的碳排放效率；C_{E}为碳排放；T_{W}为企业总用

水量。

（6）单位产品的隐含碳是指企业能源消费的碳排放与各类产品的实际生产量的比值，反映单位产品的碳排放。计算公式为

$$C_{\mathrm{P}}=\frac{C_{\mathrm{E}}}{Q_{\mathrm{P}}} \tag{4-6}$$

式中，C_{P} 为单位产品的隐含碳；C_{E} 为碳排放；Q_{P} 为各类产品实际生产量。

（7）单位产品的虚拟水是指企业总用水量与企业各类产品产量的比值，反映产品的用水效率。计算公式为

$$W_{\mathrm{P}}=\frac{T_{\mathrm{W}}}{Q_{\mathrm{P}}} \tag{4-7}$$

式中，W_{P} 为单位产品的虚拟水；T_{W} 为企业总用水量；Q_{P} 为各类产品实际生产量。

（8）废弃物排放强度是指废弃物排放总量与工业总产值的比值（单位：吨/万元），即单位产值的废弃物排放量。计算公式为

$$W_{\mathrm{Q}}=\frac{T_{\mathrm{Q}}}{G} \tag{4-8}$$

式中，W_{Q} 为废弃物排放强度；T_{Q} 为废弃物排放总量；G 代表企业总产值。

第二节　不同产业碳排放及强度的差异分析

一、数据来源及企业选择依据

通过前文对郑州市不同行业的碳排放特征及其全要素生产率的分析，可以看出郑州市高耗能行业，特别是电力、热力生产和供应业，非金属矿物制品业等具有较高的碳排放强度。在此基础上，本书选择以郑州市制造业为主的 181 家企业为研究对象。采用 2012～2015 年郑州市 181 家企业的相关数据，主要包括企业各种能源消费量（煤炭、燃料油、焦炭、天然气、电力和

其他燃料等）、企业用电量、工业总产值、工业用水量、主要产品产量、废弃物排放量（化学需氧量、二氧化硫和氮氧化物等的排放量）、企业用地面积、劳动力数量等。其中，企业用地面积和劳动力数据来自于2016～2017年的企业问卷调研；其他数据来自于郑州市环保局环境监测年度统计数据。本书参照《国民经济行业分类标准》（GB/T 4754—2011）将郑州市181家企业归并为22类产业（表4-1）。

表4-1 郑州市典型产业代码及企业数量

产业编号	代码	产业名称	企业数量/家	产业编号	代码	产业名称	企业数量/家
1	B06	煤炭开采和洗选业	2	12	C28	化学纤维制造业	1
2	C13	农副食品加工业	7	13	C29	橡胶和塑料制品业	2
3	C14	食品制造业	11	14	C30	非金属矿物制品业	64
4	C15	酒、饮料和精制茶制造业	7	15	C31	黑色金属冶炼和压延加工业	7
5	C16	烟草制品业	1	16	C32	有色金属冶炼和压延加工业	8
6	C17	纺织业	3	17	C33	金属制品业	3
7	C18	纺织服装、服饰业	1	18	C34	通用设备制造业	3
8	C22	造纸和纸制品业	13	19	C35	专用设备制造业	5
9	C23	印刷和记录媒介复制业	3	20	C36	汽车制造业	5
10	C26	化学原料和化学制品制造业	18	21	C39	计算机、通信和其他电子设备制造业	1
11	C27	医药制造业	10	22	D44	电力、热力生产和供应业	6

需要说明的是，郑州市企业样本的选择主要参考以下标准：①企业碳排放相对较大的企业；②规模及规模以上企业；③为分析企业碳排放的区域差异，尽量涵盖郑州市所辖不同县市的企业类型；④样本选取尽量全面涵盖郑州市主要的企业类型，特别是高能耗、高排放企业。

二、产业碳排放特征分析

结合郑州市矿产资源丰富和以制造业为优势主导的产业结构特点，利用 2012～2015 年企业能源消费数据对郑州市典型产业的碳排放特征进行分析。

郑州市 2012 年、2013 年、2014 年、2015 年典型产业碳排放分别为 337.40 万吨、321.54 万吨、300.29 万吨、309.94 万吨，2012～2014 年碳排放呈逐年下降趋势，2015 年碳排放有所回升，但 2015 年的碳排放比 2012 年减少了 27.46 万吨；在研究期内，郑州市典型产业碳排放强度呈下降趋势（表 4-2），2012 年、2013 年、2014 年、2015 年的碳排放强度分别为 0.61 吨/万元、0.51 吨/万元、0.48 吨/万元和 0.47 吨/万元，2012～2013 年的碳排放强度下降幅度为 16.39%，2014～2015 年的碳排放强度下降幅度较小，为 0.21%（图 4-1）；产业碳排放强度的下降意味着碳排放经济产出效益的提升，单位碳排放创造的工业总产值逐年提高。

电力、金属冶炼等产业是郑州市典型产业主要碳排放源。2012 年电力、热力生产和供应业碳排放为 182.57 万吨，2013 年增加至 193.32 万吨，2014 年下降到 175.32 万吨，2015 年为 161.74 万吨，2013 年碳排放占总碳排放的比重最大为 60.12%，2015 年碳排放占总碳排放的比重最小为 52.18%。碳排放居第二位的是非金属矿物制品业，2012 年碳排放为 98.86 万吨，2013 年为 68.74 万吨，2014 年、2015 年碳排放分别为 71.84 万吨、69.44 万吨（表 4-2）。该产业也是郑州市碳排放的重要来源，其中 2013～2014 年碳排放年际变化不大，排放量较稳定。碳排放最低的是化学纤维制造业，年均碳排放仅有 0.01 万吨，年际波动幅度不大，2015 年碳排放占总碳排放的比重为 0.0001%（图 4-1）。

电力、金属冶炼等产业碳排放强度最高，汽车制造业碳排放强度最低。碳排放强度最高的产业是电力、热力生产和供应业，在 2012 年、2013 年、2014 年、2015 年碳排放强度呈上升趋势，碳排放分别为 4.76 吨/万元、5.41 吨/万元、5.35 吨/万元、5.36 吨/万元，2012～2013 年的上升幅度为 13.66%，2013～2014 年的年际波动不大。碳排放强度越高则碳排放的经济效率越低，该产业在郑州市典型产业中单位工业总产值的碳排放效率越低。非金属矿物制品业碳排放强度由 2012 年的 1.51 吨/万元下降到 2013 年的 1.23 吨/万元，

表 4-2　2012～2015 年郑州市典型产业碳排放及碳排放强度

产业编号	代码	产业名称	碳排放/万吨				产业编号	代码	产业名称	碳排放强度/（吨/万元）			
			2012 年	2013 年	2014 年	2015 年				2012 年	2013 年	2014 年	2015 年
1	B06	煤炭开采和洗选业	0.20	0.25	0.12	0.11	1	B06	煤炭开采和洗选业	0.18	0.23	0.11	0.10
2	C13	农副食品加工业	0.66	0.71	0.89	0.99	2	C13	农副食品加工业	0.03	0.03	0.02	0.02
3	C14	食品制造业	4.12	9.68	3.56	2.07	3	C14	食品制造业	0.15	0.23	0.05	0.04
4	C15	酒、饮料和精制茶制造业	2.28	2.95	1.55	31.98	4	C15	酒、饮料和精制茶制造业	0.06	0.06	0.04	0.87
5	C16	烟草制品业	1.22	0.45	1.03	0.69	5	C16	烟草制品业	0.02	0.01	1.29	0.87
6	C17	纺织业	0.50	0.56	5.54	2.36	6	C17	纺织业	0.14	0.15	1.88	1.62
7	C18	纺织服装、服饰业	0.09	0.05	0.02	0.02	7	C18	纺织服装、服饰业	0.08	0.08	0.02	0.02
8	C22	造纸和纸制品业	8.42	8.03	6.42	4.45	8	C22	造纸和纸制品业	0.58	0.59	0.42	0.24
9	C23	印刷和记录媒介复制业	0.21	0.04	0.11	0.39	9	C23	印刷和记录媒介复制业	0.07	0.01	0.04	0.17
10	C26	化学原料和化学制品制造业	6.46	9.84	8.61	18.25	10	C26	化学原料和化学制品制造业	0.33	0.56	0.41	0.81
11	C27	医药制造业	1.61	1.82	2.81	5.56	11	C27	医药制造业	0.20	0.22	0.34	0.16
12	C28	化学纤维制造业	0.02	0.02	0	0	12	C28	化学纤维制造业	0.28	0.28	0.20	0.23
13	C29	橡胶和塑料制品业	0.13	0.13	0.49	0.06	13	C29	橡胶和塑料制品业	0.24	0.10	1.40	0.08
14	C30	非金属矿物制品业	98.86	68.74	71.84	69.44	14	C30	非金属矿物制品业	1.51	1.23	1.40	1.53
15	C31	黑色金属冶炼和压延加工业	4.07	4.28	1.36	1.32	15	C31	黑色金属冶炼和压延加工业	0.30	0.37	0.10	0.10

续表

产业编号	代码	产业名称	碳排放/万吨				产业编号	代码	产业名称	碳排放强度/（吨/万元）			
			2012 年	2013 年	2014 年	2015 年				2012 年	2013 年	2014 年	2015 年
16	C32	有色金属冶炼和压延加工业	19.92	17.15	7.13	7.04	16	C32	有色金属冶炼和压延加工业	0.72	0.40	0.17	0.15
17	C33	金属制品业	0.46	0.32	0.20	0.17	17	C33	金属制品业	0.33	0.22	0.20	0.21
18	C34	通用设备制造业	0.22	0.69	0	0.01	18	C34	通用设备制造业	0.05	0.06	0	0
19	C35	专用设备制造业	3.22	0.40	1.74	0.89	19	C35	专用设备制造业	0.05	0.01	0.21	0.02
20	C36	汽车制造业	1.58	1.74	0.80	2.14	20	C36	汽车制造业	0.01	0.01	0	0.01
21	C39	计算机、通信和其他电子设备制造业	0.36	0.38	10.74	0.23	21	C39	计算机、通信和其他电子设备制造业	0.02	0.19	0.15	0
22	D44	电力、热力生产和供应业	182.57	193.32	175.32	161.74	22	D44	电力、热力生产和供应业	4.76	5.41	5.35	5.36
总计			337.40	321.54	300.29	309.94	均值			0.61	0.51	0.48	0.47

2014 年和 2015 年的碳排放强度有所上升，分别为 1.40 吨/万元和 1.53 吨/万元，碳排放强度虽有小幅度波动，但从产业碳排放强度的整体变化趋势看，其效率依然很低。对上述两类产业而言，降低化石能耗是降低碳排放提高碳排放效率的关键；碳排放强度最低的是汽车制造业，碳排放强度基本维持在 0.01 吨/万元且年际变化不大，因此汽车制造业成为低排放、高效率的代表（图 4-1）。

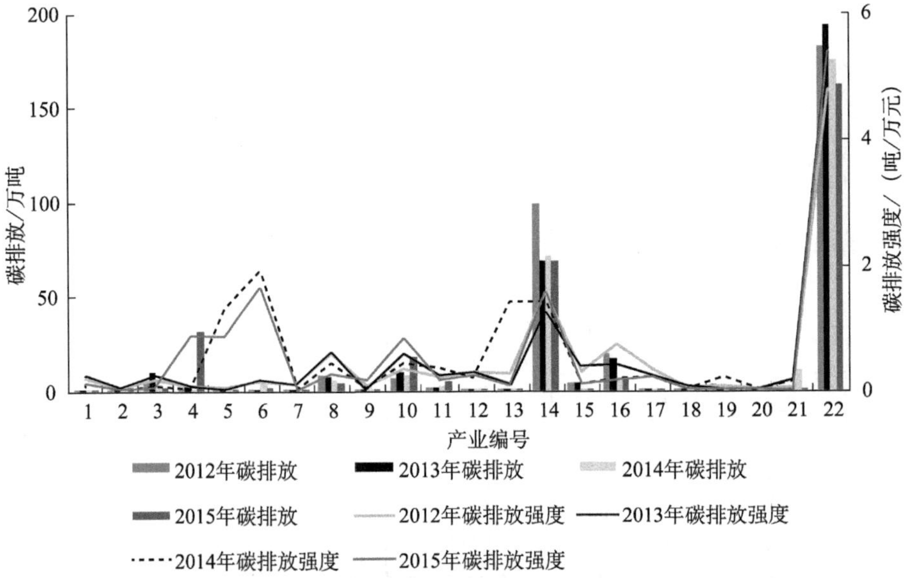

图 4-1　2012～2015 年郑州市典型产业碳排放及碳排放强度分析

碳排放年际波动幅度较大的主要是酒、饮料和精制茶制造业，有色金属冶炼和压延加工业，专用设备制造业，计算机、通信和其他电子设备制造业，其中酒、饮料和精制茶制造业碳排放由 2014 年的 1.55 万吨增加到 2015 年的 31.98 万吨，增加了 19.63 倍。2012～2013 年碳排放下降幅度最大的是专用设备制造业，由 2012 年的 3.22 万吨降至 2013 年的 0.40 万吨，下降比例为 87.58%；碳排放强度有所下降，由 2012 年的 0.05 吨/万元下降到 2013 年的 0.01 吨/万元。计算机、通信和其他电子设备制造业 2014 年的碳排放是 2015 年的 46.70 倍，该产业是 2014～1015 年所有产业中碳排放下降幅度最大的。碳排放强度年际波动幅度较大的产业是烟草制造业，计算机、通信和其他电子设备制造业，其中烟草制造业碳排放强度由 2013 年的

0.01 吨/万元提升到 2014 年的 1.29 吨/万元，提升了 128 倍，计算机、通信和其他电子设备制造业碳排放强度由 2014 年 0.15 吨/万元下降到 2015 年 0 吨/万元，该产业碳排放效率在 2014～2015 年所有产业中是上升幅度最大的，单位碳排放带动工业增加值迅速上升。

第三节 产业碳排放效率分析

对比分析郑州市典型产业的碳排放效率，包括单位用地碳排放与单位劳动力碳排放、单位产值耗水量与单位用水碳排放、单位产品的虚拟水及隐含碳分析、废弃物排放强度与碳排放强度对比分析等。

结合郑州市三大产业的碳排放指标汇总表（表 4-3）和各产业碳排放指标汇总表（表 4-4），采矿业和制造业的单位用地碳排放均在 0.1 吨/米^{2}以下，分别为 0.0152 吨/米^2、0.0385 吨/米^2，三大产业的平均单位用地碳排放为 0.6037 吨/米^2，而供应业的单位用地碳排放（1.7575 吨/米^2）为采矿业的 116 倍，是平均值的 2.91 倍；采矿业和制造业的单位劳动力碳排放比较接近，分别为 4.79 吨/人、5.57 吨/人，与供应业差距较大，后者的单位劳动力碳排放为 89.23 吨/人，结合各行业的碳排放强度及碳排放，反映出供应业高耗能、高碳排放的特征；三大产业单位产值耗水量差异较大，供应业最高，为 812.56 吨/万元；制造业最低，为 17.92 吨/万元；采矿业为 145.11 吨/万元。除供应业外，采矿业的用水效率也较低，这是因为其生产过程中矿石的开采冶炼需要消耗大量水资源。相比而言，单位用水碳排放又有所差别，制造业的单位用水碳排放最高（0.0128 吨/吨），食品制造业、医药制造业、化学纤维制造业等都属于耗水量较大的产业，传统制造业的碳排放也较高，略低于供应业，制造业碳排放约为后者的 70%，在总碳排放中所占比重为 41%，导致单位用水碳排放最大；供应业的耗水量巨大，加之碳排放也极大，因此单位用水碳排放处于中等，采矿业的工业需水量虽然较大，但碳排放相对较小，因此单位用水碳排放最低；电力、热力生产和供应业的废弃物排放强度最高，为 0.1029 吨/吨，采矿业和制造业分别为 0.0060 吨/吨、0.0053 吨/吨。因此，采矿业和制造业与供应业相差 16.15 倍和 18.42 倍，进一步说明供应业不仅能源消耗强度大，且废弃物排放强度也很高，是城市的重要污染源之一。在未来城市建设中，应从减少能耗、降低污染两方面对该类企业进行管理。

表 4-3 郑州市三大产业碳排放指标汇总

名称	单位用地碳排放/（吨/米 ^{2}）	单位劳动力碳排放/（吨/人）	单位用水碳排放/（吨/吨）	单位产值耗水量/（吨/万元）	废弃物排放强度/（吨/万元）
采矿业	0.0152	4.79	0.0016	145.11	0.0060
制造业	0.0385	5.57	0.0128	17.92	0.0053
供应业	1.7575	89.23	0.0067	812.56	0.1029

此外供应业单位劳动力碳排放极高，这与机械化工厂设备的使用有关，工人只负责操作各类大型器械和监督，在减少劳动力数量的同时保持工业总产值不变甚至持续增加，用相同的劳动力数量扩大企业规模，提高了单位劳动力的生产效率。制造业碳排放较高，而单位劳动力碳排放较低，说明制造业劳动力数量较多，如造纸业和纸制品业、非金属矿物制品业、有色金属冶炼和压延加工业等，需要大量劳动力来进行加工生产。

一、不同产业单位用地碳排放和单位劳动力碳排放对比分析

不同产业单位用地碳排放差异较大。电力、热力生产和供应业的单位用地碳排放最大，汽车制造业最小，分别为 1.7575 吨/米 ^{2}、0.0020 吨/米 ^{2}，前者是后者的 878.75 倍。22 类产业的平均单位用地碳排放为 0.6037 吨/米^2，除电力、热力生产和供应业外，剩余 21 类产业均低于平均值（图 4-2）。尤其是印刷和记录媒介复制业，主要以纸质、电子产品为主，纸质产品的碳消耗量较大，电子产品较少，总体而言，能源消耗量较小，因此碳排放较低。单位用地碳排放较高的行业还有食品制造业、造纸和纸制品业、有色金属冶炼和压延加工业等，其单位用地碳排放分别为 0.1069 吨/米 ^{2}、0.1039 吨/米^2、0.0979 吨/米^2，与电力、热力生产和供应业悬殊。食品制造业的占地

表 4-4　郑州市典型产业碳排放指标汇总

产业编号	产业分类	产业名称	单位用地碳排放/（吨/米^2）	单位劳动力碳排放/（吨/人）	单位用水碳排放/（吨/吨）	单位产值耗水量/（吨/万元）	废弃物排放强度/（吨/万元）
1	B0610	煤炭开采和洗选业	0.0152	4.79	0.0016	145.11	0.0060
2	C1310	农副食品加工业	0.0053	0.63	0.0078	3.90	0.0008
3	C1431	食品制造业	0.1069	1.00	0.0480	4.70	0.0026
4	C1513	酒、饮料和精制茶制造业	0.0373	4.14	0.0057	10.65	0.0009
5	C1620	烟草制品业	0.0402	3.85	0.0020	2.31	0.0001
6	C1711	纺织业	0.0150	1.69	0.0099	15.63	0.0020
7	C1830	纺织服装、服饰业	0.0081	0.37	0.0165	4.57	0.0025
8	C2221	造纸和纸制品业	0.1039	15.34	0.0051	117.28	0.0169
9	C2311	印刷和记录媒介复制业	0.0030	0.23	0.0044	3.25	0.0004
10	C2611	化学原料和化学制品制造业	0.0429	4.79	0.0019	291.03	0.0069
11	C2710	医药制造业	0.0027	2.28	0.0129	17.29	0.0053
12	C2812	化学纤维制造业	0.0122	1.22	0.0038	75.52	0.0187
13	C2913	橡胶和塑料制品业	0.0147	2.56	0.0232	4.12	0.0009
14	C3011	非金属矿物制品业	0.0893	19.18	0.1241	10.58	0.0403
15	C3120	黑色金属冶炼和压延加工业	0.0640	14.17	0.0137	26.97	0.0032
16	C3216	有色金属冶炼和压延加工业	0.0979	15.67	0.0536	7.36	0.0033
17	C3360	金属制品业	0.0104	5.74	0.0276	8.03	0.0013
18	C3441	通用设备制造业	0.0310	3.60	0.0806	0.76	0.0009
19	C3511	专用设备制造业	0.0048	0.69	0.0036	1.87	0.0002
20	C3610	汽车制造业	0.0020	1.17	0.0019	6.31	0.0001
21	C3922	计算机、通信和其他电子设备制造业	0.0084	0.38	0.0097	19.83	0.0013
22	D4411	电力、热力生产和供应业	1.7575	89.23	0.0067	812.56	0.1029

面积较小，除工厂占据较大面积外，产品规格占地面积相对较小，不同于大型机械设备，如汽车、金属等需要大量空地来置放，碳排放相对较多，因此单位用地碳排放较高。有色金属冶炼和压延加工业占地面积较大，为 175.3 万米^2，冶炼加工过程中需要消耗大量能源，碳排放较高，导致单位用地碳排放较高。

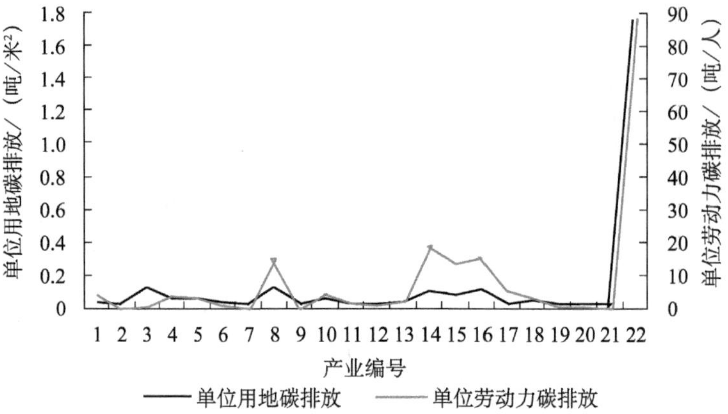

图 4-2　产业单位用地碳排放和单位劳动力碳排放对比

不同产业单位劳动力碳排放变化差异明显。电力、热力生产和供应业与印刷和记录媒介复制业差别较大，二者的单位劳动力碳排放分别为 89.23 吨/人、0.23 吨/人，前者约是后者的 388 倍。郑州市三大产业的单位劳动力碳排放平均值为 33.20 吨/人，95.5%的产业低于这一平均值，说明单位劳动力碳排放在各产业间的分布极不均匀，4.5%的产业明显拉高了单位劳动力碳排放的平均值（图 4-2）。非金属矿物制品业、有色金属冶炼和压延加工业、造纸和纸制品业的单位劳动力碳排放较高，均在 15 吨/人以上。郑州市的非金属矿物制品业以生产水泥、石灰及石膏、耐火材料、黏土砖、玻璃制品、耐火陶瓷（如瓷砖）等为主，生产过程除消耗大量能源外，还需要充足的劳动力资源，因此单位劳动力碳排放较高。有色金属冶炼和压延加工业主要以铝的冶炼和压延加工为主，能源消耗强度大，因而单位劳动力碳排放高。纺织服装、服饰业，计算机、通信和其他电子设备制造业的单位劳动力碳排放较低，均低于 0.4 吨/人。以计算机、通信和其他电子设备制造业为例，该产业主要生产精密电子产品，产品规格高，大多以大型设备制造为主，劳动力数量较少，电力消耗较大，能源消耗极少，因此单位劳动力碳排放较低。

除煤炭开采和洗选业及食品制造业外，大多数产业的单位用地碳排放与单位劳动力碳排放呈现一定的相关性，相关系数为 0.971。单位碳排放不变，一般来讲，企业的规模越大，用地面积和劳动力数量也会相应扩大，因此呈现一定的相关性。而煤炭开采和洗选业的开采面积较大，机械设备使用较多，劳动力密度相对较小，因此在碳排放相同的情况下，单位用地碳排放较小而单位劳动力碳排放较大。食品制造业如上文分析，占地面积相对较小而劳动力数量较多，因而单位用地碳排放较大而单位劳动力碳排放较小。

二、不同产业碳排放强度与单位产值耗水量的关系分析

不同产业的单位产值耗水量波动较大（图 4-3）。电力、热力生产和供应业的单位产值耗水量最大，为 812.56 吨/万元，通用设备制造业的单位产值耗水量最低，为 0.76 吨/万元。郑州市的三大产业的平均单位产值耗水量为 325.20 吨/万元，其中采矿业为 145.11 吨/万元、制造业为 17.92 吨/万元，产业偏移趋势明显。除电力、热力生产和供应业外，化学原料和化学制品制造业、煤炭开采和洗选业、造纸和纸制品业单位产值耗水量较高，分别为 291.03 吨/万元、145.11 吨/万元、117.28 吨/万元，四个产业为郑州市单位产值耗水量所占比重较大的产业。上述产业需水量均较大，化学制品的生产及配置、洗煤、造纸业等，生产过程中也要消耗大量的水，因此单位产值耗水量较高。通用设备制造业的单位产值耗水量最低，为 0.76 吨/万元，其次是专用设备制造业、烟草制品业，分别为 1.87 吨/万元、2.31 吨/万元。其中通用设备制造业和专用设备制造业均为仪器制造业，用水量较少，而烟草制品业需要保持产品干燥，防止潮湿，且生产工序中需水量较少，因此上述三个产业的单位产值耗水量较低。

郑州市不同产业碳排放强度与单位产值耗水量之间具有一定的关联性，但关联类型多种多样（图 4-3）。主要在煤炭开采和洗选业、化学原料和化学制品制造业、非金属矿物制品业这三个产业中波动出现差异。可以发现主要原因在于工业用水量和能源消耗量对不同产业的限制程度不同。煤炭开采和洗选业、化学原料和化学制品制造业生产过程中耗水量较大，而能源消耗量相对较小，因此单位产值耗水量的数值更大；而非金属矿物的生产，尤其耐

火材料、瓷砖等，焙烧的过程需要大量的能源消耗来支撑，因此碳排放强度较大。

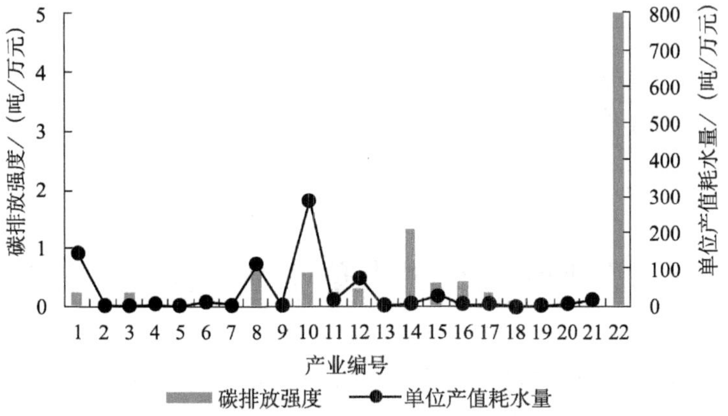

图 4-3　产业碳排放强度与单位产值耗水量对比

不同产业单位用水碳排放差别较大。非金属矿物制品业、通用设备制造业、有色金属冶炼和压延加工业的单位用水及碳排放均较高，依次为 0.1241 吨/吨、0.0806 吨/吨、0.0536 吨/吨，煤炭开采和洗选业、化学原料和化学制品制造业的单位用水碳排放较低，分别为 0.0016 吨/吨、0.0019 吨/吨。三大产业的平均单位用水碳排放为 0.007 吨/吨，91%的产业低于该值，剩余 9%的产业为非金属矿物制品业和通用设备制造业，进一步说明了不同产业的单位用水碳排放悬殊（图 4-4）。

为综合评价不同产业的单位用水碳排放效率，对不同产业的单位用水碳排放进行排序（图 4-4）。总体来看，不同产业的单位用水碳排放可以分为五级（表 4-5）：其中，非金属矿物制品业的单位用水碳排放最高，为一级（$C_W \geqslant 0.1$）；有色金属冶炼和压延加工业、通用设备制造业为二级（$0.05 \leqslant C_W < 0.1$），医药制造业，黑色金属冶炼和压延加工业，纺织服装、服饰业，橡胶和塑料制品业，金属制品业，食品制造业等六个产业的单位用水碳排放为三级（$0.01 \leqslant C_W < 0.05$）；造纸和纸制品业，酒、饮料和精制茶制造业，电力、热力生产和供应业，农副食品加工业，计算机、通信和其他电子设备制造业，纺织业等六个产业的单位用水碳排放为四级（$0.005 \leqslant C_W < 0.01$）；煤炭开采和洗选业，汽车制造业，化学原料和化学制品制造业，烟草制品业，专用设备制造业，化学纤维制造业，印刷和记录媒介复制业等 7

个产业的单位用水碳排放较低，为五级（$0<C_W<0.005$）。

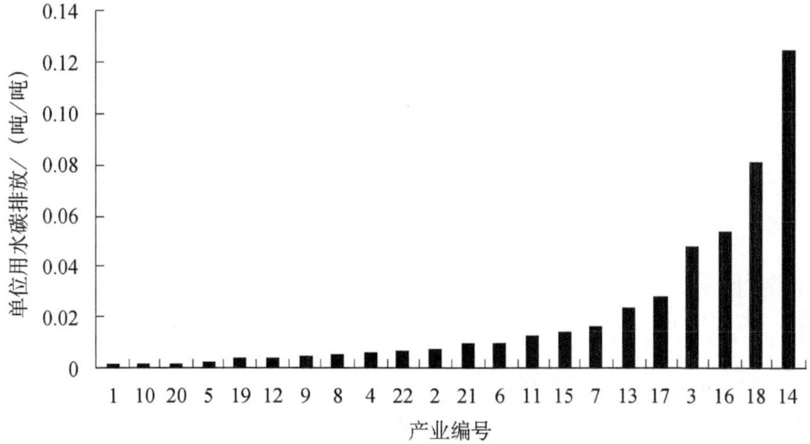

图 4-4　郑州市典型产业单位用水碳排放综合排名

表 4-5　郑州市典型产业单位用水碳排放分类等级

产业编号	产业分类	产业名称	等级
1	B0610	煤炭开采和洗选业	五级
2	C1310	农副食品加工业	四级
3	C1431	食品制造业	三级
4	C1513	酒、饮料和精制茶制造业	四级
5	C1620	烟草制品业	五级
6	C1711	纺织业	四级
7	C1830	纺织服装、服饰业	三级
8	C2221	造纸和纸制品业	四级
9	C2311	印刷和记录媒介复制业	五级
10	C2611	化学原料和化学制品制造业	五级
11	C2710	医药制造业	三级
12	C2812	化学纤维制造业	五级
13	C2913	橡胶和塑料制品业	三级
14	C3011	非金属矿物制品业	一级
15	C3120	黑色金属冶炼和压延加工业	三级
16	C3216	有色金属冶炼和压延加工业	二级
17	C3360	金属制品业	三级
18	C3441	通用设备制造业	二级
19	C3511	专用设备制造业	五级
20	C3610	汽车制造业	五级
21	C3922	计算机、通信和其他电子设备制造业	四级
22	D4411	电力、热力生产和供应业	四级

以上结果表明，从单位用水的碳排放效率角度而言，非金属矿物制品业的单位碳排放用水效率最高（C_W=0.1241），远高于其他产业；其次为有色金属冶炼和压延加工业及通用设备制造业。有色金属冶炼和压延加工业生产过程中金属的加工制造会消耗大量能源，碳排放大，因此单位用水碳排放也较高；通用设备制造业尽管碳排放并不大，但由于工业供水量更小，造成该产业单位用水碳排放较大，水平位于前列。相对而言，医药制造业，黑色金属冶炼和压延加工业，纺织服装、服饰业，橡胶和塑料制品业，金属制品业，食品制造业等产业的单位用水碳排放较低，其中医药制造业最低，为 0.0129 吨/吨。主要归因于医药制造业的工业用水总量较大，各种液体、药品的制造都需要消耗大量水，尽管碳排放较大，但相对而言，单位用水碳排放较低。汽车制造业、化学原料和化学制品制造业、烟草制品业、专用设备制造业、印刷和记录媒介复制业都属于碳排放较低、需水量较大的产业，因而单位用水碳排放较低。

三、不同产业单位产品的虚拟水及隐含碳的对比分析

不同产业单位产品的虚拟水和隐含碳具有较大差异（表 4-6）。汽车制造业和专用设备制造业的单位产品的虚拟水量和隐含碳量分别达到 50405.562 千克/辆、95.462 千克/辆和 29837.545 千克/台、203.105 千克/台，明显高于其他产品。烟草制品业，电力、热力生产和供应业的单位产品的虚拟水量较高，分别为 3498.392 千克/箱、1336.049 吨/亿千瓦时，这与产品的计量单位也有一定关系；而单位的隐含碳量相对较低，这与产品的形式有很大关系，烟草制品业相对规格较小，因此隐含碳量最低，而烟草制品业属于制造业，所需原材料及加工能耗较小。电力、热力生产和供应业作为高耗能、高碳排放产业的代表，单位产品的隐含碳量相对较低，是由于该产业供电、供热的特殊性质，计量单位较小，产品总量大，因而单位产品隐含碳量较低。医药制造业、化学纤维制造业的单位产品虚拟水量分别为 595.230 千克/千克、111.974 千克/千克，而单位产品隐含碳量分别为 4.006 千克/千克、0.422 千克/千克，反映了化学纤维制造业的碳排放较低的特点。相对来讲，橡胶和塑料制品业、金属制品业的单位产品虚拟水量和隐含碳量很小，分别为 0.090

千克/件、0.002 千克/件和 1.640 千克/千克、0.059 千克/千克。单位产品虚拟水量与生产过程的复杂程度、技术含量、产品形式关系密切，一般来讲，精密型产业生产程序复杂，金属制品业主要成品为金属，生产过程中由于金属的性质也需水较少，而食品制造业整个生产过程都需要大量的水。

表 4-6　产业单位产品虚拟水量及隐含碳量

产业编号	产业分类	产业名称	单位产品的虚拟水量	单位产品的隐含碳量	单位
1	B0610	煤炭开采和洗选业	9.363	0.015	千克/千克
2	C1310	农副食品加工业	3.201	0.041	千克/千克
3	C1431	食品制造业	8.721	0.419	千克/千克
4	C1513	酒、饮料和精制茶制造业	6.204	0.032	千克/千克
5	C1620	烟草制品业	3498.392	6.879	千克/箱
6	C1711	纺织业	3.114	0.010	千克/米
7	C1830	纺织服装、服饰业	71.910	1.188	千克/件
8	C2221	造纸和纸制品业	28.036	0.142	千克/千克
9	C2311	印刷和记录媒介复制业	6.404	0.194	千克/千克
10	C2611	化学原料和化学制品制造业	89.613	0.171	千克/千克
11	C2710	医药制造业	595.230	4.006	千克/千克
12	C2812	化学纤维制造业	111.974	0.422	千克/千克
13	C2913	橡胶和塑料制品业	0.090	0.002	千克/件
14	C3011	非金属矿物制品业	0.155	0.022	千克/千克
15	C3120	黑色金属冶炼和压延加工业	2.672	0.037	千克/千克
16	C3216	有色金属冶炼和压延加工业	7.647	0.410	千克/千克
17	C3360	金属制品业	1.640	0.059	千克/千克
18	C3441	通用设备制造业	6.532	1.054	千克/千克
19	C3511	专用设备制造业	29837.545	203.105	千克/台
20	C3610	汽车制造业	50405.562	95.462	千克/辆
21	C3922	计算机、通信和其他电子设备制造业	14.363	0.139	千克/件
22	D4411	电力、热力生产和供应业	1336.049	8.789	吨/亿千瓦时

以上分析说明，不同企业单位产品的规格和生产复杂程度具有较大的差异，单位产品虚拟水量和隐含碳量主要取决于不同企业生产过程的用水量和能源消费量，同时，也与不同企业单位产品的技术水平、规格、体积及生产复杂程度有关。因此，企业产品生产的碳排放效率的高低还要综合考虑产品的价值、生产的技术水平和能源效率再定，而单位产品的虚拟水量和隐含碳量只是参考指标之一，在企业碳减排策略制定中，一方面要综

合考虑不同产业的单位产品的碳排放效率与碳排放强度，另一方面也要对比分析同产业中不同企业单位产品隐含碳量和虚拟水量的差别，以确定碳减排目标和策略。

四、不同产业废弃物排放强度与碳排放强度的对比分析

郑州市不同产业废弃物排放强度差异较大。电力、热力生产和供应业的废弃物排放强度最大，为 0.1029 吨/万元，电力、热力生产和供应业高能耗的生产过程会产生大量的废水、废气，因此废弃物排放强度最高；化学纤维制造业、造纸和纸制品业会产生大量的工业废水，并且废弃物排放强度也较高。烟草制品业、汽车制造业的废弃物排放强度最低，均为 0.0001 吨/万元，专用设备制造业、印刷和记录媒介复制业分别为 0.0002 吨/万元、0.0004 吨/万元（图 4-5）。本章以化学需氧量、二氧化硫、氮氧化物排放量来衡量各产业的废弃物排放强度，烟草制品业的自动化程度较高，生产过程中上述三类废弃物的排放量也较少，因此废弃物排放强度低；汽车制造业的工艺流程中废气、废水的排放量也较少，因此排放强度低；专用设备制造业、印刷和记录媒介复制业以精密电子产品为主，粗放型的能源消耗现象较少，而且主要为精密仪器加工制造，污染物排放量也较低，印刷和记录媒介复制业中有部分书籍报刊等纸制品的印刷，因此废弃物排放强度相对专用设备制造业略高。

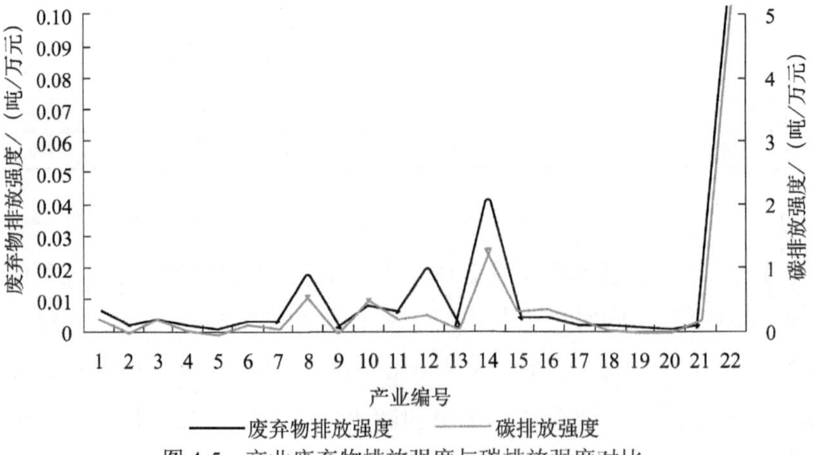

图 4-5　产业废弃物排放强度与碳排放强度对比

不同产业废弃物排放强度与碳排放强度具有一定的关联性，关联系数为0.977。除化学纤维制造业和非金属矿物制品业相差较大外，其他产业的碳排放与废弃物排放量之间具有相似的比例关系（图 4-5）。三大产业中，采矿业和制造业的碳排放强度相差较小，废弃物排放强度也较接近。各产业间的变化趋势也很明显，如农副食品加工业的碳排放强度较低，为 0.0305 吨/万元，废弃物排放强度也较低，为 0.0008 吨/万元；而电力、热力生产和供应业的碳排放强度最高，为 5.4115 吨/万元，其废弃物排放强度也最高，为 0.1029 吨/万元。总体而言，碳排放越高的产业，其相应的能源消耗也越高，同时产生的废弃物也越多。但不同产业碳排放与废弃物排放强度的关联类型不尽相同，只保持大致增减趋势。

因此，对企业的碳排放效率进行评价，不仅要了解企业碳排放的差异，也要分析企业碳排放强度与废弃物碳排放效率的关系。未来可考虑将企业单位碳排放的废弃物排放效率作为开展企业碳交易的参考指标。比如应重点发展碳排放强度较高、废弃物排放效率较低的产业，并设置严格的约束配额；而对那些碳排放较大，但碳排放强度较低同时废弃物排放效率较高的产业则应适当放宽碳排放配额的限制。

第四节　产业碳排放效率的空间差异分析

各类产业一般具有集聚效应，不同地区经济发展水平不同、企业结构不同，也会对碳排放造成影响。本节在以产业划分标准来对郑州市的不同企业进行碳排放对比分析的基础上，进一步对郑州市不同分区的各类企业展开深入研究。郑州市下辖 6 区 5 市 1 县：6 区为市辖区，分别为中原区、二七区、金水区、惠济区、管城区、上街区；5 市为巩义市（本书中无数据）、新郑市、登封市、新密市、荥阳市；1 县为中牟县。其中，国家级高新技术产业开发区位于中原区，国家级经济技术开发区位于管城区（非隶属关系），国家级航空经济综合实验区位于新郑市（归郑州市管），因本节研究的是郑州市各产业碳排放效率的空间差异，所以按各产业所处地理位置进行分类。

一、不同产业碳排放强度的空间差异分析

郑州市不同分区产业的碳排放强度差异明显（表 4-7）。登封市、新密市、荥阳市的碳排放强度较高，分别为 2.95 吨/万元、1.05 吨/万元、1.25 吨/万元，均高于郑州市平均碳排放强度（0.96 吨/万元）；相比而言，新郑市、郑州市市辖区、中牟县的碳排放强度要低很多，分别为 0.23 吨/万元、0.27 吨/万元、0.03 吨/万元，登封市为中牟县的 98.33 倍。分析登封市的产业结构，20 个企业中涉及橡胶和塑料制品业（1 个），非金属矿物制品业（9 个），黑色金属冶炼和压延加工业（1 个），有色金属冶炼和压延加工业（4 个），专用设备制造业（1 个），汽车制造业（1 个），电力、热力生产和供应业（3 个），其中非金属矿物制品业数量最多，黏土砖瓦及建筑砌块等产品的生产过程中会消耗较多能源，碳排放较高。此外另一个促进碳排放的产业为高耗能的电力、热力生产和供应业。本章统计的 6 个电力、热力生产和供应业企业中，登封市有 3 个，因此碳排放最高，加之工业总产值相对较低，因此碳排放强度也最高。中牟县的碳排放强度最低，分析其产业结构，所统计的 18 个企业均为制造业，5 个为非金属矿物制品业，占总企业比重的 28%，剩余 72%为汽车制造业、食品制造业、农副食品加工业、造纸和纸制品业、化学原料和化学制品制造业、化学纤维制造业等。汽车制造业、化学纤维制造业等产业的能源消耗量相对较低，而产值较高，这也是未来城市的发展需要增加的产业。

表 4-7　郑州市不同分区的典型产业碳排放效率空间分析

指标	登封市	新密市	新郑市	荥阳市	郑州市市辖区	中牟县
碳排放强度/（吨/万元）	2.95	1.05	0.23	1.25	0.27	0.03
工业总产值/亿元	53.81	27.28	75.15	25.38	340.18	114.15
碳排放总量/万吨	158.60	28.54	17.13	31.68	91.06	3.76
单位用地碳排放/（吨/米 ^{2}）	0.4390	0.0511	0.0470	0.1051	0.1267	0.0027
单位劳动力碳排放/（吨/人）	47.92	8.57	7.74	13.60	6.34	2.86

续表

指标	登封市	新密市	新郑市	荥阳市	郑州市市辖区	中牟县
单位产值耗水量/（吨/万元）	24.75	60.25	11.37	231.61	85.55	9.74
单位用水碳排放/（吨/吨）	0.1191	0.0174	0.0200	0.0054	0.0031	0.0034
废弃物排放强度/（吨/万元）	0.0505	0.0249	0.0058	0.0415	0.0055	0.0008

不同分区产业的工业总产值与碳排放差异也较大，三者之间没有明显的关联性（表 4-7）。郑州市市辖区的工业总产值最高，为 340.18 亿元，碳排放总量排第二位，碳排放强度则较低，为 0.27 吨/万元。总体而言，在创造相同产值的情况下，郑州市市辖区的碳排放总量相对较低，碳排放强度也较低；中牟县的生产效益位居第一，其工业总产值约为郑州市的 1/3，而碳排放约为郑州市市辖区的 1/30，即在相同的能源消耗量下，中牟县可以创造更大的经济效益。新郑市处于中牟县发展的前一个阶段，在创造中等规模经济效益的同时保证了相对较低的碳排放。新密市则正好相反，工业总产值较低，碳排量相对较高，因而碳排放强度也较高。对比两市的各类企业，新郑市的化学原料和化学制品制造业，医药制造业所占比重较大，占全市企业的 38%，食品制造业、农副食品加工业占 24%，四个产业均为能源消耗强度较低的类型，企业数量占全市的一半以上，因此新郑市的碳排放强度较低；新密市的 50 个企业中，11 个为造纸和纸制品业，所占比重为 22%，35 个为非金属矿物制品业，占全市企业的 70%，其余 8%为食品制造业、有色金属冶炼和压延加工业、医药制造业等，非金属矿物制品业的能耗强度高，碳排放高，且产品效益相对较差，工业总产值较低，因此碳排放强度高。总体而言，郑州市西部的登封市和荥阳市的碳排放强度较高，郑州市市辖区和其东部的中牟县工业总产值较高。登封市的碳排放总量最高，新密市的工业总产值和碳排放总量均为中等水平。

二、不同产业碳排放效率的空间差异分析

不同分区产业的各项碳排放指标差异较大。登封市的单位用地碳排放最

高，为 0.439 吨/米^2，中牟县的单位用地碳排放最低，为 0.0027 吨/米^2，前者是后者的 163 倍（表 4-7），郑州市平均单位用地碳排放为 0.1286 吨/米^2，只有登封市高于该平均值，由此说明郑州市的不同分区单位用地碳排放极不均衡；对比单位劳动力碳排放指标，也是登封市最高，中牟县最低，反映了中牟县较高的生产效率，这与企业的技术水平、设备的机械化程度、生产工艺的提高都有一定关系；荥阳市的单位产值耗水量最大，为 231.61 吨/万元，这与荥阳市的企业类型有很大关系，医药制造业、化学原料和化学制品制造业在荥阳市所占比重较大，该类型企业蓄水量较大，因此单位产值耗水最大；此外登封市的单位用水碳排放最大且废弃物排放强度最高，因为登封市的碳排放最大，因而单位用水碳排放及废弃物碳排放强度均较高。

三、不同产业单位用地与单位劳动力碳排放的空间差异分析

郑州市不同分区产业的单位用地碳排放与单位劳动力碳排放差异均较大。郑州市的平均单位用地碳排放和单位劳动力碳排放分别为 0.1286 吨/米^2、14.51 吨/人，只有登封市的两项指标均高于平均值。登封市的 20 个企业中，非金属矿物制品业占全市企业数的 45%，其次为电力、热力生产和供应业，占全市的 15%，黑色金属冶炼和压延加工业、有色金属冶炼和压延加工业所占比重为 25%，其余为专用设备制造业、汽车制造业、橡胶和塑料制品业。由此可见登封市的产业主要为高能源消耗类型，因此单位用地碳排放和单位劳动力碳排放均最高。中牟县的单位用地碳排放和单位劳动力碳排放均最低，分别为 0.0027 吨/米^2、2.86 吨/人，这与中牟县的企业类型也有很大关系。此外，荥阳市和郑州市市辖区的单位用地碳排放较高，分别为 0.1051 吨/米^2、0.1267 吨/米^2。郑州市市辖区的碳排放相对较高，因此单位用地碳排放较高，而荥阳市的企业占地总面积最少，而碳排放相对较高，因此单位用地碳排放也较高。虽然二者的单位用地碳排放较接近，但却有本质上的区别，郑州市市辖区各类产业集聚，碳排放较高但企业发展水平较高，相比而言，荥阳市较为落后，单位劳动力碳排放较高。

除郑州市市辖区外，不同分区产业的单位用地碳排放和单位劳动力碳排

放具有一定的相关性，相关系数为 0.972。单位用地碳排放越高，碳排放也相应增加，一般来说，占地面积与劳动力人数是同步变化的（表 4-7）。登封市的单位用地碳排放和单位劳动力碳排放均为最高，中牟县的单位用地碳排放和单位劳动力碳排放均为最低。其中登封市的单位用地碳排放是中牟县的 163 倍，单位劳动力碳排放是后者的 17 倍，说明两项指标并不是成比例变动的。这是因为登封市主要为制造业，相对而言劳动力密度较大，即单位用地工人数量较多，因此单位劳动力碳排放变化幅度较小。而郑州市市辖区几乎囊括了郑州市的各类产业，食品制造业，酒、饮料和精制茶制造业占据一定比重，有色金属冶炼和压延加工业，印刷和记录媒介复制业，电力、热力生产和供应业均有涉及；此外郑州市市辖区作为整个郑州市的中心，企业密度、人口密度极高，各企业从业人数较多，技术水平相对较高，能源消耗量较低，因此单位劳动力碳排放较低。

四、不同产业碳排放强度与单位产值耗水量的空间差异分析

不同分区产业的单位产值耗水量波动较大（表 4-7）。荥阳市的单位产值耗水量最大，为 231.61 吨/万元，中牟县的单位产值耗水量最小，为 9.74 吨/万元，前者是后者的 24 倍。郑州市的平均单位产值耗水量为 70.55 吨/万元，只有荥阳市和郑州市市辖区超过该平均值。结合荥阳市企业类型，化学原料和化学制品制造业、医药制造业、非金属矿物制品业占全市企业的 77%，各类化学原料、药品，以及水泥、石灰等的生产过程耗水量较大，因此单位产值耗水量最大；而中牟县该类企业数量较少，汽车制造业比较发达，河南省 6 家汽车制造业企业已有三家落户中牟县，因此在保证较高工业总产值的同时耗水量和能源消耗强度均较低。新密市的主导企业为造纸和纸制品业、非金属矿物制品业，工业耗水量相对较高，因此单位产值耗水量也相对较大，为 60.25 吨/万元。

郑州市不同分区产业的碳排放强度与单位产值耗水量不存在明显的相关关系，相关系数为 0.096，因而单位用水碳排放也并不固定。登封市的碳排放强度最高，而单位产值耗水量较低，仅为 24.75 吨/万元，荥阳市的单位产

值耗水量最高，为 231.61 吨/万元。此外，郑州市市辖区的单位产值耗水量相比碳排放强度也相对较高，这与郑州市市辖区较多的酒、饮料和精制茶制造业有关，饮料、酒水等产品的生产都需要大量用水，且对水的质量要求较高；此外，橡胶和塑料制品业，电力、热力生产和供应业也属于工业耗水量较大的产业，因此郑州市市辖区的单位产值耗水量较高。

五、不同产业废弃物排放强度与碳排放强度的空间差异分析

不同分区产业的废弃物排放强度差异较大（表 4-7）。登封市的废弃物排放强度最高，为 0.0505 吨/万元，结合上述分析，发现登封市以非金属矿物制品业等高耗能、高污染的企业为主。其次为荥阳市，荥阳市的化学原料和化学制品制造业、医药制造业所占比重较高，这类型产业的废弃物排放量也较大，污水、废弃物等排放强度较高。中牟县的废弃物排放强度最低，仅为 0.0008 吨/万元，说明中牟县在保证较高产品效益的同时也尽量降低了对环境的污染和破坏。郑州市市辖区的废弃物排放强度较低，这与产业类型及城市建设要求有关。在市中心，大多为电子设备、汽车制造业等低碳排放产业，为了保证城市空气质量及居民生活质量，高耗能、高污染的企业逐渐向城市边缘迁移，因此市区的废弃物排放强度较低。

不同分区产业的废弃物排放强度与碳排放强度具有一定的关联性，相关系数为 0.928。碳排放强度越高的地区，废弃物排放强度也越高，与不同产业的碳排放强度与废弃物排放强度有一定的相似性。按碳排放强度分级，废弃物排放强度对应的分区排序如下：登封市（0.0505 吨/万元）、荥阳市（0.0415 吨/万元）、新密市（0.0249 吨/万元）、新郑市（0.0058 吨/万元）、郑州市市辖区（0.0055 吨/万元）、中牟县（0.0008 吨/万元），除新郑市比郑州市市辖区略高外，不同分区废弃物排放强度与碳排放强度呈现明显的相关性。但不同分区的关联类型多种多样，只保持大体变化趋势。

第五章

郑州市典型产业碳排放的因素分解分析

从前文的分析可以看出，郑州市不同产业碳排放及其效率具有较大的时空差异。除工业总产值及能源因素外，企业碳排放变化同样受到其他生产因素，如用地、用水及劳动力等的影响。本章在产业碳排放效率分析的基础上，使用 Kaya 恒等式和 LMDI 因素分解分析模型，对不同产业碳排放变化的驱动机制进行了分析，重点探讨了碳排放强度、能源效率、单位用地能源消耗、人均用地和劳动力投入等因素对碳排放变化的影响，并提出了未来不同产业低碳发展的模式和路径。

第一节　LMDI 因素分解分析方法

一、因素分解分析方法简介

分解分析方法（the decomposition analysis method）是将一个比较大的复

杂事物分解为若干个比较简单的事物，将一个较大的系统分解为要素。基于研究系统的动态变化，分解分析方法能够解析各分解因素对系统整体变化的影响程度。由于不同企业生产模式、投资模式及用地结构和能源结构等因素存在差异，各产业碳排放变化的影响机制也不同。基于企业层面开展产业碳排放变化影响因素分析不仅有助于探讨区域产业碳排放及其变化的影响机制，也有助于制定有针对性的低碳发展策略。近年来，学者们对产业碳排放变化的影响机制进行了深入研究，采用最广泛的方法就是分解分析方法。碳排放影响因素分解分析是将碳排放分解为若干个投入产出因素的乘积，研究碳排放年际变化中各因素的贡献值及贡献率。使用的分解分析方法主要包括结构分解分析（SDA）和指数分解分析（IDA）（Ye et al.，2017；许士春等，2016；Andreoni and Galmarini，2016；Malla，2009）。指数分解分析（IDA）最常被使用的两种方法是 Laspeyres 指数分解和 Divisia 指数分解。碳排放是受多种因素影响的综合系统，企业的每一个生产因素的变动均会对其碳排放产生影响，因此可使用分解分析方法研究生产过程中各投入产出因素对碳排放及其变化的影响，并以此为参考制定产业低碳发展战略。产业碳排放影响因素分解分析主要关注能源、技术、产业结构等因素对碳排放变化的影响。

能源供给类型及结构是决定碳排放水平的主要因素。化石能源以碳氢化合物或者其衍生物为成分，包含煤炭、石油、天然气等能源类型，这些能源是经济活动最重要的动力来源。在为经济发展提供动能的同时，化石能源的使用释放了大量的二氧化碳和有害气体，污染了大气环境，并对全球生态安全造成威胁。化石能源是不可再生的，随着经济规模的扩大，化石能源的供给已经出现了危机。为了避免危机的加重及由此给人类生存造成危害，也为了保障人类的可持续发展，可再生能源的开发利用已经成为经济发展过程中必须解决的问题。可再生能源主要包括太阳能、风能、水能等，但不包括化石能源，这些能源可以不断再生永续利用，对环境无害或者危害极小，并且分布广泛便于就地开发。受转换效率及设备技术等的限制，可再生能源在产业生产中的推广应用存在很多问题，太阳能等的使用效率相对较低，由此能源结构对产业碳排放变化的影响作用十分有限（何立华等，2015；赵涛等，2015），在此情形下，能源效率成为决定碳排放及其波动幅度的另一重要原因。

能源效率是单位能源消耗带来的经济效益，单位能源消耗创造的产值越多能源效率越高。我国是能耗大国，总能源消耗居世界第二位，能耗强度远高于发达国家及世界平均水平，但是我国的能源效率却非常低（Du et al.，2016）。能源效率低下不仅造成能源浪费而且这些未充分利用的能源成为废弃物之后对环境造成了非常严重的污染。提高能源效率是降低能耗及生产成本的重要手段（Wang et al.，2017），而且在当前以煤炭为主体的能源消费模式下，能耗水平的降低将在很大程度上降低碳排放（Wang et al.，2016）。能源效率除决定碳排放水平外，其数值变动还会引起碳排放变化。能源效率提高则单位工业产值需要的能源量就会降低，这在一定程度上降低了产业整体能耗水平，从而可促进碳排放下降。提升能源效率主要有两种方法：一是节约能源，二是减少浪费。通过改进生产设备，争取能源最大化利用，强化节约意识，合理安排生产过程，均可以降低能源消耗。调动节能企业的生产积极性是解决能源效率低下问题的重要手段。利用经济的或者行政的手段，对能源效率高的企业给予一定的经济激励，鼓励其开发能源利用新技术，推广能源高效利用技术，以实现全行业的能源充分利用。现阶段提高能源效率主要依赖技术，技术在经济活动中的投入比例是决定生产效率及碳排放水平的重要因素。

产业碳排放发生于经济活动全生命周期过程中，各投入产出因素的变化是驱动产业碳排放发生变化的主要原因，同时各投入产出因素的生产效率及碳排放效率是衡量产业碳排放效率的重要依据。技术决定效率，技术投入水平主要体现在投入产出因素的效率上，技术投入的增加提高了企业用水用地等的效率，投入产出因素效率的提高在某种程度上减少了物资的使用，企业可用较低的投入获得相对较高的经济产出，这不仅降低了生产成本，而且有助于碳减排及降低污染，因此企业产品生产全周期过程中投入产出因素效率的变动是引起碳排放波动的原因，也是决定碳排放效率的主要因素。此外科学合理的管理手段也是提高企业运行效率的手段。生产效率的提高依赖于劳动人员、机械设备、生产物料及生产方法的协调合作。采用先进的管理手段协调上述各生产因素的关系是提高生产效率的重要方法。通过加强部门管理，提高劳动效率和设备使用效率从而提高生产效率，从管理上保证高效稳定的生产，从而避免物资及人员的浪费，提高生产效率从而降低碳排放。

产业结构是影响产业碳排放的另一重要因素。产业结构也称为国民经济的部门结构，是指各产业的构成，以及产业之间的联系和比例关系，是在一般分工及特殊分工的基础上产生和发展起来的，主要包括农业、轻工业、重工业、建筑业、商业服务业等部门。这些部门的经济增长速度、就业人数等均对产业结构及其碳排放等产生影响，但是由于不同地区产业结构不同，产业结构变动对产业碳排放的影响呈现较明显的差异（任建兰等，2015；刘源等，2014；卢娜等，2017；徐成龙等，2014）。地区经济发展的重点由第一产业向第二及第三产业转变的过程标志着地区国民经济发展水平的高低和发展阶段，以及发展方向，该过程表现为各产业部门的产值、人员等的变动。当产业结构中第一产业及第三产业所占比重较大时，碳排放水平相对较低。第一产业创收较低，因此其碳排放产值处于相对较低的水准。若第三产业成为地区产业主导，则该地区的碳排放水平也会相对较低，但是得益于第三产业的经济产出及社会效益较好，地区碳排放效率可能处于较高的水平。地区经济中心由第一产业向第二产业转移的过程中，产业碳排放将大幅度提高，但是碳排放效率的提升速率与碳排放增长速率往往不同步，经济水平的提高依然依赖于能源的大量消耗及碳排放的增加。地区经济由第二产业向第三产业转移的过程中，产业碳排放的增长速率相对降低，最终碳排放将处于一个非常稳定的状态，产业碳排放及碳排放效率将持续上升。

总体来看，产业碳排放影响因素分解分析主要是借助 Kaya 恒等式，从国家、地区及产业的视角，探讨能源、产业结构等因素对碳排放变化的驱动作用（刘丙泉等，2016；Guo，2011）。企业作为经济生产中的基础单元，针对企业碳排放变化的影响机制的研究有待于进一步加强。本章基于 LMDI 模型的原理，通过将企业用地、劳动力数量等因子引入到模型中，探讨了企业层面的碳排放强度、能源效率、单位用地能源消耗、人均用地及劳动力投入对产业碳排放变化的影响。

二、LMDI 因素分解分析

（一）Kaya 恒等式

Kaya 恒等式是由日本学者 Yoichi Kaya 在 1989 年提出的一种方法（Yoichi，

1989）。该方法通过一个简单的数学公式将二氧化碳排放分解为若干个与人类经济活动有关的因素的乘积。该方法的表达形式较简单，并且分解结果无残差，能够很好地解释各因素对碳排放变化的推动作用，在定量分析碳排放驱动机制方面被广泛使用。Kaya 恒等式的数学表达式为

$$CO_2 = \frac{CO_2}{PE} \times \frac{PE}{GDP} \times \frac{GDP}{POP} \times POP \tag{5-1}$$

式中，CO_2 表示二氧化碳总排放；PE 表示一次能源消费总量；GDP 表示国内生产总值；POP 表示国内人口总量。CO_2/PE 表示能源消耗碳排放强度，该指标主要由能源结构决定，一次能源碳排放强度由小到大的排序为化石能源、生物质能源、新能源和可再生能源，所以可再生能源在能源消费中占的比例直接关系到单位能源消耗碳排放强度的大小。PE/GDP 表示能源强度，是创造单位 GDP 的综合能源消耗量，反映了经济发展对能源投入的依赖程度，该指标与经济结构以及能源效率等密切相关。GDP/POP 表示人均 GDP，是衡量一个国家或者地区宏观经济状况的重要参考指标。由 Kaya 恒等式可知，碳排放是能源、经济、人口等因素共同作用的结果。由于产业碳排放及其变化受人类活动影响较深，所以除上述因素外，企业的用地、用水、劳动力投入及废弃物排放等也会对产业碳排放变化产生一定的影响。本章节将上述生产因素引入 Kaya 恒等式，对其进行扩展，研究更多与企业生产有关的因素对碳排放变化的影响。扩展后的 Kaya 恒等式为

$$\mathrm{CE} = \frac{\mathrm{CE}}{G} \times \frac{G}{Q} \times \frac{Q}{S} \times \frac{S}{L} \times L \tag{5-2}$$

式中，CE 表示能源消费总碳排放；G 表示企业工业总产值；Q 表示企业综合能源消耗；S 表示企业用地面积；L 表示企业劳动力投入。

（二）LMDI 模型

扩展的 Kaya 恒等式可以分析更多因素对碳排放变化的影响。本章使用因素分解分析方法定量分析各因素对碳排放变化的贡献值及贡献率。与 AMDI（算术平均迪氏指数法）相比，LMDI（对数平均迪氏分解法）能够消除残差项的影响从而使计算结果能精确（Ang，2005）。可将式（5-3）进行变形，分析碳排放变化的驱动机制：

$$\mathrm{CE} = \mathrm{CI} \times \mathrm{Ef} \times E \times A \times L \tag{5-3}$$

在式（5-3）中，令 $CI = CE / G$， $Ef = G / Q$， $E = Q / S$， $A = S / L$，其中 CI 表示碳排放强度；Ef 表示能源效率；E 表示单位用地能源消耗；A 表示人均用地；L 表示劳动力投入。假设研究基期碳排放为 CE_0，T 时期碳排放为 CE_T，则该研究时间段内的产业碳排放变化可表示为

$$\Delta CE = CE_T - CE_0 = CI_T \times Ef_T \times E_T \times A_T \times L_T - CI_0 \times Ef_0 \times E_0 \times A_0 \times L_0 \quad (5\text{-}4)$$

因此可将碳排放变化分解为各因素的贡献值：

$$\Delta CE = \Delta CE_{CI} + \Delta CE_{Ef} + \Delta CE_E + \Delta CE_A + \Delta CE_L + \Delta CE_{rsd} \quad (5\text{-}5)$$

也可将碳排放变化分解为各因素的贡献率之积：

$$D = \frac{CE_T}{CE_0} = D_{CI} \times D_{Ef} \times D_E \times D_A \times D_L \times D_{rsd} \quad (5\text{-}6)$$

其中，ΔCE_{rsd} 和 D_{rsd} 分别表示分解残余量，$\Delta CE_{rsd} = 0$，$D_{rsd} = 1$。

各因素对碳排放变化的贡献率为

$D_{CI} = \exp(W \Delta CE_{CI})$，$D_{Ef} = \exp(W \Delta CE_{Ef})$，$D_E = \exp(W \Delta CE_E)$，

$D_A = \exp(W \Delta CE_A)$，$D_L = \exp(W \Delta CE_L)$，$W = \ln D / \Delta CE$。

各因素对碳排放变化的贡献值为

碳排放强度（CI）：

$$\Delta CE_{CI} = \sum_i \frac{CE_i^T - CE_i^0}{\ln CE_i^T - \ln CE_i^0} \times \ln \frac{CI_i^T}{CI_i^0} \quad (5\text{-}7)$$

能源效率（Ef）：

$$\Delta CE_{Ef} = \sum_i \frac{CE_i^T - CE_i^0}{\ln CE_i^T - \ln CE_i^0} \times \ln \frac{Ef_i^T}{Ef_i^0} \quad (5\text{-}8)$$

单位用地能源消耗（E）：

$$\Delta CE_E = \sum_i \frac{CE_i^T - CE_i^0}{\ln CE_i^T - \ln CE_i^0} \times \ln \frac{E_i^T}{E_i^0} \quad (5\text{-}9)$$

人均用地（A）：

$$\Delta CE_A = \sum_i \frac{CE_i^T - CE_i^0}{\ln CE_i^T - \ln CE_i^0} \times \ln \frac{A_i^T}{A_i^0} \quad (5\text{-}10)$$

劳动力投入（L）：

$$\Delta CE_L = \sum_i \frac{CE_i^T - CE_i^0}{\ln CE_i^T - \ln CE_i^0} \times \ln \frac{L_i^T}{L_i^0} \quad (5\text{-}11)$$

需要说明的是：当分解因素对碳排放变化的贡献值＞0 时，该因素为正

向因素，贡献率＞100%，该因素对碳排放增加起正向作用；若分解因素对碳排放变化的贡献值＜0，该因素为负向因素，贡献率＜100%，对碳排放增加起负向作用。

第二节 基于 LMDI 的产业碳排放因素分解分析

一、产业碳排放因素分解分析

首先将郑州市 22 类典型产业看作一个整体来进行分析。表 5-1 中“产业类型”包括表 4-6 中从编号为 1 的“煤炭开采和洗选业”到编号为 22 的“电力、热力生产和供应业”的所有产业。结果发现，2012～2015 年，对郑州市整体产业碳排放变化起正向作用的因素是能源效率和单位用地能源消耗，贡献值为 40.18 万吨和 213.78 万吨，贡献率分别为 113.23%和 193.69%；而碳排放强度、人均用地及劳动力投入这三个因素对郑州市典型产业碳排放变化起负向作用，其贡献值分别为−27.25 万吨、−67.96 万吨、−134.24 万吨，贡献率分别为 91.92%、81.05%、66.03%（表 5-1）。

2015 年郑州市典型产业碳排放与 2012 年相比有所下降，所以正向因素对碳排放变化的促进作用小于负向因素的抑制作用。郑州市典型产业碳排放变化主要受单位用地能源消耗及劳动力投入这两类因素的影响，前者对碳排放变化起正向作用，促进碳排放水平提高，后者起负向作用，促进碳排放水平下降。在正向因素的影响下，产业生产效率逐渐提高，经济规模扩大带动能源消耗增加，综合能源消耗的增加进一步促进了碳排放水平的上升；受负向因素影响，产业劳动效率提高，工业总产值的增加更多地依赖技术改革及设备更新，因此负向因素影响下的产业碳排放是下降的。由各分解因素对产业碳排放变化的贡献值及贡献率可知，与产业用地及劳动力投入有关的因素对其碳排放变化的影响作用较明显，通过调整产业用地及劳动力投入等能够比较明显地影响产业碳排放变化，从而促进产业碳排放水平的降低，加快产业低碳发展的进程。

表 5-1　产业碳排放变化影响因素分解分析

年份	产业类型	贡献值/万吨					贡献率/%				
		碳排放强度	能源效率	单位用地能源消耗	人均用地	劳动力投入	碳排放强度	能源效率	单位用地能源消耗	人均用地	劳动力投入
2012～2013	采矿业	0.05	−0.06	0.01	0	0.02	126.97	78.20	105.30	100.00	110.88
	制造业	−45.92	46.62	61.22	−8.84	−79.54	72.17	139.25	154.48	93.91	56.84
	供应业	24.19	−20.03	−90.90	−26.16	123.65	113.74	89.89	61.64	87.00	193.11
	全部产业	−56.76	60.08	179.97	−32.98	−165.96	84.17	120.01	172.72	90.47	60.41
2013～2014	采矿业	−0.13	0	0	−0.01	0.01	47.20	100.27	99.40	96.94	103.77
	制造业	−3.95	−30.92	33.86	−13.40	11.30	96.11	73.31	140.48	87.41	112.02
	供应业	−2.13	−3.29	−10.79	6.09	−7.89	99.86	99.79	99.31	100.39	99.49
	全部产业	−21.74	−19.82	25.37	−29.85	24.79	93.09	93.68	108.71	90.64	108.50
2014～2015	采矿业	−0.01	0.01	−0.01	0.01	−0.01	90.78	107.59	92.95	107.84	92.73
	制造业	17.82	−20.15	25.66	−1.09	1.00	113.98	86.24	120.74	99.20	100.74
	供应业	0.39	7.89	−24.67	−4.34	7.16	100.23	104.79	86.38	97.46	104.34
	全部产业	−0.62	1.71	10.05	−4.26	2.78	99.80	100.56	103.35	98.61	100.91
2012～2015	采矿业	−0.09	−0.03	0	0.02	0.01	54.40	84.13	97.29	114.50	106.69
	制造业	−6.34	−9.31	134.78	−26.74	−70.81	95.89	94.03	243.80	83.79	62.61
	供应业	−20.82	−13.34	−118.44	−22.68	113.09	88.59	92.53	50.22	87.64	193.04
	全部产业	−27.25	40.18	213.78	−67.96	−134.24	91.92	113.23	193.69	81.05	66.03

1. 采矿业碳排放变化因素分解分析

采矿业是指煤炭开采和洗选业（产业编号 1），各分解因素对该产业碳排放变化的贡献值均相对较小（表 5-1、图 5-1）。其中，对采矿业碳排放增加起正向作用的因素是人均用地和劳动力投入，这两类因素对该产业碳排放变化的贡献值分别是 0.02 万吨和 0.01 万吨，贡献率分别是 114.50%、106.69%；起负向作用的因素是碳排放强度、能源效率、单位用地能源消耗，其贡献值分别为−0.09 万吨、−0.03 万吨、−0.004 万吨，贡献率分别为 54.40%、84.13%、97.29%，研究期内采矿业碳排放增加不多，各分解因素对碳排放变化的贡献值相差不大。

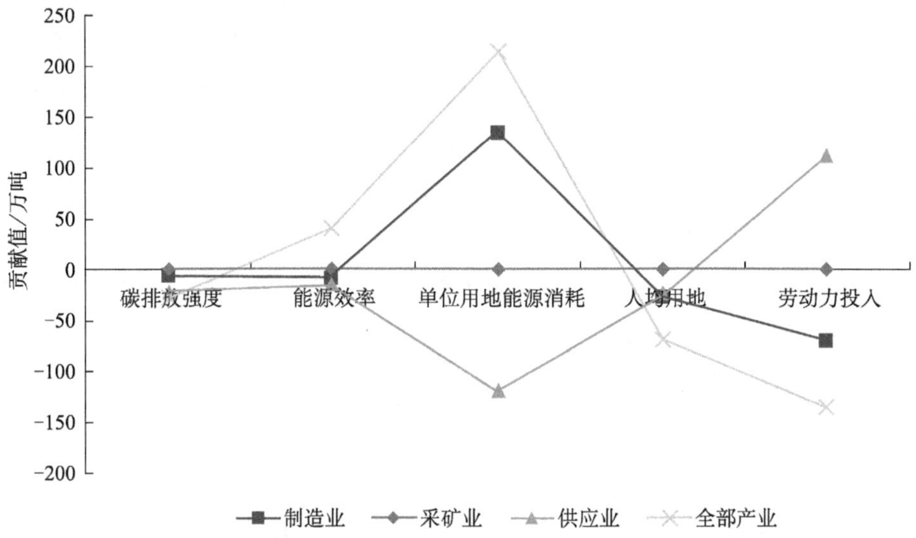

图 5-1　2012～2015 年各分解因素对郑州市典型产业碳排放变化贡献值分析

碳排放强度是碳排放减少的关键因素（表 5-1、图 5-1）。碳排放强度是碳排放与工业总产值的比值，该因素从侧面反映了碳排放与经济发展的关系。该产业 2015 年的碳排放比 2012 年减少了 45.60%，而 2015 年的工业总产值比 2012 年只增加了 4.52%。碳排放水平下降是碳排放强度减少的主要原因，碳排放强度的下降是碳排放水平下降的重要标志，碳排放强度的下降一方面反映了经济发展对碳排放的影响，另一方面也基本反映了碳排放的变化趋势。对于以煤炭开采和洗选业为主的采矿业而言，碳排放水平和碳排放强度二者的变化基本保持一致。能源效率也是促进碳排放下降的重要因素（表

5-1、图 5-1）。能源效率是工业总产值与综合能源消费量的比值，是产业生产中能源利用效率的表征。采矿业能源效率由 2012 年的 4.27 万元/吨标准煤下降到 2015 年的 3.59 万元/吨标准煤，碳排放效率呈下降趋势，各企业必须加大能源投入力度以稳定其生产，因此能源效率影响下的采矿业的碳排放是增加的。

2. 制造业碳排放变化因素分解分析

制造业是指按照市场的要求，将制造资源（物料、能源、设备、工具、资金等）通过制造过程，转化为可供人们使用和利用的大型工具、工业品、生活消费品的产业。“制造业”包括表 4-6 所示从产业编号为 2 的“农副食品加工业”到产业编号为 21 的“计算机、通信和其他电子设备制造业”的所有产业，共 20 类产业部门，涉及的生产活动包括食品制造、金属、纺织、汽车、机械等。对制造业碳排放增加起正向作用的因素是单位用地能源消耗，其贡献值和贡献率分别为 134.78 万吨和 243.80%；而碳排放强度、能源效率、人均用地和劳动力投入是促进制造业碳排放下降的负向因素，贡献值分别为−6.34 万吨、−9.31 万吨、−26.74 万吨和−70.81 万吨，贡献率分别为 95.89%、94.03%、83.79%和 62.61%（表 5-1、图 5-1），由此可见制造业碳排放水平的下降主要受劳动力投入的影响。

与制造业的用地及劳动力有关的指标在一定程度上决定着产业碳排放的发展趋势及变动幅度，主要原因在于郑州市的制造业是劳动密集型的产业，产业生产过程中投入了大量的劳动力，各企业生产过程中占据的土地面积也比较大，所以用地及劳动力这两类生产要素在很大程度上影响了碳排放。以郑州市食品制造业为例，该产业碳排放增加主要受到能源效率、单位用地能源消耗的影响且后者起主要作用。单位用地能源消耗因素对该产业碳排放变化的贡献值及贡献率分别为 8.62 万吨和 1811.50%。除上述两项因素外，其余分解因素对该产业碳排放变化起负向作用，促进产业碳排放水平下降。在这些因素中，人均用地及劳动力投入对碳减排的贡献值较大，其数值分别为−7.21 万吨和−2.79 万吨，贡献率分别为 8.88%和 39.13%。为了保证食品及相关制品输出的稳定性，同时也为了存放企业生产的产品，食品制品业下的各企业多数都要建设面积巨大的车间、厂房或者仓库，这需要占据大量的土地，经济规模较大的企业往往其建设用地面积也非常大，而且郑州市的食品制造业多数是劳动密集型产业，劳动效率的高低在很大程度上决定了企业的产品产出及经济效益，劳动效率成为衡量生产效率的重要标准。食品制造业的用地面积及劳动力数量逐年减少，但是其工业总产值却维持增加的趋势，用地效率及劳动效率均有所提高，与以前的生产相比，创造单位工业产值所需要的物质资料的投入（尤其是能源的消耗）是下降的，所以在人均用地及劳动力投入因素的影响下，产业碳排放逐渐减少，提高用地效率及劳动效率成为食品制造业碳减排的重要动力，是产业低碳发展的关键。

3. 供应业碳排放变化因素分解分析

供应业是指电力、热力生产和供应业（产业编号 22）。对该产业碳排放增加起正向作用的因素是劳动力投入，其贡献值和贡献率分别为 113.09 万吨和 193.04%；促进碳排放下降的因素是碳排放强度、能源效率、单位用地能源消耗和人均用地，贡献值分别是−20.82 万吨、−13.34 万吨、−118.44 万吨和−22.68 万吨，贡献率分别是 88.59%、92.53%、50.22%和 87.64%，因此劳动力投入与单位用地能源消耗是决定供应业碳排放变化的关键因素（表 5-1、图 5-1）。

电力、热力生产和供应业从事的主要是火力发电、供热等生产活动。在研究期内，该产业一直是郑州市典型产业最主要的碳排放源，其碳排放及碳排放强度均高于产业平均值。由各分解因素对碳排放变化的贡献值及贡献率可知，劳动力投入及单位用地能源消耗是产业碳排放变化的决定性因素。电力、热力生产和供应业是高能耗的代表，产业能源消耗占综合能源消耗的比重很大。而且，郑州市的这些隶属于电力、热力生产和供应业的企业的生产效率相对都不高，能源的大量消耗是维持企业生产的重要条件，能源消耗与企业产品输出密切相关，当企业生产的能源消耗量增加时，其工业总产值及产品输出也会增加，企业的碳排放也会随之提高。

火力发电厂的主要系统包括水汽系统、燃烧系统和电气系统。水汽系统主要由锅炉等组成；燃烧系统主要是指动力煤的输送、分离、供给等，还包括排烟排气的烟囱等设备；电气系统是指发电系统，主要由发电机、变压器等组成。上述生产设备及构筑物等一般占地面积较大，企业规模越大其用地面积也越大。并且，电力、热力生产和供应业是污染比较严重的产业部门，生产过程会产生很多的工业固体废弃物，这些废弃物的转运及堆放往往需要占用较大面积的土地，所以用地面积也是衡量企业经济规模的重要因素。企业的经济规模又与其碳排放水平息息相关，所以与企业用地面积相联系的分解因素也是影响产业碳排放的重要因素。企业劳动力投入及劳动力生产效率也是评价企业生产效率的重要指标，当经济发展与碳排放处于弱脱钩关系时，经济发展很大程度上依赖于能源消耗的增加及碳排放水平的上升，因此劳动力投入的增加不可避免地会促进碳排放增加。研究期内郑州市电力、热力生产和供应业的劳动力数量是增加的，所以劳动力投入因素影响下的产业碳排放也是增加的。

二、不同产业碳排放变化的影响因素的贡献值分析

本书将郑州市 22 类产业碳排放变化的影响因素分别进行分析。对于2012～2015 年郑州市的不同产业而言，各分解因素对其碳排放变化的影响见表 5-2。

1. 碳排放强度对产业碳排放变化的贡献值分析

碳排放强度因素对电力、热力生产和供应业，非金属矿物制品业的碳排放变化影响较大，其贡献数值分别是−20.82 万吨和−29.42 万吨（表 5-2、图 5-2）。电力、热力生产和供应业，非金属矿物制品业是高能耗、高排放的代表，也是产业主要碳源，这两类产业的碳排放之和由 2012 年的 281.43 万吨下降到 2015 年的 231.18 万吨，在产业总碳排放中的比重由 2012 年的83.41%变化到 2015 年的 74.60%，虽然碳排放及其比重均有所下降，但是这两类产业依然是高排放产业的代表。研究期内，电力、热力生产和供应业的碳排放、碳排放强度和工业总产值均呈下降趋势，碳排放与碳排放强度二者的变化趋势基本保持一致，碳排放减少导致碳排放强度下降，碳排放强度降低源于碳排放水平的下降，二者存在必然联系，因此碳排放对该产业碳排放变化起负向作用。

表 5-2　各分解因素对郑州市典型产业碳排放变化的贡献值　（单位：万吨）

产业编号	代码	产业名称	碳排放强度	能源效率	单位用地能源消耗	人均用地	劳动力投入
1	B06	煤炭开采和洗选业	−0.09	−0.03	0	0.02	0.01
2	C13	农副食品加工业	0.33	−0.12	0.65	−0.03	0.13
3	C14	食品制造业	−2.05	3.02	8.62	−7.21	−2.79
4	C15	酒、饮料和精制茶制造业	20.97	−39.93	29.45	−21.00	22.17
5	C16	烟草制品业	−0.53	−3.48	−0.04	−0.06	0.05
6	C17	纺织业	1.87	−3.14	2.33	−0.01	−0.24
7	C18	纺织服装、服饰业	−0.08	0.03	0.48	−0.29	0.04
8	C22	造纸和纸制品业	−3.96	3.94	−4.96	6.12	−3.74
9	C23	印刷和记录媒介复制业	0.18	−0.30	0.48	−0.29	0.04
10	C26	化学原料和化学制品制造业	11.80	−12.20	18.10	3.22	−7.45
11	C27	医药制造业	3.95	−0.93	5.63	1.03	−1.12
12	C28	化学纤维制造业	0.02	0	−0.01	0	−0.01
13	C29	橡胶和塑料制品业	−0.07	0.04	0.04	0	−0.05
14	C30	非金属矿物制品业	−29.42	−10.86	−7.68	10.62	−22.71
15	C31	黑色金属冶炼和压延加工业	−2.75	1.13	−1.03	−0.06	−0.05
16	C32	有色金属冶炼和压延加工业	−12.88	11.50	−4.11	0.21	−0.94
17	C33	金属制品业	−0.29	0.06	−0.33	0.05	0.05
18	C34	通用设备制造业	−0.22	0.05	−0.07	0	−0.01
19	C35	专用设备制造业	−2.33	−0.99	0.24	−0.28	0.18
20	C36	汽车制造业	0.56	−4.16	4.39	−0.07	0.16
21	C39	计算机、通信和其他电子设备制造业	−0.13	0	0.55	−0.01	0.01
22	D44	电力、热力生产和供应业	−20.82	−13.34	−118.44	−22.68	113.09

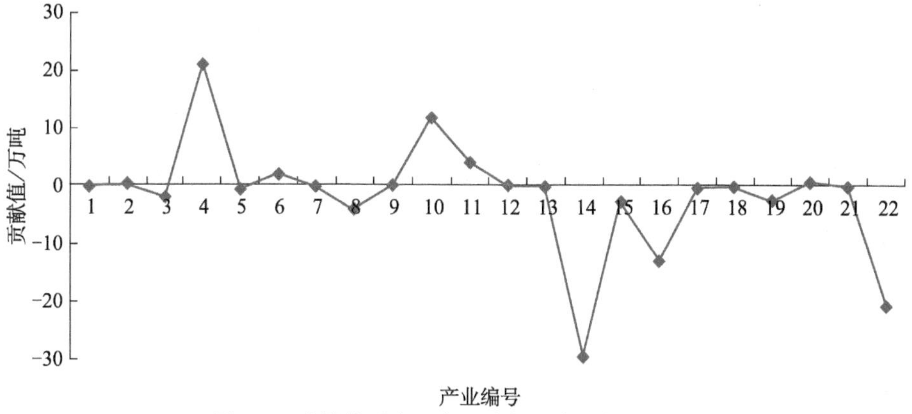

图 5-2　碳排放强度对产业碳排放变化的贡献值

与 2012 年相比，2015 年郑州市非金属矿物制品业碳排放及工业总产值都是下降的，但是工业总产值下降的幅度较大，碳排放下降幅度为 29.76%，工业总产值下降比例为 30.71%。研究期间非金属矿物制品业的碳排放强度是增加的，碳排放的经济产出效益变差，碳排放与经济发展二者的关系并未随着时间而改善，反而逐年变差，产业碳循环效率逐渐降低。如果该产业继续使用现有的发展模式，其碳排放效率将继续变差，产业的工业总产值等“合意产出”将逐年变小，这并不利于产业的持续发展，所以急需改善其生产模式、生产效率等，通过技术或设备，以及管理等的改善可以促进生产效率的提高，从而在降低碳排放的同时提高工业总产值，提高碳循环效率。

在研究期间，酒、饮料和精制茶制造业是郑州市 22 类典型产业里碳排放变化较大的产业，碳排放强度对该产业有最大的贡献值，达到了 20.97 万吨，与 2012 年相比，2015 年酒、饮料和精制茶制造业碳排放及碳排放强度均有所增加，其中碳排放上升幅度较大，而工业总产值有小幅度的下降。碳排放上升的重要表现是碳排放强度的上升，因此产业碳排放强度因素对碳排放变化起正向作用。

2. 能源效率对产业碳排放变化的贡献值分析

能源效率是单位综合能源消耗的工业总产值。能源效率因素在酒、饮料和精制茶制造业碳排放变化中具有最大的负向贡献值（−39.93 万吨），该因素对电力、热力生产和供应业碳排放变化的负向贡献值也较大，数值为 −13.34 万吨（表 5-2、图 5-3）。

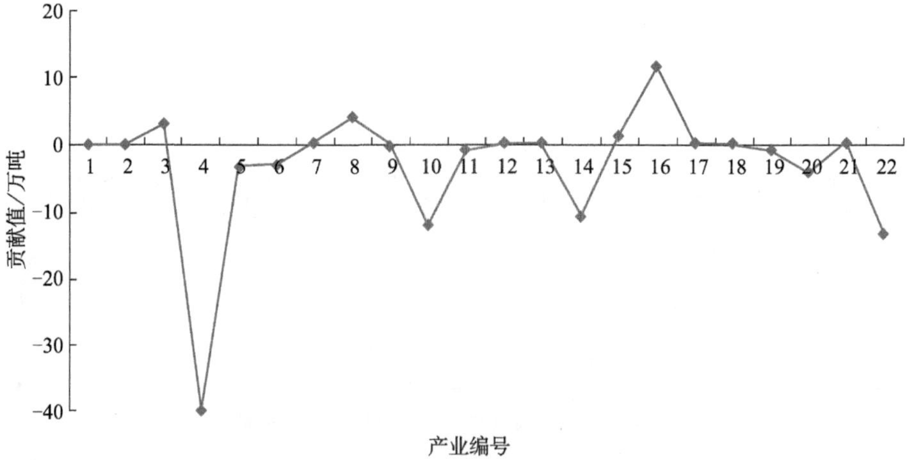

图 5-3　能源效率对产业碳排放变化的贡献值

酒、饮料和精制茶制造业的能源效率由 2012 年的 12.39 万元/吨标准煤下降到 2015 年的 0.79 万元/吨标准煤。与 2012 年相比，酒、饮料和精制茶制造业 2015 年的综合能源消耗量有所上升，上升 15.17 倍。工业总产值的下降比例仅为 2.73%，所以 2015 年该产业能源效率高于 2012 年。能源效率的提高在某种程度上能够为产业生产降低成本，产业可将更多收入用于扩大生产规模，但是酒、饮料和精制茶制造业的效率一直处于比较低的水平，企业生产规模的扩大势必引起能源等其他物质资料投入数量的增加，这又将引起产业碳排放水平的提高。

郑州市电力、热力生产和供应业能源效率由 2012 年的 0.14 万元/吨标准煤下降到 2015 年的 0.13 万元/吨标准煤，下降幅度为 7.14%。电力、热力生产和供应业的综合能源消耗在研究期内减少了 15.04%，工业总产值也减少了 21.38%，所以产业能源效率有所下降。工业总产值的下降是能源效率下降的重要原因，在相同的投入条件下，工业总产值的最大化是企业生产追寻的目标之一，在能源效率下降的同时，通过技术、管理等方面的创新改革能够促进其他生产要素效率的提高，从而拉动企业经济效益持续增长，此时技术等成为发展的主要动力，是产业进步的主要因素，因此在能源效率这一因素的影响下，产业碳排放稍有下降。

3. 单位用地能源消耗对产业碳排放变化的贡献值分析

单位用地能源消耗对碳排放变化的贡献值突出表现在酒、饮料和精制茶制造业，电力、热力生产和供应业，贡献值分别是 29.45 万吨和−118.44 万吨（表 5-2、图 5-4）。

郑州市酒、饮料和精制茶制造业是比较典型的用地面积大的产业。用地面积是衡量产业规模的非常重要的因素。郑州市酒、饮料和精制茶制造业主要从事酒水和饮料加工销售活动，这些产品不仅要满足当地居民的生活需要，还要销售到外地。酒水等的保存时间相对较长，并且饮料的生产量也很大，为了保证产品输出的质量及数量，多数企业要建设面积较大的厂房及仓库进行产品的生产与存储。因此，酒、饮料和精制茶制造业的产业用地面积一般都比较大。在产业用地面积逐渐缩减的情况下，综合能源消耗的增加是单位用地能源消耗增加的主要原因，能耗增加引起碳排放水平上升。

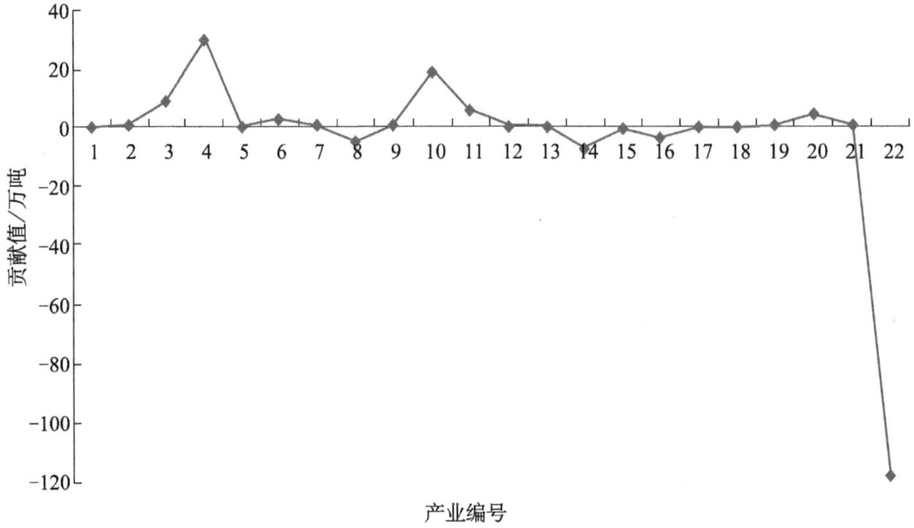

图 5-4 单位用地能源消耗对产业碳排放变化的贡献值

电力、热力生产和供应业主要从事火力发电等活动。与 2012 年相比，2015 年的产业用地面积及综合能源消耗都在增加，产业用地面积增长幅度相对较大，为 69.18%，而综合能源消耗因素的增加比例为 17.70%，在此期间产业工业用水及劳动力投入数量等也有不同程度的增加，产业经济规模的扩大也不仅仅只是由用地这一项因素带动，技术等也对生产效率产生了一定的影响，即使产业用地及综合能耗水平都有所上升，单位用地能源消耗因素影响下的产业碳排放依然是下降的。

4. 人均用地对产业碳排放变化的贡献值分析

人均用地因素对酒、饮料和精制茶制造业，电力、热力生产和供应业的贡献值分别是−21.00 万吨和−22.68 万吨（表 5-2、图 5-5）。

酒、饮料和精制茶制造业在用地面积及劳动力投入方面都处于产业中比较靠前的位置。2012 年和 2015 年的产业人均用地分别为 142.89 米^2/人和 20.15 米^2/人，下降幅度达到了 85.90%，所以此产业的人均用地因素对碳排放变化的贡献值为负。人均用地面积侧面反映了劳动密集程度，酒、饮料和精制茶制造业劳动密集程度逐渐提高，因此通过调整产业用地及劳动力结构，可提高产业用地效率及劳动效率，从而促进产业碳减排。

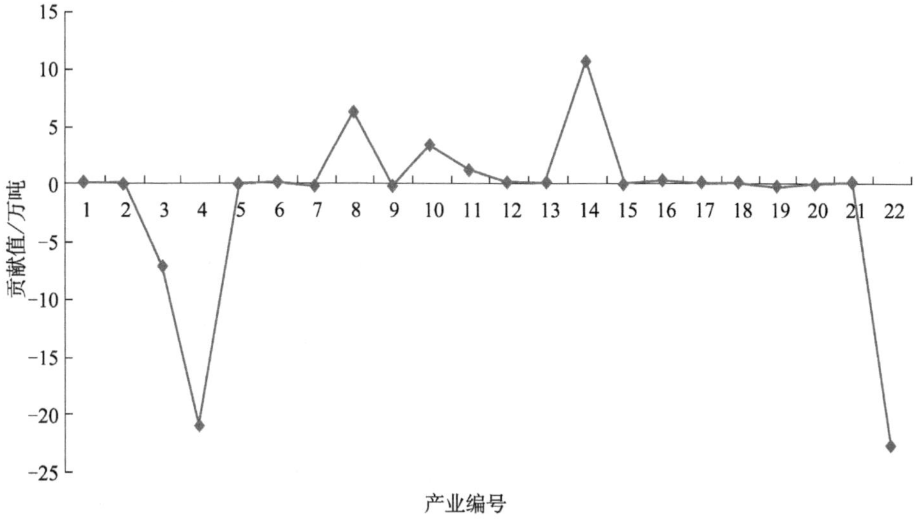

图 5-5　人均用地对产业碳排放变化的贡献值

2015 年，郑州市电力、热力生产和供应业用地面积占产业总用地的比重不足 3.13%，但是劳动力投入在总量中的比重为 7.54%，与 2012 年相比，用地面积及劳动力数量都有所增加，且劳动力投入提升比例较大，所以分解因素中人均用地因素的数值是下降的。产业生产模式有向劳动集约型发展的趋势，劳动力及用地二者的关系逐渐得到改善。通过合理规划产业用地，能够逐渐调整产业用地结构，提高产业用地效率；加强科技等的投入促进了企业生产效率的提高，也提高了劳动效率，减少了生产中劳动力的过度浪费；用地效率及劳动效率的提升削减了物质资料的过度消耗，降低了该产业的化石能源消耗，从而降低了产业碳排放水平。

5. 劳动力投入对产业碳排放变化的贡献值分析

劳动力投入分别对电力、热力生产和供应业及非金属矿物制品业的碳排放变化具有最大和最小的贡献值，数值分别是 113.09 万吨和−22.71 万吨（表

5-2、图 5-6）。

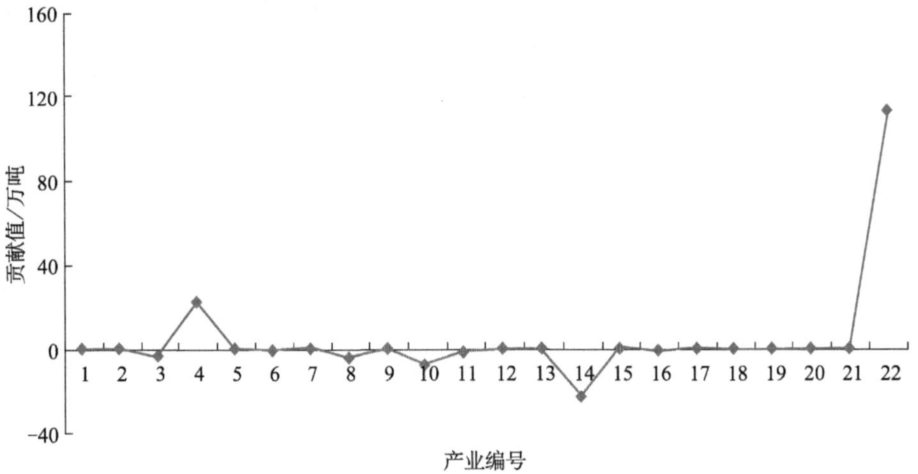

图 5-6　劳动力投入对产业碳排放变化的贡献值

当前郑州市的经济发展与碳排放基本处于弱脱钩关系，产业经济的发展及工业总产值的提高往往伴随着能源等物资投入的增加及碳排放水平的提高。劳动力投入的增加是生产规模扩大的一种很常见的表现形式。与 2012 年相比，2015 年电力、热力生产和供应业的劳动力数量是增加的，这表明该产业正逐步扩大其经济规模，经济规模的扩大势必伴随着碳排放的增加，所以劳动力投入因素影响下的产业碳排放是增加的。另外，非金属矿物制品业的劳动力投入是减少的，该产业与电力、热力生产和供应业类似，都是比较典型的高能耗、高排放、低效率产业，所以当产业劳动力投入数量减少时，其碳排放呈下降状态。

此外，劳动力投入对酒、饮料和精茶制造业碳排放变化的影响也比较突出，贡献值为 22.17 万吨，该类饮料食品加工制造的企业能够大量吸收当地剩余劳动力，在解决当地居民的就业问题上提供了很大的帮助。2015 年，食品制造业的劳动力数量与 2012 年相比有所提高，相应地，在产品生产过程中，与劳动力投入相关的能源消耗等物质也会增加，这也是碳排放增加的重要原因。

三、不同产业碳排放变化的影响因素的贡献率分析

本部分分析的是 2012～2015 年郑州市典型产业碳排放贡献率，所选分解因素对用地面积较大、劳动力数量多的产业具有较明显的碳排放变化贡献率，主要包括食品制造业，酒、饮料和精茶制造业，纺织业，汽车制造业，计算机、通信和其他电子设备制造业等。

各因素对不同产业碳排放变化的贡献率具有较大的差异。碳排放强度对通用设备制造业，酒、饮料和精制茶制造业具有最小和最大的贡献率，分别是 2.71%和 1400.67%；能源效率对烟草制造业和食品制造业具有最小和最大的贡献率，分别是 2.41%和 276.02%；单位用地能源消耗对通用设备制造业，酒、饮料和精茶制造业具有最小和最大的贡献率，分别是 29.23%和 1370.26%；人均用地对食品制造业，造纸和纸制品业具有最小和最大的贡献率，分别是 8.88%和 267.11%；而劳动力投入对食品制造业，酒、饮料和精制茶制造业具有最小和最大的贡献率，分别是 39.13%和 717.12%（表 5-3、图 5-7、图 5-8、图 5-9、图 5-10、图 5-11）。

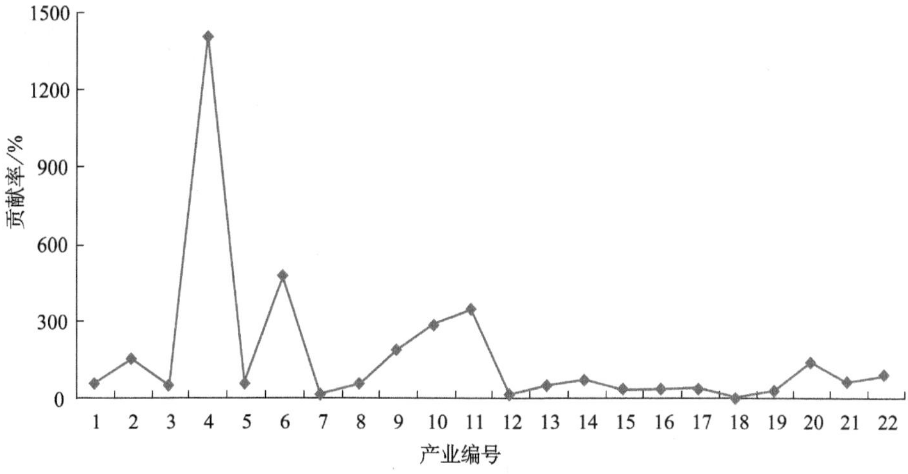

图 5-7　碳排放强度对产业碳排放变化的贡献率

表 5-3 各分解因素对产业碳排放变化的贡献率 （单位：%）

产业编号	代码	产业名称	碳排放强度	能源效率	单位用地能源消耗	人均用地	劳动力投入
1	B06	煤炭开采和洗选业	54.40	84.13	197.29	114.50	106.69
2	C13	农副食品加工业	150.43	86.33	222.60	96.63	117.53
3	C14	食品制造业	50.24	276.02	1811.50	8.88	39.13
4	C15	酒、饮料和精制茶制造业	1400.67	6.40	1370.26	15.47	717.12
5	C16	烟草制品业	56.72	2.41	67.18	94.00	105.00
6	C17	纺织业	477.11	7.26	701.22	99.10	81.55
7	C18	纺织服装、服饰业	17.37	186.00	168.49	38.71	46.21
8	C22	造纸和纸制品业	52.92	188.25	45.12	267.11	54.88
9	C23	印刷和记录媒介复制业	183.23	34.98	522.38	36.95	115.40
10	C26	化学原料和化学制品制造业	282.73	34.14	492.56	132.79	51.88
11	C27	医药制造业	345.01	74.79	583.89	138.05	70.50
12	C28	化学纤维制造业	15.23	108.26	39.28	95.28	46.77
13	C29	橡胶和塑料制品业	46.58	151.62	153.40	96.60	60.84
14	C30	非金属矿物制品业	70.24	87.77	91.19	113.60	76.14
15	C31	黑色金属冶炼和压延加工业	32.45	158.77	65.58	97.49	97.88
16	C32	有色金属冶炼和压延加工业	35.36	252.97	71.78	101.69	92.71
17	C33	金属制品业	37.43	122.94	33.12	117.49	120.33
18	C34	通用设备制造业	2.71	230.62	29.23	105.98	84.44
19	C35	专用设备制造业	27.57	58.06	113.85	85.77	110.40
20	C36	汽车制造业	135.70	10.50	1078.66	96.06	108.77
21	C39	计算机、通信和其他电子设备制造业	64.83	100.60	649.45	97.10	102.80
22	D44	电力、热力生产和供应业	88.59	92.53	50.22	87.64	193.04

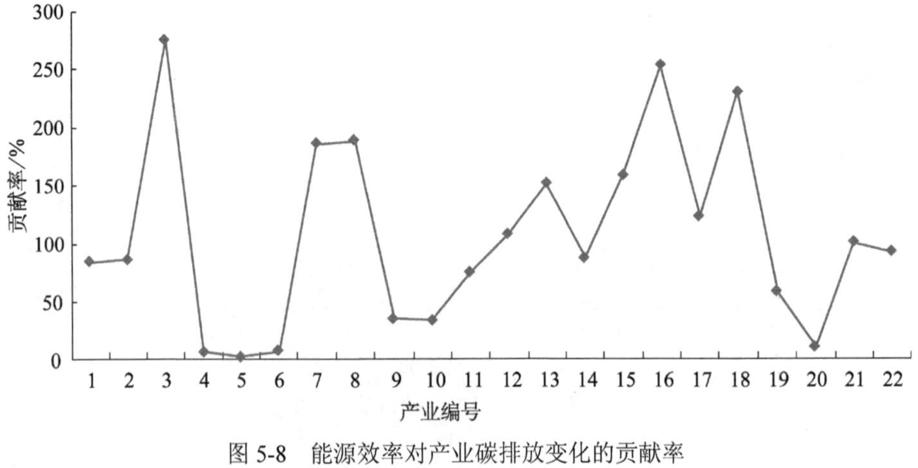

图 5-8 能源效率对产业碳排放变化的贡献率

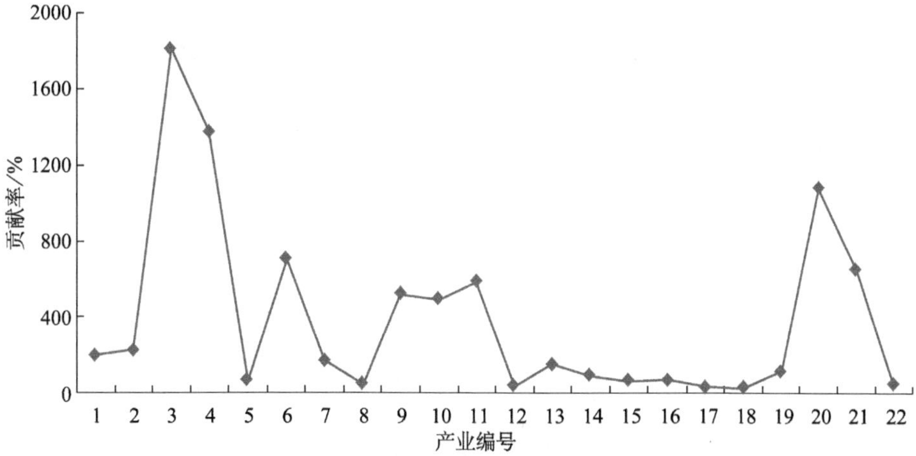

图 5-9 单位用地能源消耗对产业碳排放变化的贡献率

以食品制造业为例，该产业的产业用地面积及劳动力投入数量都比较多，2012 年产业劳动力投入占产业总劳动力的比重为 57.52%，2015 年稍有回落，但是依然维持在 34.08%。食品制造业是劳动力数量最多的产业，该产业的碳排放变化主要受单位用地能源消耗因素及人均用地因素的影响，上述两类因素涉及的生产指标主要包括能源消耗、产业用地及劳动力这三类。郑州市食品制造业主要包括食品及其添加剂的生产加工等生产活动，产品的生产及包装等依然依赖于人工劳动，多数企业布设在劳动力资源比较丰富的地区，确保这些企业的劳动力资源保持稳定，在保障企业生产的同时大量吸收

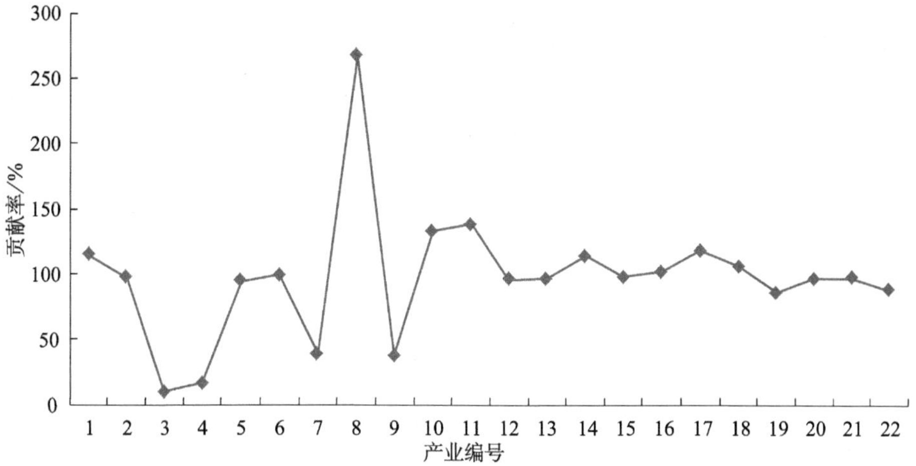

图 5-10 人均用地对产业碳排放变化的贡献率

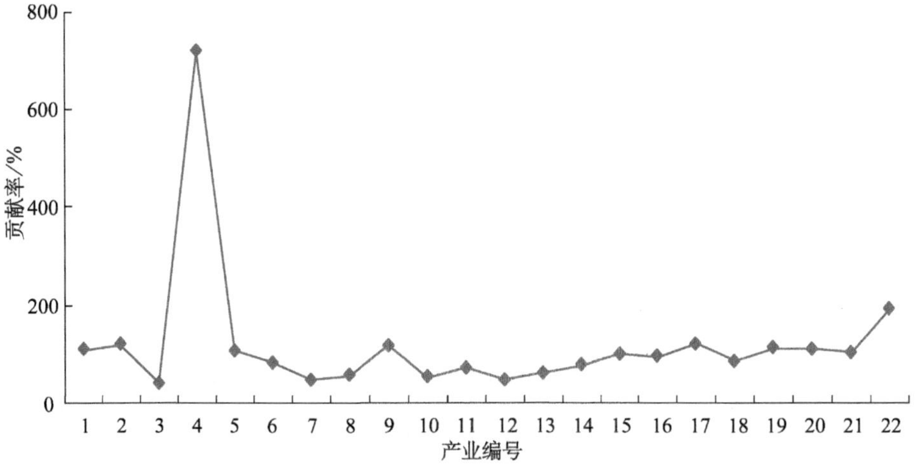

图 5-11　劳动力投入对产业碳排放变化的贡献率

企业周边的剩余劳动力，一方面能够促进企业发展壮大，另一方面能够解决当地居民的就业问题，这种生产发展模式在郑州市食品制造业中是比较典型的。各企业必须持续性地进行生产以保障企业能够获得较稳定的经济产出及产品输出，所以其产业用地及劳动力等必须保证稳定。另外，为了保障食品供应的稳定性，各企业必须保证其具备一定的库存数量，而且食品制造业的乳制品等产品的保质期相对比较短，产品周转速度很快，这些产业对存储条件要求比较高，所以企业不得不占用一定数量的工业用地用于产品存放，因此产业用地一直是影响该产业生产的重要因素。产业生产规模及生产效率等是评估整体生产状况的重要指标，而产业的生产效率等又与其碳排放水平紧密联系，因此，单位用地能源消耗和人均用地也是影响产业碳排放的重要因素。

单位用地能源消耗因素的数值上升主要归因于综合能源消耗水平的上升。研究期内食品制造业的能源消耗水平有所提升，但是其用地面积是减少的，综合能源消耗的增加带动了产业碳排放的增加。与此同时产业的劳动力投入数量是减少的，产业工业总产值却是增加的，劳动效率的提高在一定程度上促进了产业碳排放水平下降。

由各分解因素对产业碳排放变化的贡献值和贡献率可知，不同分解因素碳排放变化的贡献值越多其贡献率并非越大（表 5-2、表 5-3）。由 LMDI 因素分解分析模型可知，各分解因素的贡献值及贡献率之间存在对数关系，而且贡献率与贡献值的变化率也有关，因此对于贡献值大于 0 的正向因素而言，其对碳排放增加的贡献值越多，其贡献率则越高；对于负向因素而言，这些因素主要是促进碳排放水平下降，其贡献值小于 0，则分解因素对碳排放下降的贡献越突出（贡献值越小绝对值越大），其贡献率越小，这一现象在电力、热力生产和供应业上表现得最为突出。作为郑州市高排放产业的典型，各分解因素对该产业碳排放变化的贡献值及贡献率都比较明显。在对产业碳排放变化起正向作用的因素中，劳动力投入因素的贡献值最多，为 113.09 万吨，其贡献率为 193.04%；负向因素中单位用地能源消耗对碳减排贡献值最多（−118.44 万吨）,能源效率贡献值最少（−13.34 万吨）,但是前者的贡献率（50.22%）却小于后者（92.53%）。

当产业碳排放水平较高时，各分解因素对产业碳排放变化的正向及负向影响都比较明显。劳动力投入因素是郑州市典型产业碳排放增加的主要影响因素，该因素对产业碳排放的发展变化具有比较重要的作用。作为河南省人口最多的城市，郑州市在发展劳动密集型产业方面具有天然的优越条件，但是发展低碳产业并不意味着一味地追求碳排放水平的下降及工业总产值的提高，还应该提高产业各生产要素的生产效率，例如，提高产业劳动效率，促进产业生产由劳动密集型向劳动集约型转变，通过企业重组、技术改革等形式，提高企业的劳动效率，以减少生产过程中劳动力资源的浪费，将更多的生产资金用于企业设备改良等，在提高效率、降低碳排放的同时实现企业经济规模及工业总产值的双重扩大及提高。

四、不同产业低碳发展模式的选择及差别化的对策

碳排放影响因素分解分析的目的之一是通过探讨碳排放变化的影响机制为产业碳减排及低碳发展模式提供参考。由各分解因素对不同产业碳排放变化的贡献值及贡献率可知，郑州市不同产业的低碳发展模式具有较明显的差异，不同的产业可根据碳排放影响因素分解分析的结果及产业自身的生产特点选择符合自身发展特点的低碳路径及方针政策。

不同类型的产业其碳排放变化的影响机制不同，能源消耗、土地占用及劳动力投入对不同企业的影响程度不尽相同，这主要取决于企业的生产方式、能源结构、企业性质和生产资料集约利用水平，因此未来郑州市的产业

可考虑采用“土地集约利用型”、“劳动效率提升型”和“能源效率提升型”这三种不同的低碳发展模式，结合企业自身生产特点及碳排放影响因素分解分析，制定各自的低碳发展政策及路径（表 5-4）。

表 5-4 郑州市典型产业低碳发展路径模式及政策建议

产业编号	产业名称	低碳发展模式	未来发展的政策建议
2	农副食品加工业	土地集约利用型	1. 推动土地节约集约利用，提升土地综合利用效率和单位土地面积的经济产出； 2. 通过降低单位土地面积的物资和能源消耗，降低企业的碳排放强度，提升碳排放效率
3	食品制造业		
4	酒、饮料和精制茶制造业		
5	烟草制品业		
9	印刷和记录媒介复制业		
20	汽车制造业		
6	纺织业	劳动效率提升型	1. 重点应通过技术革新，提高劳动生产率，减少企业的劳动力投入； 2. 通过劳动效率的提升改善资源能源利用效率，并降低产业的碳排放强度
7	纺织服装、服饰业		
8	造纸和纸制品业		
11	医药制造业		
12	化学纤维制造业		
13	橡胶和塑料制品业		
14	非金属矿物制品业		
18	通用设备制造业		
19	专用设备制造业		
21	计算机、通信和其他电子设备制造业		
1	煤炭开采和洗选业	能源效率提升型	1. 改善能源结构，降低化石能源比重，尽量使用清洁能源； 2. 通过技术改造，提高能源效率，降低企业碳排放量和碳排放强度，推动企业低碳转型
10	化学原料和化学制品制造业		
15	黑色金属冶炼和压延加工业		
16	有色金属冶炼和压延加工业		
17	金属制品业		
22	电力、热力生产和供应业		

（1）土地集约利用型。该模式主要适用于（农副）食品制造、烟草制品及汽车制造业等产业。这些产业在其生产过程中的能源消耗及劳动力投入都比较少，但是产业用地面积非常大。产业用地是影响产业碳排放变化的主要因素，与产业用地相关的指标对碳排放提升的抑制作用也很明显。因此，这些产业在未来建设低碳经济产业链的过程中应注重提高土地集约利用水平，节约产业用地，降低单位产业用地上的物质资料（如能源等）

的投入，提高产业用地的综合利用效率，以达到节约用地与降低碳排放的双重目的。

（2）劳动效率提升型。该模式主要针对纺织服装、印刷、医药制造、设备制造等产业。上述产业的劳动力数量一直在产业劳动力投入中占据较大的比重。劳动力投入是促进产业碳排放水平增加的主要原因，但是上述产业的工业总产值并不高，劳动效率相对较低，并且研究期内上述产业的劳动力投入数量是下降的。为了实现产业低碳发展，应该加强产业生产过程中技术的影响作用，通过先进生产技术的引进提高劳动效率（单位劳动力的工业总产值产出），减少产业生产中劳动力资源的浪费，用劳动效率的提升带动产业低碳发展。

（3）能源效率提升型。该模式主要用于能源消耗量较大、碳排放较高的产业。火力发电、供热、金属冶炼、采矿及化工产业等是郑州市的能耗大户，能源效率与产业的能耗水平及碳排放联系紧密。在当前的产业能源消费模式下，煤炭、石油等是产业生产的主要能源供给类型。能源效率的提升在很大程度上能够降低化石能源的消耗量，通过提升能源效率降低化石能耗以达到碳减排的目的是目前广泛采用的减排措施。但是，该措施易引起“能源反弹效应”，即企业能源效率提升。生产的初始物质投入变少，生产成本下降，企业将更多利润用于购进生产机器、扩大生产建设用地面积等，从而促进产业生产规模扩大，与之相伴的往往是能耗水平的增加，还不可避免地会促进碳排放水平的提升。因此，该措施对能源消耗数量较大的产业具有较好的适用性，可通过改进燃烧技术等，充分利用各类能源，提高能源利用效率，减少能源消耗及碳排放。

第六章

郑州市典型产业碳排放的综合绩效评价

前文采用相关指标对郑州市典型产业的碳排放效率进行了分析，并探讨了影响碳排放行业差异的主要因素。研究发现，碳排放及其效率受多种因素的影响。因此，为进一步分析各产业碳排放综合绩效的差异，提供针对性的产业碳减排对策，本章采用熵权法将多指标纳入综合评价系统中，定量分析了不同产业的碳排放综合绩效水平，解析了各生产因素对碳排放综合绩效的影响，并依据评估结果对产业进行了绩效等级划分。另外，从产业空间的视角而言，企业用地效益是影响碳排放效率的重要因素之一。因此，本章还单独分析了不同产业用地效益水平与碳排放强度的关系，为面向低碳和用地集约双重目标的产业结构优化提供指导。

第一节 基于熵权法的碳排放综合绩效评价方法

一、熵权法简介

1850 年，德国物理学家 Rudolf Clausius 首次提出熵的概念，并将其应用在热力学中。熵指的是体系的混乱程度，是表示物质系统状态的一个物理量。在热力学中，熵是说明热学过程不可逆性的一个比较抽象的物理量。孤立的体系中实际发生的过程必然要使系统的熵增加，系统的熵值直接反映了它所处的状态的均匀程度：系统的熵值越小，它所处的状态越有序，越均匀；系统的熵值越大，它所处的状态越无序，越不均匀，因此系统总是力图自发地从熵值较小的状态向熵值较大的状态（从有序向无序的状态）转变。后来，克劳德·埃尔伍德·香农（Claude Elwood Shannon）第一次将熵的概念引入信息论中。在信息论中，熵表示的是不确定性的度量，是系统无序程度的一种度量。按照信息论基本原理的解释，信息是系统有序程度的度量，熵是系统无序程度的度量，如果系统的信息熵越大，该指标越无序，其能够提供的信息量就越多，在综合评价中该系统（或者指标）起到的作用就越大，其权重就应该越高；相反，如果指标信息熵很小，则该指标所处的系统越有序，该系统在综合评价中能够起的作用就越小，其熵权也会很小。

熵权法是一种相对较客观的评价方法。该方法不仅可用于受多因素影响的综合系统的评价，同时还可以确定各评价指标对评价对象及评价结果的影响程度。碳排放综合绩效评估的主要目的是借助生产观测数据并使用相关的测度方法，对碳排放的经济、社会产出进行决策、评估。由此可见，碳排放综合绩效是由其经济效益、社会效益、环境效益等多种因素共同作用影响的，其绩效水平的高低及其发展变化趋势由多种因素共同决定。因此基于熵权法基本原理，本章选用产业生产中的相关数据，建立基于熵权法的多因素评价体系，研究了产业碳排放与经济产出、废弃物排放等的关系，确定了郑州市典型产业的碳排放综合绩效水平，并分析了不同的评价指标对碳排放综合绩效的影响作用。

二、基于熵权法的碳排放综合绩效评价

1. 碳排放综合绩效评估指标体系

将能源、产业用地、工业用水及劳动力投入这四项因素作为投入变量，将碳排放、工业总产值及废弃物排放这三项因素作为产出变量。其中，工业

总产值为合意产出，是产业进行生产的目的所在；碳排放及废弃物排放为非合意产出，在工业总产值一定的情况下，其数值越小越好，且其数值越小，产业的生产效率及碳排放效率相对越好。选取与上述变量相关的 10 项评价指标，基于熵权法对郑州市 22 类典型产业的碳排放综合绩效进行评估（表 6-1）。其中，与工业总产值相关的指标为正向评价指标，这些指标与碳排放综合绩效呈正向对应关系，指标数值越大，碳排放综合绩效越好；与劳动力投入有关的指标为负向评价指标，这些指标与碳排放综合绩效评估系统呈负向对应关系，指标的数值越大，碳排放综合绩效越差。

表 6-1　郑州市典型产业碳排放综合绩效评估指标体系

指标	计算公式	单位	属性
人均产值	LG=G/L	万元/人	+
能源效率	Ef=G/Q	万元/吨标准煤	+
用地效率	AG=G/A	万元/米 ^{2}	+
用水效率	WG=G/W	万元/吨	+
废弃物排放效率	RG=G/R	万元/吨	+
人均碳排放	CL=CE/L	吨/人	−
人均综合能耗	QL=Q/L	吨标准煤/人	−
人均用地	AL=A/L	米 ^{2}/人	−
人均用水	WL=W/L	吨/人	−
人均废弃物排放	RL=A/L	吨/人	−

注：L（人口数量）；G（产值）；E（能源消费量）；A（土地面积）；W（水资源消耗量）；R（废弃物排放量）；Q（综合能源消费量）；LG（人均产值）；Ef（能源效率）；AG（用地效率）；WG（用水效率）；RG（废弃物排放效率）；CL（人均碳排放）；QL（人均综合能耗）；AL（人均用地）；WL（人均用水）；RL（人均废弃物排放）；CE（碳排放量）

2. 熵权法的计算步骤

熵权法的基本原理是把待评价单元的信息进行量化与综合化，其基本思路是根据指标变异性的大小确定其客观权重：变异性越大的指标权重越大，反之越小。

熵权法赋权步骤如下。

（1）建立原始评价矩阵 $\boldsymbol{X}$：记评价对象 D_i 在评价指标 I_j 下的数为 X_{ij}，则

$$\boldsymbol{X}=\begin{pmatrix} X_{11} & X_{12} & \dots & X_{1n} \\ X_{21} & X_{22} & \dots & X_{2n} \\ \vdots & \vdots & & \vdots \\ X_{m1} & X_{m2} & \dots & X_{mn} \end{pmatrix}_{mn} \tag{6-1}$$

本文主要以郑州市 22 类典型产业对研究对象，因此$i=1,\cdots,m$， $m=22$，$j=1,\cdots,n$， $n=10$。

（2）对原始评价矩阵进行无量纲化处理，对表 6-1 中的 10 项指标，正向指标无量纲化的公式为

$$V_{ij}=\frac{X_{ij}-\min(X_j)}{\max(X_j)-\min(X_j)} \tag{6-2}$$

负向指标的无量纲化计算公式为

$$V_{ij}=\frac{\max(X_j)-X_{ij}}{\max(X_j)-\min(X_j)} \tag{6-3}$$

式中，max（X_j）表示第 i 个评价对象在第 j 项评价指标下的最大值；min（X_j）表示第 i 个评价对象在第 j 项评价指标下的最小值。

（3）计算第 j 项指标下，第 i 个评价对象的特征比重 P_{ij}：

$$P_{ij}=\frac{V_{ij}}{\sum_{i=1}^{m}V_{ij}} \tag{6-4}$$

（4）计算第 j 项指标的熵值 e_j：

$$e_j=\frac{-1}{\ln(m)}\sum_{i=1}^{m}P_{ij}\times\ln P_{ij} \tag{6-5}$$

当 V_{ij}=0 时， $P_{ij}=0$，定义 $P_{ij}\times\ln P_{ij}=0$。

（5）确定评价指标的熵权 W_j：

$$W_j=\frac{1-e_j}{\sum_{j=1}^{n}(1-e_j)} \tag{6-6}$$

最后，计算各评价对象的综合评价值：

$$V_i=\sum_{j=1}^{n}(W_j\times V_{ij}) \tag{6-7}$$

第二节　产业碳排放综合绩效评价

一、评价指标熵权值的确定

本章所选的正向指标的熵权大于负向指标的熵权（表 6-2、图 6-1）。正向评价指标是产业的工业总产值与各投入产出要素的比值，主要与产业的生产效率有关。对于能源、用地、用水及劳动力这些投入因素而言，这些指标的数值越高，则企业的生产效率越好，即单位投入创造的工业总产值越高；对于废弃物排放这一非合意产出而言，废弃物排放效率越高，说明单位废弃物排放创造的工业总产值越多，其生产效率越高。负向指标是产业各投入生产要素与劳动力投入数量的比值，反映了产业生产过程的“人均”指标，这些指标的数值越高，说明与劳动力投入相伴随的其他生产要素的投入越多，产业的生产效率越低。

表 6-2　郑州市典型产业碳排放综合绩效评估指标熵权

年份	人均产值	能源效率	用地效率	用水效率	废弃物排放效率	人均碳排放	人均综合能耗	人均用地	人均用水	人均废弃物排放
2012	0.3523	0.1222	0.1551	0.1396	0.1717	0.0092	0.0093	0.0187	0.0128	0.0089
2013	0.2455	0.1709	0.2875	0.1243	0.1223	0.0088	0.0088	0.0136	0.0090	0.0093
2014	0.1053	0.2108	0.1436	0.2045	0.2711	0.0100	0.0105	0.0197	0.0099	0.0145
2015	0.0811	0.3467	0.1483	0.1137	0.2405	0.0102	0.0108	0.0236	0.0108	0.0143
均值	0.1961	0.2127	0.1836	0.1455	0.2014	0.0096	0.0099	0.0189	0.0106	0.0118

按照指标熵权，对各指标在评价结果中的重要性进行排序：能源效率＞废弃物排放效率＞人均产值＞用地效率＞用水效率＞人均用地＞人均废弃物排放＞人均用水＞人均综合能耗＞人均碳排放，年均熵权值排序：0.2127＞0.2014 ＞ 0.1961 ＞ 0.1836 ＞ 0.1455 ＞ 0.0189 ＞ 0.0118 ＞ 0.0106 ＞ 0.0099 ＞ 0.0096，各投入产出要素在碳排放综合绩效评估中的重要性排序为：能源、废弃物、产值、用地、用水、劳动力、碳排放，工业总产值和能源依然是评

估产业碳排放综合绩效的重要依据。

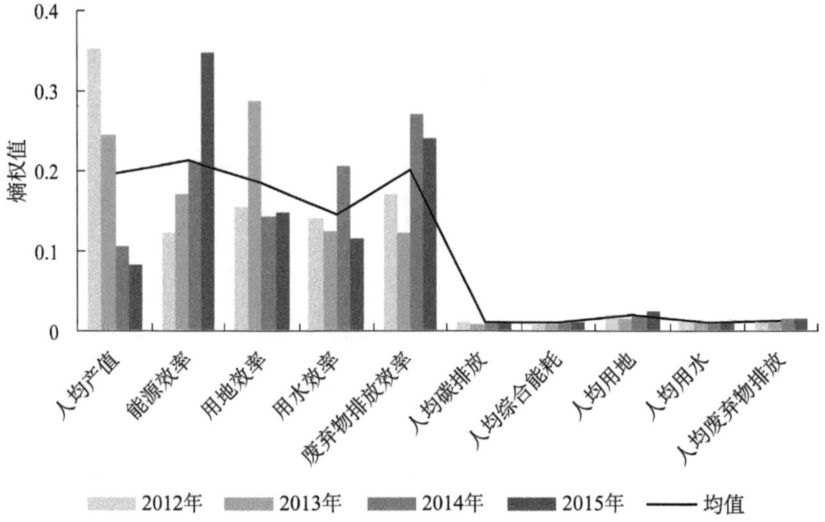

图 6-1　郑州市典型产业碳排放综合绩效评估指标熵权

熵权值最大的指标是能源效率，平均熵权值为 0.2127，该指标在郑州市典型产业碳排放综合绩效评估中起的作用最大；熵权值最小的指标是人均碳排放，平均熵权值为 0.0096，该指标对产业碳排放综合效率评估的影响作用最小（表 6-2）。人均产值和废弃物排放效率的熵权值较大，人均综合能耗指标的熵权值较小，可见在评估产业碳排放综合绩效时，由人均产值表征的劳动效率和废弃物排放效率比人均综合能耗更具参考价值。正向指标中，人均产值指标的熵权值在研究期内均有不同程度的下降，而能源效率则逐年上升；负向指标中，除人均废弃物排放指标外，其余四项指标值变化均在 2012～2013 年呈下降趋势，而在 2014～2015 年指标值有所增加。

正向评价指标中，平均熵权比较小的指标是用水效率，年平均熵权为 0.1455。在对产业碳排放综合绩效进行评估时，产业各投入产出因素的效率指标往往比用水效率这一指标的参考性更强，而且各指标对产业碳排放综合绩效评估的影响程度也比用水效率高。用水效率是工业总产值与工业用水量的比值，随着城市产业用地的扩展及城市人口的急剧扩张，研究期内，郑州市典型产业用地面积和劳动力的波动幅度分别为 46.45%和 33.97%，而产业工业用水的波动幅度仅为 2.89%，依据熵权的基本原理，变异程度越大的指标其提供的信息越多，该指标在综合评价中起的作用最大，其熵权越大，所以在正向评价指标中，与产业工业用水相关的指标其熵权相对较小。类似地，负向评价指标，产业用地及劳动力投入这两类生产要素的年际波动幅度都相对较大，在城市产业用地逐渐紧缩的状况下，人均用地指标在产业碳排放综合绩效评估中的作用逐渐加大，该指标成为熵权最大的负向评价指标。

正向指标的熵权值普遍大于负向指标，所以其每年的变化波动（图6-1）表现得很明显。熵权值逐年减少的评价指标是人均产值，其2013～2014年的下降幅度最大，为57.11%，熵权值逐年增加的评价指标是能源效率，其2014～2015年的上升幅度最大，为64.47%。用地效率指标值在2013年时最大，远高于其年均值。随着城市经济的发展，各产业部门对产业用地的需求逐渐增加，但是城市有限的土地供应与工业用地的无限需求一直是现存土地的“供与需”的矛盾，加之城市人口扩张、交通、绿化等其他用地需求的增长，产业用地面积更是受到了很大的限制，在城市产业经济的发展过程中，与产业用地面积及用地效率有关的指标逐渐成为评估产业碳排放综合绩效的重要参考。人均废弃物排放熵权值在2014～2015年的下降幅度较小，为1.38%。能源效率指标的熵权值最大，该指标对郑州市典型产业碳排放综合绩效评估的影响程度大于其他指标，而熵权值较小的人均碳排放指标对评价结果的影响程度最小，为碳排放综合绩效评估提供的有价值的参考信息最少。

产业碳排放综合绩效评估不能只使用工业总产值及碳排放这两项指标，引起产业碳排放发生变化的其他投入产出因素的绩效水平同样是评估碳排放绩效的重要参考。产业碳排放不仅受能源消耗等因素的制约，产业生产结构越复杂其投入产出因素的联系越复杂，各因素对产业碳排放变化的影响机理就越复杂。随着生产结构及生产效率的改变，各投入产出因素对碳排放的影响逐渐加深，此时工业总产值并不是唯一的可用于产业碳排放综合绩效评估的指标。

二、产业碳排放综合绩效评价结果分析

综合评价值是综合绩效水平的度量，综合评价值越高，产业的碳排放综

合绩效越好。郑州市典型产业碳排放综合绩效水平整体偏低，除烟草制品业外，多数产业的碳排放综合绩效评价值在 0.5000 以下，并且多数产业的碳排放综合绩效评价值年际变化波动不大（表 6-3、图 6-2）。用本章的指标体系对产业碳排放综合绩效进行评估发现，2012～2015 年郑州市典型产业发展相对稳定，产业规模及产业生产结构等未发生比较大的变动，但是从低碳的视角看，产业发展模式远未达到低碳经济及低碳产业的发展要求。

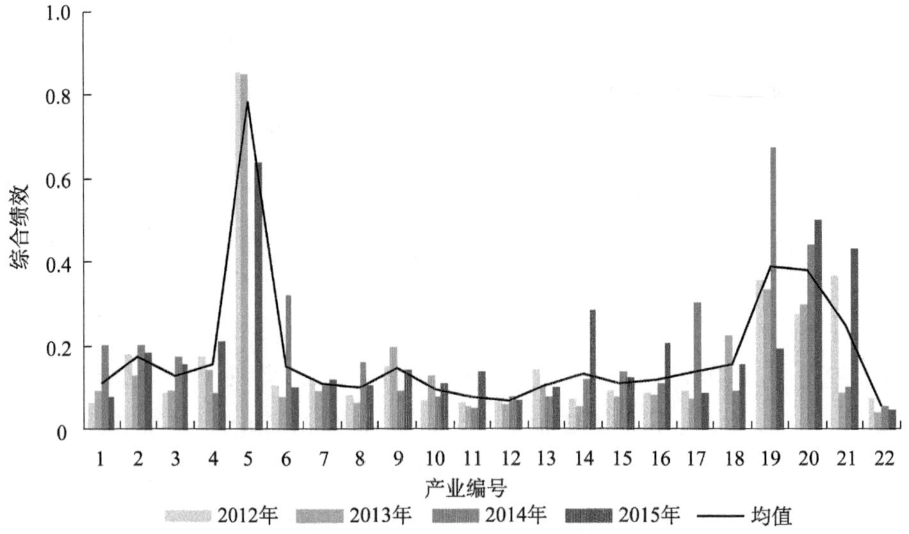

图 6-2　郑州市典型产业碳排放综合绩效评估

碳排放综合绩效最高的产业是烟草制品业。年均综合评价值为 0.7861（表 6-3），2012 年、2013 年、2014 年、2015 年碳排放综合绩效评价值分别为 0.8551、0.8507、0.8025、0.6360，碳排放综合绩效水平虽然逐年有所下降，特别是在 2014～2015 年下降幅度为 20.75%，但是该产业依然是高绩效产业的代表。烟草制品业主要从事烟草种植和烟叶加工售卖等活动，该产业是郑州市典型产业产值及税收的主要来源。研究期内，烟草制品业年均产值为 374602 万元，远远高于其他产业。而且，由于其化石能源消耗非常少，进而烟草制品业的废弃物排放量也很少，所以在正向评价指标体系中，该产业的碳排放绩效水平相对较高。又由于各负向指标的数值较小，负向评价指标下的产业碳排放绩效水平也较高，所以烟草制品业为研究期内郑州市典型产业中碳排放综合绩效最高的产业。

表 6-3 郑州市典型产业碳排放综合绩效评估

产业编号	代码	产业名称	2012 年	2013 年	2014 年	2015 年	均值
1	B06	煤炭开采和洗选业	0.0644	0.0928	0.2040	0.0800	0.1103
2	C13	农副食品加工业	0.1793	0.1284	0.2022	0.1823	0.1730
3	C14	食品制造业	0.0853	0.0932	0.1747	0.1537	0.1267
4	C15	酒、饮料和精制茶制造业	0.1732	0.1445	0.0857	0.2120	0.1538
5	C16	烟草制品业	0.8551	0.8507	0.8025	0.6360	0.7861
6	C17	纺织业	0.1060	0.0793	0.3219	0.1027	0.1525
7	C18	纺织服装、服饰业	0.1183	0.0929	0.1115	0.1210	0.1109
8	C22	造纸和纸制品业	0.0815	0.0654	0.1588	0.1039	0.1024
9	C23	印刷和记录媒介复制业	0.1507	0.1956	0.0911	0.1442	0.1454
10	C26	化学原料和化学制品制造业	0.0704	0.1280	0.0793	0.1093	0.0967
11	C27	医药制造业	0.0628	0.0533	0.0516	0.1393	0.0767
12	C28	化学纤维制造业	0.0656	0.0605	0.0779	0.0685	0.0681
13	C29	橡胶和塑料制品业	0.1408	0.0988	0.0763	0.1015	0.1044
14	C30	非金属矿物制品业	0.0716	0.0553	0.1170	0.2838	0.1319
15	C31	黑色金属冶炼和压延加工业	0.0924	0.0778	0.1389	0.1221	0.1078
16	C32	有色金属冶炼和压延加工业	0.0851	0.0809	0.1123	0.2061	0.1211
17	C33	金属制品业	0.0905	0.0738	0.3025	0.0855	0.1381
18	C34	通用设备制造业	0.1520	0.2258	0.0938	0.1562	0.1570
19	C35	专用设备制造业	0.3586	0.3354	0.6756	0.1947	0.3911
20	C36	汽车制造业	0.2759	0.2972	0.4406	0.5009	0.3786
21	C39	计算机、通信和其他电子设备制造业	0.3657	0.0854	0.0993	0.4323	0.2457
22	D44	电力、热力生产和供应业	0.0716	0.0396	0.0564	0.0438	0.0529

碳排放综合绩效最低的产业是电力、热力生产和供应业，年均综合评价值为 0.0529（表 6-3）。该产业主要从事热电联产、供热供气等生产活动，产业生产过程以高能耗、高排放、高污染为特点。此外，因产业生产效率不高而导致产业生产过程中的能源、用地、用水及劳动力等的投入数量过大。在正向评价指标体系中，该产业的碳排放绩效水平较低，负向评价指标系统中该产业的人均碳排放、人均综合能耗、人均用水及人均废弃物排放等的数值都是产业中最高的，所以电力、热力生产和供应业的碳排放综合绩效最低。

对比分析各产业碳排放综合绩效的产业间差异。

（1）2012 年碳排放综合绩效最高的产业是烟草制品业，综合评价值为 0.8551，其次是计算机、专用设备、汽车制造等产业。2013 年碳排放最高的仍是烟草制品业，综合评价值为 0.8507（表 6-3、图 6-2），与 2012 年相比，产业碳排放综合绩效有所下降但仍居首位，2015 年该产业的综合评价值下降到了 0.6360，但还是比其他产业的综合绩效值高。汽车制造业碳排放综合绩效逐年提升，从 2012 年的 0.2759 增加到 2015 年的 0.5009，增加了 0.82 倍，主要是因为汽车制造业的工业总产值增长较快，2012 年该产业的总产值为 1324285.9 万元，2015 年的生产总值为 1566787.1 万元，增加了 18.31%，能源效率也呈上升趋势。2014～2015 年金属制品业和专用设备制造业的碳排放综合绩效下降幅度较大，主要在于正向评价指标人均产值（劳动效率）及能源效率数值的下降。

（2）2012 年碳排放综合绩效最低的是医药制造业，综合评价值为 0.0628。原因在于医药制造业在其生产过程中，生产了大量的液体药品制剂，这些产品消耗了大量的工业用水，此外该产业的人均用地面积也相对比较大，负向评价指标的数值比较大，在负向评价指标下该产业的碳排放综合绩效较低，与生产效率有关的各正向评价指标的数值也比较低，正向评价系统下产业碳排放绩效低，因此产业碳排放综合绩效不够理想，碳排放综合绩效水平很低。2013 年该产业碳排放综合绩效水平持续降低，综合评价值为 0.0533，2013 年该产业碳排放比 2012 年增加了约 2000 吨，劳动力、土地等的投入也大幅度增加，但工业总产值的增加却很少，因此产业碳排放综合绩效呈现出下降的趋势。但在 2015 年综合绩效值增加到了 0.1393，主要是因为该产业 2015 年的工业总产值增加较多，达到了 347595.2 万元，然而 2014 年该企业的产值仅为 82553.2 万元。在研究期间，除医药制造业外，煤炭开采和洗选业、化学纤维制造业及非金属矿物制品业等产业的碳排放综合绩效水平也比较低。这些碳排放综合绩效较低的产业碳排放水平一般都比较高，综合能源消耗、工业用地、用水及劳动力投入等的数值较大，但是生产效率不高，工业总产值的提高主要依赖投入的增加，这造成了产业碳排放综合绩效水平较低。2013 年碳排放综合绩效最低的是电力、热力生产和供应业，综合评价值为 0.0396，与 2012 年的综合评价值 0.0716 相比，下降幅度为 44.69%。该产业能源效率低，生产过程耗费了大量的能源，土地资源及水资源的效率也不高，因此该产业碳排放综合绩效在 2013 年最低，2014 年和 2015 年的综合绩效值也很低，所以综合绩效年均值在 22 类产业里是最低的。

（3）碳排放综合绩效年际波动较大的是纺织业，金属制品业，计算机、通信和其他电子设备制造业，其中纺织业 2013 年和 2014 年的综合绩效分别为 0.0793 和 0.3219，提升幅度为 305.93%，2014 年的金属制品业综合绩效（0.3025）是 2015 年的近 4 倍；2012～2013 年提升幅度最小的是汽车制造业，碳排放综合绩效幅度水平仅为 7.72%（图 6-2），2014～2015 年该产业综合绩效依然逐年提升，虽然碳排放综合绩效提升幅度（13.69%）不大，但是汽车制造业是比较典型的低碳排放高产值的产业，因此建设低碳经济时应重点扶持该产业。化学原料和化学制品制造业碳排放综合绩效提升一方面得益于废弃物排放效率的提升，2013 年废弃物排放效率是 2012 年的 277 倍，该指标数值的提升推动了碳排放综合绩效提高；另一方面产业人均用地数值有所下降，用地结构得到改善，在上述因素的共同作用下产业碳排放综合绩效在 2013 年大幅度提高，但在 2014 年该产业的综合绩效大幅度下降，主要是 2014 年该产业的人均废弃物排放是 2013 年的 78 倍，影响了综合绩效的提升。

碳排放综合绩效差值是 2015 年碳排放综合绩效评估值与 2012 年的差值，波动比例是差值与 2012 年碳排放综合绩效的百分比。若差值及波动比例均为正，则 2015 年碳排放综合绩效高于 2012 年，碳排放综合绩效水平提高，反之则 2015 年碳排放综合绩效低于 2012 年，碳排放综合绩效下降（表 6-4）。

表 6-4 郑州市典型产业碳排放综合绩效差值及波动比例

产业编号	产业名称	差值/万吨	波动比例/%	产业编号	产业名称	差值/万吨	波动比例/%
19	专用设备制造业	−0.1639	−45.7055	21	计算机、通信和其他电子设备制造业	0.0666	18.2116
22	电力、热力生产和供应业	−0.0278	−38.8268	4	酒、饮料和精制茶制造业	0.0388	22.4018
13	橡胶和塑料制品业	−0.0393	−27.9119	1	煤炭开采和洗选业	0.0156	24.2236
5	烟草制品业	−0.2191	−25.6227	8	造纸和制品业	0.0224	27.4847
17	金属制品业	−0.0050	−5.5249	15	黑色金属冶炼和压延加工业	0.0297	32.1429

续表

产业编号	产业名称	差值/万吨	波动比例/%	产业编号	产业名称	差值/万吨	波动比例/%
9	印刷和记录媒介复制业	−0.0065	−4.3132	10	化学原料和化学制品制造业	0.0389	55.2557
6	纺织业	−0.0033	−3.1132	3	食品制造业	0.0684	80.1876
2	农副食品加工业	0.0030	1.6732	20	汽车制造业	0.2250	81.5513
7	纺织服装、服饰业	0.0027	2.2823	11	医药制造业	0.0765	121.8153
18	通用设备制造业	0.0042	2.7632	16	有色金属冶炼和压延加工业	0.1210	142.1857
12	化学纤维制造业	0.0029	4.4207	14	非金属矿物制品业	0.2122	296.3687

2012～2015 年，郑州市典型产业碳排放综合绩效水平下降的产业共有 7 类，产业编号分别为 5、6、9、13、17、19、22，其余产业的碳排放综合绩效都呈现出不同的上升趋势（表 6-4、图 6-3）。

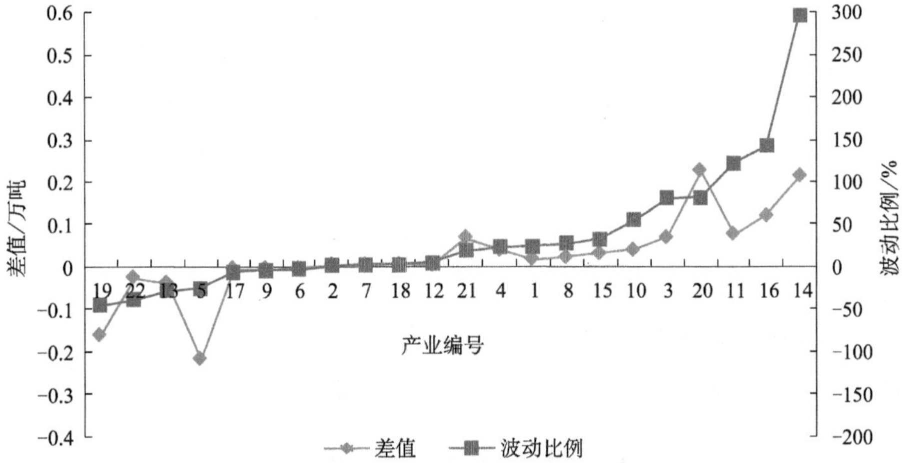

图 6-3 郑州市典型产业碳排放综合绩效差值及波动比例

碳排放综合绩效减少的产业是：烟草制品业、纺织业、印刷和记录媒介复制业、橡胶和塑料制品业、金属制品业、专用设备制造业，以及电力、热力生产和供应业。

（1）专用设备制造业的碳排放综合绩效下降幅度最大，2012 年的碳排放综合绩效值为 0.3586，是 2015 年综合评价值（0.1947）的 1.84 倍，该产业碳排放综合绩效水平的下降幅度为 45.71%，是所有产业中碳排放综合绩效水平下降幅度最大的。该产业碳排放综合绩效下降主要是因为正向评价指标中人均产值降低，2012 年该产业的人均产值是 2015 年的 1.78 倍，并且人均产值指标的熵权处于相对较高的水平（年平均值 0.1961），人均产值的下降促使了碳排放综合绩效水平的降低。在上述 7 类产业中，碳排放综合绩效水平下降幅度最小的产业是纺织业，2015 年该产业碳排放综合绩效的评价值与 2012 年的差值为 0.0033，碳排放综合绩效的下降幅度仅为 3.11%，从产业碳排放综合绩效的波动比例看，该数值非常小，该产业一直是郑州市典型产业中发展比较稳定的产业。在 2012～2015 年，印刷和记录媒介复制业及金属制品业的碳排放综合绩效下降幅度也很小，其下降幅度分别是 4.31%和 5.52%。

（2）除上述 7 类产业外，其余的 15 类产业的碳排放综合绩效均有不同程度的上升，其中，非金属矿物制品业的碳排放综合绩效在研究期内的上升幅度最大（图 6-3），其综合评价值由 2012 年的 0.0716 上升到 2015 年的 0.2838，碳排放综合绩效水平上升了 296.37%。2012 年，该产业碳排放为 98.86 万吨，2015 年减少到 69.44 万吨，碳排放下降幅度为 29.76%。与 2012 年相比，该产业在 2015 年和产业生产相关的能源效率、用地用水效率及废弃物排放效率都有所上升。上述 4 类正向评价指标中，能源效率和废弃物排放效率的上涨幅度都超过了 85%，所以对于“数值越大绩效越高”的正向评价指标而言，该产业的碳排放综合绩效水平一定会有所上升。负向评价指标中，除人均用地和人均综合能耗指标外，其余 3 类指标的数值都是减少的。由于负向指标具有“数值越小绩效越高”的特点，所以在负向评价指标体系下，该产业的碳排放综合绩效也是上升的。所以在正向指标数值上升及负向指标数值下降的共同作用下，非金属矿物制品业成为 2012～2015 年碳排放综合绩效上升幅度最大的产业。碳排放综合绩效上升幅度较大的产业还有有色金属冶炼和压延加工业、医药制造业、汽车制造业等。其中，汽车制造业 2015 年与 2012 年的碳排放综合绩效的差值是 0.2250，碳排放综合绩效上升幅度为 81.55%。从产业碳排放综合绩效的波动比例看，该数值没有医药制造业、有色金属冶炼和压延加工业的数值大，但是汽车制造业一直是郑州市典型产业中碳排放水平低、工业生产总值高、碳排放产值高的非常具有代表性的产业，又由于郑州市汽车制造业的生产技术相对比较先进，发展历史比较久远，城市产业环境比较有利于该产业生产规模的扩大，因此在未来城市产业低碳发展的过程中，该产业应该成为政府重点扶持发展的产业，该产业的生产技术及发展模式的高效化必将带动城市产业的低碳转型，也将有助于地区的低碳发展。

（3）2012～2015 年，在碳排放综合绩效上升的 15 类产业中，农副食品加工业的碳排放综合绩效上升幅度最小，2015 年该产业碳排放综合绩效值与 2012 年的差值为 0.0030，其综合绩效水平的上升幅度为 1.67%，从产业碳排放综合绩效的波动比例看，该数值很小。在评价碳排放综合绩效的熵权中，正向指标人均产值的权重值比负向指标人均综合能耗的权重值稍大，又因为该产业其余的 8 项评价指标的数值变化非常小，所以在正负评价指标的综合作用下，该产业的综合绩效上升幅度在 15 类产业里是最小的。在研究期内，纺织服装、服饰业，通用设备制造业及化学纤维制造业的碳排放综合绩效的上升幅度也较小，其上升幅度分别为 2.28%、2.76%、4.42%。

三、产业碳排放综合绩效等级划分

依据综合评价值年均值，对郑州市典型产业进行碳排放综合绩效等级划分。低绩效产业，综合绩效评价值介于[0.0，0.1]；中等绩效产业，综合评价值介于（0.1，0.4]；高绩效产业，碳排放综合绩效评价值介于（0.4，1.0]。

（1）碳排放综合绩效处于低水平的产业主要是电力、热力、化工等产业（表 6-5）。上述产业都是比较典型的能耗大户，这些产业消耗了城市产业能源供应的绝大部分。研究期内，低绩效产业（除医药制造业外）的综合能源消耗量在产业综合能源消耗中的比重由 2012 年的 67.41%上升到 2015 年的 71.62%，上述高能耗产业在消耗大量化石能源的同时，也释放了大量的污染性气体；受制于产业生产技术等条件，这些产业在生产中也消耗了大量的产业用地，以及工业用水和劳动力，但是上述产业的工业总产值却未随着投入的增加而大幅度提升，各产业的用地效率、用水效率，以及能源效率和劳动力生产效率等都处于非常低的水平，能耗大、污染重、产值低、效率低等是产业生产比较突出的现象，所以上述产业的碳排放综合绩效都比较低，属于低绩效产业行列。

表 6-5　2012～2015 年郑州市典型产业碳排放综合绩效等级划分

产业编号	产业名称	均值	等级	产业编号	产业名称	均值	等级
10	化学原料和化学制品制造业	0.0967	低	9	印刷和记录媒介复制业	0.1454	中
11	医药制造业	0.0767	低	13	橡胶和塑料制品业	0.1044	中
12	化学纤维制造业	0.0681	低	14	非金属矿物制品业	0.1319	中
22	电力、热力生产和供应业	0.0529	低	15	黑色金属冶炼和压延加工业	0.1078	中
1	煤炭开采和洗选业	0.1103	中	16	有色金属冶炼和压延加工业	0.1211	中
2	农副食品加工业	0.1730	中	17	金属制品业	0.1381	中
3	食品制造业	0.1267	中	18	通用设备制造业	0.1570	中
4	酒、饮料和精制茶制造业	0.1538	中	19	专用设备制造业	0.3911	中
6	纺织业	0.1525	中	20	汽车制造业	0.3786	中
7	纺织服装、服饰业	0.1109	中	21	计算机、通信和其他电子设备制造业	0.2457	中
8	造纸和制品业	0.1024	中	5	烟草制品业	0.7861	高

以电力、热力生产和供应业为例，该产业是调研的产业中非常典型的高能耗、低绩效产业。研究期内产业碳排放综合绩效评价值由 2012 年的 0.0716 下降到 2015 年的 0.0438（年均值 0.0529），碳排放综合绩效水平下降了 38.83%，该产业是低绩效产业中碳排放综合绩效最低的产业。电力、热力生产和供应业的生产活动主要包括电力生产与供应，以及热力生产与供应等，主要是利用煤炭、石油、天然气等燃料的燃烧产生热能，并通过火力发电装置转换成电能的产业活动，或者通过锅炉等装置将热能转化成蒸汽或者热水进行供热。由其生产活动可以看出，煤炭、石油及天然气这些碳排放系数高、污染物含量也高的化石能源是产业生产的主要动力来源，化石能源的大量消耗在造成产业高碳排放的同时产生了数量巨大的污染性气体及固体废弃物等，对环境造成严重污染，产业碳排放的环境效益很差。由于原始投入要素的数值非常大，加之工业总产值不高，所以正向评价指标中各指标的数值都相对较低，能源效率、废弃物效率在所有产业中最低，用水效率位于倒数第二位，正向评价指标体系中，该产业碳排放绩效较低。该产业的人均碳

排放、人均综合能源消耗、人均用水及人均废弃物排放均远远高于其他产业，使用负向评价指标进行碳排放绩效评价，其数值也是很低的，所以电力、热力生产和供应业是调研的产业中碳排放综合绩效最低的且将持续降低。而能耗及碳排放较低、污染较轻的食品制造业、纺织业、医药制造业碳排放综合绩效低的主要原因在于这些产业劳动力投入数量及占地面积过大，造成产业的劳动效率及用地效率相对较低，而且其工业总产值也不高，所以即使产业碳排放水平低，其碳排放综合绩效也低。

（2）中等绩效产业主要是汽车制造、设备制造、计算机等产业（表 6-5）。从产业碳排放水平看，上述产业在其生产过程中主要以电力为能源，化石能源消耗量较少，因此与低绩效的火力发电等产业相比，其碳排放水平非常低，上述产业在其生产过程中排放的废弃物也很少，其环境效益相对较好；与高绩效的烟草制品业相比，这些中等绩效产业的用地面积及劳动力数量都比较多，且这些被占用的产业用地主要用于产品的周转及存放，所以其产业用地效率不高，综合正向及负向指标的评价结果，上述产业的碳排放综合绩效处于中等水平。以其中的汽车制造业为例，产业综合能源消耗占总能耗的比重在 2012 年为 0.45%，2013 年稍有增加，为 0.65%，2014 年和 2015 年的比重分别为 0.50%、0.61%，其数值一直很低，而且电力是产业生产最主要的能源供应形式，电力能源的碳排放系数相对较低，所以产业能源消耗的碳排放很低；汽车制造业是工业总产值非常高的产业，2012 年、2013 年、2014 年、2015 年该产业工业产值在总产值中的比重分别为 23.82%、23.31%、32.29%、24.01%，与电力、热力生产和供应业相比，该产业的碳循环效率非常高，所以与电力等产业相比该产业的碳排放综合绩效相对较高；但是与高绩效的烟草制品业相比，该产业的用地效率、用水效率等的综合评价相对较低，所以该产业的碳排放综合绩效处于中等水平。另外，汽车制造业非常注重引进先进的生产，技术进步及设备改良一直是产业工业总产值增加的主要动力，所以碳排放的综合产出效益逐渐变好且有逐年增加的趋势。

（3）高绩效产业只有“烟草制品业”（表 6-5）。2012 年、2013 年、2014 年、2015 年，该产业的碳排放综合绩效评价值分别为 0.8551、0.8507、0.8025、0.6360，虽然该产业的碳排放综合绩效水平在研究期间逐年下降，但是该产业依然是调查的所有产业中碳排放综合绩效最好的，产业碳排放的经济、社会及环境效益较其他产业优越。根据《国民经济行业分类与代码》（GB/T4754—2011）的相关规定，烟草制品业的经济生产活动主要包括烟叶复烤、卷烟制造及其他烟草制品制造这三项，其生产过程包括从烟草种植到加工的所有流程，这其中还包括与烟草机械及烟草产品包装等相关的生产活动。该产业生产过程使用的能源主要是电力，煤炭等化石能源，使用率非常低，这也是该产业碳排放水平较低的主要原因。此外，烟草制品业的工业总产值很高，该产业一直是政府税收的主要来源。2012 年该产业工业总产值占郑州市典型产业工业总产值的比重为 8.99%。2013 年该比重增加至 15.60%，2014 年和 2015 年的比重均维持在 10.00%左右。由于其工业总产值过高，所以各生产因素的效率相对较高，较高的工业总产值与生产效率是导致产业碳排放综合绩效处于高水平的重要原因。该产业化石能源消耗量很少，因此其生产过程中的 SO_2 及 N_xO 等污染性气体的排放量也很少。除此之外，与该产业生产相关的各负向评价指标的数值也很低，所以正向及负向评价指标下，该产业的碳排放绩效都非常高，由此烟草制品业是唯一的碳排放综合高绩效产业。

（4）碳排放综合绩效最高的产业并不一定是发展低碳产业的指向性产业。低碳产业是指在其生产及消费过程中碳排放最小化或者无碳化的产业，低能耗、低污染、低排放是低碳产业的主要特点。低碳产业涉及城市电力、交通、建筑、化工、石化等众多产业，涉及清洁能源、新能源的开发利用，煤炭等化石能源的高效利用，以及二氧化碳等温室气体的捕捉。发展低碳产业的关键在于加强技术的引导作用，用技术水平的提高促进产业碳减排及低碳进程。另外，低碳产业的发展同样应利于产业生产效率的提高、利于社会福利水平的提升及人民生活水平的改善，所以本研究中碳排放综合绩效最高的烟草制品业并非发展低碳产业的指向性产业。发展低碳产业应重点扶持汽车、计算机等相关的低能耗、低污染、低排放、高产值、高效益产业，重点改进电力、热力、金属、化工等高能耗、高污染、低绩效产业的生产效率及碳排放绩效。本研究调研的产业多数为制造业，制造业直接体现了一个国家的生产力水平，是区别发展中国家和发达国家的重要因素。由前文可知，汽车制造业，计算机、通信和其他电子设备制造业等产业的碳排放综合绩效处于中等水平，低于烟草制品业。烟草制品业的发展并不利于制造业及产业整体生产效率的提高，同时在提高社会福利及人民生活水平方面烟草制品业也不能起到很好的促进作用。相反，对于汽车制造业，计算机、通信和其他电子设备制造业等产业而言，这些产业的发展及进步对科技的依赖性很强，而且这些产业非常注重先进生产技术的引进以及现有生产手段及设备的改良，汽车制造业，计算机、通信和其他电子设备制造业等产业的发展模式正朝着智能化发展，而新时期新形势下的我国制造业的发展必然伴随着智能化及自动化，所以汽车制造，计算机、通信和其他电子设备制造业等产业的发展必将促进产业生产效率的大幅度提高，从而督促产业生产模式朝着低碳化迈进。

第三节　产业用地效益与碳排放的关系分析

从前文的分析可以发现，企业占地是影响碳排放绩效的主要因子之一。因此，为进一步深入了解企业单元土地利用方式和效益的差异，这里单独对企业用地效益和碳排放的关系进行分析，在对郑州市 22 类典型产业的用地效益和碳排放强度进行测算分析的基础上，采用脱钩分析指数探索不同产业用地效益和碳排放强度的关系，为基于低碳和用地节约双重目标的城市产业结构调整和土地利用空间结构优化提供实践指导。

一、产业用地效益水平的差异分析

用地效益是指单位面积土地投入与消耗在区域发展的社会、经济、生态与环境等方面所实现的物质产出或有效成果。产业用地效益的评估不能简单地只考虑经济效益，而要兼顾社会效益和生态效益。因此，本书选取了产业的地均资本投入、地均劳动力投入、地均用水投入、地均能源消耗投入、地均工业产值、地均废弃物排放作为评价产业用地效益的指标（表 6-6）。

表 6-6　产业用地效益评价指标

指标	计算公式	单位	属性
地均资本投入	产业年度资本投入/占地面积	万元/米^2	负向
地均劳动力投入	产业年度职工人数/占地面积	人/米^2	负向
地均用水投入	产业年度用水量/占地面积	吨/米^2	负向
地均能源消耗投入	产业年度能源消耗量/占地面积	吨标准煤/米^2	负向
地均工业产值	产业年度工业产值/占地面积	万元/米^2	正向
地均废弃物排放	产业年度废弃物排放/占地面积	吨/米^2	负向

这里采用熵权法确定权重（具体方法见本章第一节）。权重计算结果发现，地均工业产值的权重最大，年均值达到了 0.5234，地均资本投入的权重也较大，这两个指标对评价结果及评价对象的影响稍大；而地均用水投入、地均废弃物排放等的权重较小，对评价结果及评价对象的影响稍小（表 6-7）。

表 6-7　产业用地效益评价指标权重

指标	2012 年	2013 年	2014 年	2015 年	均值
地均资本投入	0.2624	0.2247	0.2591	0.2497	0.2490
地均劳动力投入	0.0804	0.0862	0.0869	0.0845	0.0844
地均用水投入	0.0508	0.0381	0.0534	0.0541	0.0487
地均能源消耗投入	0.0506	0.0365	0.0557	0.0544	0.0489
地均工业产值	0.5045	0.5902	0.4907	0.5082	0.5234
地均废弃物排放	0.0513	0.0243	0.0542	0.0491	0.0447

本章采用多因素综合评价法（元新政等，2008）对 2012～2015 年郑州市 22 类产业用地效益水平进行定量研究，计算方法如下：

$$I_{\theta i} = \sum_{j=1}^{n} Y_{\theta ij} \times W_{\theta j} \tag{6-8}$$

式中，$I_{\theta i}$ 是 θ 年 i 产业的用地效益；$Y_{\theta ij}$ 是指标标准化值；$W_{\theta j}$ 为 θ 年第 j 个指标的权重值。

2012～2015 年，郑州市产业用地效益水平整体不高（除烟草制品业及计算机、通信和其他电子设备制造业外），多数产业的用地效益值在 0.6 以下且用地效益值年际变化较稳定（图 6-4）。在产业用地效益的评价指标中，产业地均工业产值所占的权重最大（年均值 0.5234），因此该指标数据的变化对用地效益的影响最大。以烟草制品业为例，2013 年该产业的用地效益值为

0.7634，高于年均值（0.6484），而 2014 年则下降到了 0.5123，主要原因在于该产业 2013 年的地均工业产值（8.83 万元/米^2）远大于 2014 年的（0.031 万元/米^2），这也造成了该产业用地效益值在 2013～2014 年的年际波动较大；同理，产业用地效益值年际波动较大的还有计算机、通信和其他电子设备制造业。

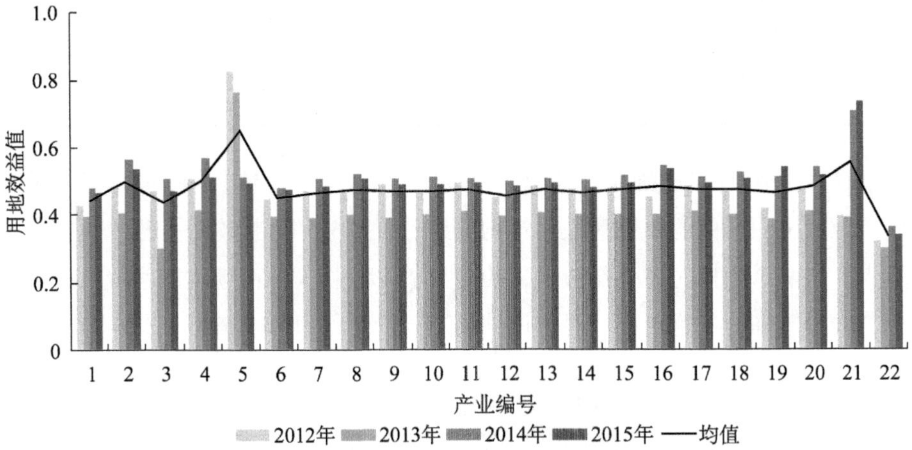

图 6-4　2012～2015 年不同产业用地效益的对比

不同产业用地效益水平差异明显。2012～2015 年，电力、热力生产和供应业用地效益值最低（年均值 0.3309），原因在于该产业在生产过程中，地均用水量、能源消耗量及废弃物排放量在 22 类产业里均是最高的，地均资本投入也处于较高水平，但是地均工业产值较低，因此该产业用地效益不够理想。煤炭开采和洗选业用地效益水平也不高（年均值 0.4426），因为该产业在生产活动中投入了较多的资本、能源和用水量，但产出的经济效益却较低。另外，烟草制品业的用地效益值在 2012 年和 2013 年均是所有产业中最高的，分别达到了 0.8236 和 0.7634，虽然在 2014 年和 2015 年有所下降，但用地效益年均值（0.6484）仍是 22 类产业里最高的。研究期内烟草制品业的年地均工业产值为 2.71 万元/米^2，远远高于其他产业的地均工业产值，并且该产业主要从事烟草的种植、加工和销售等活动，所需能源消耗较少，产业的废弃物排放量也很低，因此在正向评价指标数值较大及负向评价指标数值较小的共同作用下该产业的用地效益年均值最高。

二、产业用地碳排放强度的差异分析

本章采用地均碳排放作为碳排放强度的衡量指标。结果发现，2012～2015 年，郑州市多数产业的碳排放强度小于 0.1000 吨/米^2，并且绝大部分产业碳排放强度年际变化较小，只有酒、饮料和精制茶制造业，印刷和记录媒介复制业及专用设备制造业的碳排放强度年际变化较大，其中酒、饮料和精制茶制造业的碳排放强度年际变化最大，该产业碳排放强度逐年增加，年均增长率为 132.82%，2015 年达到了 0.4770 吨/米^2（表 6-8）。

表 6-8　产业用地碳排放强度　　（单位：吨/米^2）

产业编号	产业名称	2012 年		2013 年		2014 年		2015 年		年均值
		碳排放强度	排名	碳排放强度	排名	碳排放强度	排名	碳排放强度	排名	
1	煤炭开采和洗选业	0.0146	13	0.0152	11	0.0061	17	0.0065	16	0.0106
2	农副食品加工业	0.0053	19	0.0053	18	0.0063	16	0.0070	15	0.0060
3	食品制造业	0.1114	4	0.1069	2	0.0347	9	0.0200	9	0.0682
4	酒、饮料和精制茶制造业	0.0378	9	0.0493	7	0.1230	3	0.4770	2	0.1718
5	烟草制品业	0.0477	7	0.0402	9	0.0408	7	0.0274	8	0.0390
6	纺织业	0.0123	14	0.0150	12	0.0362	8	0.0728	5	0.0341
7	纺织服装、服饰业	0.0081	17	0.0081	17	0.0166	13	0.0021	20	0.0087
8	造纸和纸制品业	0.1360	3	0.1039	3	0.1419	2	0.0491	7	0.1077
9	印刷和记录媒介复制业	0.0042	20	0.0030	20	0.0153	14	0.0182	11	0.0102
10	化学原料和化学制品制造业	0.0226	11	0.0408	8	0.0639	5	0.0927	3	0.0550
11	医药制造业	0.0024	21	0.0027	21	0.0043	18	0.0086	13	0.0045
12	化学纤维制造业	0.0095	15	0.0122	14	0.0016	21	0.0019	21	0.0063
13	橡胶和塑料制品业	0.0089	16	0.0147	13	0.0332	10	0.0039	18	0.0152
14	非金属矿物制品业	0.0779	5	0.0837	5	0.0894	4	0.0876	4	0.0847
15	黑色金属冶炼和压延加工业	0.0570	6	0.0640	6	0.0198	11	0.0194	10	0.0401
16	有色金属冶炼和压延加工业	0.1522	2	0.0984	4	0.0577	6	0.0571	6	0.0913
17	金属制品业	0.0288	10	0.0104	15	0.0192	12	0.0076	14	0.0165

续表

产业编号	产业名称	2012年		2013年		2014年		2015年		年均值
		碳排放强度	排名	碳排放强度	排名	碳排放强度	排名	碳排放强度	排名	
18	通用设备制造业	0.0188	12	0.0310	10	0.0021	20	0.0003	22	0.0131
19	专用设备制造业	0.0381	8	0.0048	19	0.0119	15	0.0111	12	0.0165
20	汽车制造业	0.0018	22	0.0020	22	0.0015	22	0.0024	19	0.0019
21	计算机、通信和其他电子设备制造业	0.0075	18	0.0084	16	0.0036	19	0.0049	17	0.0061
22	电力、热力生产和供应业	1.7886	1	1.7575	1	1.2095	1	1.4603	1	1.5540

郑州市不同产业碳排放强度具有明显差异。例如，非金属矿物制品业，电力、热力生产和供应业，酒、饮料和精制茶制造业碳等排放强度较高，而农副食品加工业，医药制造业，汽车制造业，计算机、通信和其他电子设备制造业等碳排放强度较低。其中，碳排放强度最大的是电力、热力生产和供应业，碳排放强度年均值为 1.5540 吨/米^2，远高于其他产业的碳排放强度，这是因为该产业主要从事热电联产、供热供气等生产活动，生产过程中有大量的能源消耗（特别是煤炭消耗），从而具有较大的碳排放；而汽车制造业用地碳排放强度年均值最小，仅为 0.0019 吨/米^2，这归因于该产业用地面积较大，在生产过程中又以电力为主要能源。总体而言，郑州市 22 类产业的年均碳排放强度为 0.1073 吨/米^2，电力、热力生产和供应业的碳排放强度是 22 类产业平均值的 14.48 倍，而汽车制造业的碳排放强度是 22 类产业平均值的 0.02 倍。由此可见，郑州市电力、热力生产和供应业的节能减排效果较差，能源利用效率较低，没有摆脱高耗能、高排放的传统发展模式，是未来郑州市低碳发展整治的重点；而汽车制造业，计算机、通信和其他电子设备制造业，以及医药制造业等产业的能源利用效率较高，是未来郑州市低碳发展的重点产业。

三、产业用地效益和碳排放强度的关系分析

目前，国际上通常采用 OECD 脱钩指标和 Tapio 脱钩指标来研究脱钩问

题。Tapio 脱钩指数（Topio，2015）相对更加全面细致，考虑了经济增长和经济衰退等情形，将脱钩状态划分为脱钩、负脱钩、耦合三种状态八大类，因此，本书选择 Tapio 脱钩指数进行相关分析。Tapio 脱钩指数要求脱钩指标具有一定的相关性，能够反映人类活动和环境变化的关系。人类产业活动会给环境带来一定的压力和负荷，并造成一定的碳排放。同时产业土地利用与经济发展、能源消耗和产业布局等人类活动是密切相关的，提高产业的用地效益能够提高生产效率和土地集约利用水平，进而降低产业活动的碳排放强度。因此，本书选用产业用地碳排放强度和产业用地效益值分别作为环境负荷和经济驱动力指标值，构建产业用地碳排放强度与产业用地效益值的脱钩模型，以反映产业土地利用碳排放与用地效益水平之间的关系。脱钩分析的计算公式如下：

$$\theta = \frac{(E_{t_1} - E_{t_0}) / E_{t_0}}{(\beta_{t_1} - \beta_{t_0}) / \beta_{t_0}} \tag{6-9}$$

式中，θ 表示脱钩指数；E 表示产业用地碳排放强度；β 表示产业用地效益水平值；t_0，t_1 表示时间段的起止时刻。基于 Tapio 脱钩指数划分的脱钩状态见表 6-9。

表 6-9　脱钩状态划分

脱钩状态		$E_{t_1} - E_{t_0}$	$\beta_{t_1} - \beta_{t_0}$	脱钩指数
负脱钩	扩张负脱钩	> 0	> 0	$\theta > 1.2$
	强负脱钩	> 0	< 0	$\theta < 0$
	弱负脱钩	< 0	< 0	$0 < \theta < 0.8$
脱钩	衰退脱钩	< 0	< 0	$\theta > 1.2$
	强脱钩	< 0	> 0	$\theta < 0$
	弱脱钩	> 0	> 0	$0 < \theta < 0.8$
耦合	扩张耦合	> 0	> 0	$0.8 < \theta < 1.2$
	衰退耦合	< 0	< 0	$0.8 < \theta < 1.2$

2012～2015 年，产业用地效益和碳排放强度的脱钩程度随时间波动较大（表 6-10）。其中，2012～2013 年，农副食品加工业、纺织业等产业的脱钩状态为强负脱钩，这些产业的用地效益水平增长率为负，碳排放强度增长率为正；而烟草制品业、造纸和纸制品业等产业为衰退脱钩，这几类产业的用地

效益水平和碳排放强度均为负增长，但是碳排放强度的下降幅度超过了用地效益水平的降幅；2013～2014 年，煤炭开采和洗选业、食品制造业等产业的脱钩状态为强脱钩，这表明以上产业用地效益水平的提高促使了碳排放强度的下降，而酒、饮料和精制茶制造业，纺织业等产业的脱钩状态为扩张负脱钩，由此可见，这些产业碳排放强度的降低不仅要依赖于土地集约利用水平的提高，还需要能源利用效率的提升；2014～2015 年，纺织业，纺织服装、服饰业等产业的脱钩状态由扩张负脱钩变为了强负脱钩，产业用地效益水平呈下降趋势，而碳排放强度则小幅度提升，除此之外，化学纤维制造业等产业的脱钩状态由强脱钩也转变成了强负脱钩。

表 6-10　产业用地效益与碳排放强度的脱钩状态

产业编号	产业名称	2012～2013 年	2013～2014 年	2014～2015 年	2012～2015 年
1	煤炭开采和洗选业	强负脱钩	强脱钩	强负脱钩	强脱钩
2	农副食品加工业	强负脱钩	弱脱钩	强负脱钩	扩张负脱钩
3	食品制造业	弱负脱钩	强脱钩	衰退脱钩	强脱钩
4	酒、饮料和精制茶制造业	强负脱钩	扩张负脱钩	强负脱钩	扩张负脱钩
5	烟草制品业	衰退脱钩	强负脱钩	衰退脱钩	衰退耦合
6	纺织业	强负脱钩	扩张负脱钩	强负脱钩	扩张负脱钩
7	纺织服装、服饰业	弱负脱钩	扩张负脱钩	衰退脱钩	强脱钩
8	造纸和纸制品业	衰退脱钩	增长连接	衰退脱钩	强脱钩
9	印刷和记录媒介复制业	衰退脱钩	扩张负脱钩	强负脱钩	强负脱钩
10	化学原料和化学制品制造业	强负脱钩	扩张负脱钩	强负脱钩	扩张负脱钩
11	医药制造业	强负脱钩	扩张负脱钩	强负脱钩	扩张负脱钩
12	化学纤维制造业	强负脱钩	强脱钩	强负脱钩	强脱钩
13	橡胶和塑料制品业	强负脱钩	扩张负脱钩	衰退脱钩	强脱钩
14	非金属矿物制品业	强负脱钩	弱脱钩	弱负脱钩	扩张负脱钩
15	黑色金属冶炼和压延加工业	强负脱钩	强脱钩	弱负脱钩	强脱钩
16	有色金属冶炼和压延加工业	衰退脱钩	强脱钩	弱负脱钩	强脱钩
17	金属制品业	衰退脱钩	扩张负脱钩	衰退脱钩	强脱钩
18	通用设备制造业	强负脱钩	强脱钩	衰退脱钩	强脱钩
19	专用设备制造业	衰退脱钩	扩张负脱钩	强脱钩	强脱钩
20	汽车制造业	强负脱钩	强脱钩	强负脱钩	扩张负脱钩
21	计算机、通信和其他电子设备制造业	强负脱钩	强脱钩	扩张负脱钩	强脱钩
22	电力、热力生产和供应业	弱负脱钩	强脱钩	强负脱钩	强脱钩

2012～2015 年，烟草制品业、印刷和记录媒介复制业的脱钩状态分别为衰退耦合和强负脱钩，衰退耦合表明产业用地效益和碳排放强度均为负增长，且脱钩指数为 0.8~1.2；强负脱钩则表明了产业用地效益增长率为负，而产业碳排放强度增长率为正。另外，农副食品加工业，酒、饮料和精制茶制造业等 7 类产业的脱钩状态为扩张负脱钩，这些产业在用地效益水平提高的同时，碳排放强度也相应上升，而且产业用地效益水平提高的幅度要小于碳排放强度的涨幅。例如，农副食品加工业，该产业在 2015 年的用地效益值和碳排放强度相比 2012 年分别上升了 10.15%和 32.08%，由此可知，以上 7 类产业在未来关注用地经济效益提升时，也要逐步提高产业能源利用效率，从而降低碳排放水平；而煤炭开采和洗选业、食品制造业等 13 类产业的脱钩状态为强脱钩，这些产业在用地效益水平提高的同时碳排放强度是呈下降趋势的。再如，煤炭开采和洗选业，该产业在 2015 年的用地效益值相比 2012 年上升了 8.36%，而相应的碳排放强度却下降了 55.48%，由此表明，未来提高这些产业的用地效益水平可以实现用地集约和低碳发展的双赢。

第七章

基于碳排放综合绩效评价的郑州市典型产业碳配额分配研究

前文分析了郑州市典型产业碳排放效率及其空间差异、不同产业碳排放的影响因素，并开展了产业碳排放综合绩效评价。科学合理的企业碳配额分配方案的构建是开展碳交易的前提和基础。传统碳配额分配主要采用历史法和基准线法依据历史碳排放及单位产值的碳排放来制定碳配额分配方案。实质上，企业碳排放效率受多种生产要素的共同影响。因此，参照碳排放综合绩效评估的结果，本章从地区、产业和企业三个层次建立了基于历史法、基准线法和熵权法的碳配额分配方案，分析了不同碳配额分配方案的差异及对碳减排潜力的不同影响，为城市产业低碳发展提供数据参考及政策建议。

第一节　碳配额分配方法

一、碳配额分配方法的主要形式

碳配额是碳交易市场最主要的标识物，该指标代表的是控排单位在特定时间及特定区域内可以合法排放的温室气体量，是控排单位在相应履约年度的排放权利及发展权利。碳交易是为了促进温室气体减排所使用的市场机制。开展碳交易的市场被称为碳市场（carbon market）。碳交易以市场为机制实现控排目标，理论上能够在确保完成减排目标的同时降低生产成本及减排成本。《京都议定书》为全球范围内的碳交易及碳配额分配活动的开展提供了理论及技术支撑。碳配额分配对象、分配方法及分配数量是碳配额分配研究的主要内容。

居民日常生活、企事业单位日常活动碳排放是区域碳排放的重要组成部分，鼓励个人及企事业单位参与碳交易将使得碳交易市场参与主体更加多元化，对于提高公众碳减排意识及活跃碳交易市场都具有重要的意义，因此居民个人及企业、事业单位均可以参与碳交易，获得碳配额（陈红敏，2014）。在我国，满足碳交易主管部门（发展和改革委员会）制定的碳交易标准的、具备独立法人资格的温室气体排放单位（重点排放单位）是碳交易市场的重要参与方。这些单位参考主管部门的标准或者指南，以年为单位编制碳排放报告，最终由国务院主管部门进行重点排放单位碳排放报告的核查（张昕，2016）。上述碳交易主体获得碳配额的形式主要有两种，即有偿分配和无偿分配。

（1）有偿分配：主要形式是政府定价和拍卖，碳交易主体需要支付一定的资金从而获得碳配额。政府定价的方式是政府根据一定的标准制定碳配额的价格并进行公开出售。但是政府定价易忽略市场的作用，定价过低很难激励碳交易主体实施减排行动，定价过高容易对经济基础薄弱的交易主体造成压力而不利于市场稳定，而且该方法容易造成碳排放主体及碳交易主体间的不公平竞争。拍卖是指通过竞价的方式获得碳配额，由市场决定价格，拍卖人可以根据自己的需要获得碳配额，在一定程度上可以发挥市场的作用。

（2）无偿分配：碳交易主体无须支付资金即可获得碳配额。该方法中最具代表性的是历史法和基准线法。

历史法是将企业的历史碳排放或者某一类生产数据作为当前制定碳配额的基础。历史法认为排放主体将按照过去的估计继续发展，但是该方法对那些较早实施碳减排及节能减排措施的企业是不公平的。由于这些产业历史碳排放水平比较低，在未来的碳配额分配中获得的允许碳排放也低，这很容易打消企业参与碳交易市场建设的积极性。对于历史上碳排放较高的企业，其碳配额将进一步提高，这反而鼓励了那些高碳排放企业的发展，将导致企业碳排放持续增加。

基准线法碳配额分配的思路与历史法完全不同。基准线法是先设定一个值，然后按照碳交易主体的实际产量或者工业增加值与基准值相乘从而得到碳配额。该方法下减排绩效越好的企业获得的碳配额越多。多余的碳配额可以在碳交易市场上进行出售，获得的利益可用于生产技术的改进或者开展新的节能减排项目。碳排放绩效差的企业获得的碳配额相对较少，在碳交易市场上将成为买家，必须为短缺的碳配额支付一定的购买资金。基准线法在一定程度上能够鼓励碳排放绩效好的企业的发展，从而带动产业低碳转型。但是由于产业产品类型比较复杂，所以基准线的制定比较困难。

历史法和基准线法是目前开展碳配额分配使用的主要方法。在我国碳交易市场建立的初期阶段，无偿分配是主要的配额形式。当碳交易市场进入建设后期，应该逐渐取消免费配额，优先使用拍卖的方式确定碳配额标杆，开展碳配额分配。这一政策在欧盟碳排放交易体系（EUETS）建设过程中表现得比较充分。在碳交易体系建立的第一和第二阶段，碳交易主体获得的碳配额是免费的，但是免费碳配额分配并未完全发挥 EUETS 在减排方面的潜力（宣晓伟和张浩，2013；周茂荣和谭秀杰，2013）。2013 年启动第三阶段建设之后，EUETS 市场发生了重大的变化，其中最明显的就是加大了拍卖的比例，并加速向全部拍卖过渡。为此欧盟委员会统一规定，至少要有 50%的拍卖比例，电力行业与 2020 年实现全部拍卖，全部行业于 2027 年实现 100%的拍卖（熊灵和齐绍洲，2012）。对于起步不久的中国碳交易市场而言，多数试点是采用的历史法开展碳配额分配，但是越来越多的试点开始尝试通过拍卖的方式进行有偿分配。

二、不同碳配额分配方案及计算方法

初始配额是碳交易活动的重要环节，其分配方法及模式将影响碳交易市场的运行效率。制定碳配额分配方案，有助于确保企业获得与其经济发展水平相适应的允许碳排放空间，是各企业参与碳交易基础保障。建立科学合理的碳交易体系，确定总量控制下的各生产部门的碳配额是中国碳交易市场建设的重点内容。传统的基于历史法和基准线法的碳配额分配主要参考各生产部门的历史碳排放及工业总产值，多数是从经济的视角制定碳配额分配方案，对企业各生产要素及碳排放的社会影响及环境影响的考虑稍有不足。碳排放是受多种因素共同影响的综合体系，因此碳配额分配方案的制定也必须考虑产业部门各生产要素的影响，这对于构建更加合理的碳配额分配制度和碳交易机制十分重要。基于此本章提出了基于碳排放综合绩效评估的碳配额分配方案，结合企业投入产出因素，建立评价指标体系对企业的碳排放综合绩效进行了评估，在评估的基础上实施碳配额分配研究，对比分析了历史法、基准线法及熵权法的碳配额分配的异同，解析了开展碳配额分配之后各企业的碳减排潜力。

1. 基于历史法的碳配额分配方法

历史法碳配额分配主要是基于企业历史碳排放水平及其在原始碳排放中的比重确定碳配额比例，碳配额比例与碳配额总量的乘积即为企业能够获得的碳配额：

$$P_i = \frac{\frac{\mathrm{CE}_{1i}}{\mathrm{CE}_1} + \frac{\mathrm{CE}_{2i}}{\mathrm{CE}_2} + \cdots\cdots + \frac{\mathrm{CE}_{ni}}{\mathrm{CE}_n}}{n} \tag{7-1}$$

式中，P_i 为碳配额比例；CE_{1i} 为第 i 类企业在第一研究时期的碳排放（依次类推）；CE_1 为所有产业在第一研究时期的总碳排放；n 为总研究时间段。

$$\mathrm{CE}_i = P_i \times \mathrm{CE}' \tag{7-2}$$

式中，CE_i 为企业获得的碳配额；CE'为企业总碳配额，本章节中的总碳配额即为 2013 年非金属矿物制品业原始碳排放。

2. 基于基准线法的碳配额分配方法

不同的企业其产品的形式及计量单位差异很大，所以基于单位产品碳排放的基准线的制定比较困难。碳排放产值是单位碳排放创造的经济产出效益，是企业工业总产值与碳排放的比值，该指标在一定程度上反映了经济发展与碳排放的关系，所以可以参考碳排放产值制定基准线法下的碳配额分配标准，以此为依据开展不同产业的碳配额分配。

$$\mathrm{CG} = \frac{G}{\mathrm{CE}} \tag{7-3}$$

式中，CG 为企业碳排放产值，万元/吨。

基于基准线法的碳配额分配方案中，碳排放产值较高的企业可以免费获得全部碳配额，碳排放产值较低的产业，其免费碳配额比例宜控制在原始碳排放的 90%～95%，即碳排放产值低的企业其碳配额应在原始碳排放的基础上缩减 5%～10%；碳排放产值较高的产业可适当提高其允许碳排放空间，这有助于企业经济规模的扩大，从而有助于引导产业朝着低碳的方向发展：高碳排放产值企业的碳配额与原始碳排放的比值不宜超过 10%（表 7-1）。

表 7-1　基准线法碳配额比例标准

单位碳排放产值/（万元/吨）	0~25	25~50	50~75	75~100	＞100
等级	低	较低	中	较高	高
原始碳排放/碳配额	1.10	1.05	1.00	0.95	0.90

3. 基于熵权法的碳配额分配方法

熵权法碳配额分配主要是基于碳排放综合绩效评估结果制定碳配额分配方案：碳排放综合绩效高的企业其允许碳排放空间会适当地扩张，碳排放综合绩效低的企业其允许碳排放空间势必会有所降低（表 7-2，表 7-3）。

表 7-2　熵权法碳配额分配指标体系

指标	计算公式	单位	属性
人均产值	LG=G/L	万元/人	+
能源效率	EG=G/E	万元/吨标准煤	
用地效率	AG=G/A	万元/米^2	
用水效率	WG=G/W	万元/吨	
废弃物排放效率	RG=G/R	万元/吨	
人均碳排放	CL=CE/L	吨/人	−
单位综合能耗碳排放	CEQ=CE/EQ	吨/吨标准煤	
用地碳排放强度	CA=CE/A	吨/米^2	
用水碳排放强度	CW=CE/W	吨/吨	
废弃物碳排放强度	CR=CE/R	吨/吨	

注：L（人口数量）；G（产值）；E（能源消费量）；A（土地面积）；W（水资源消耗量）；R（废弃物排放量）；LG（人均产值）；EG（能源效率）；AG（用地效率）；WG（用水效率）；RG（废弃物排放效率）；CL（人均碳排放）；CEQ（单位综合能耗碳排放）；CA（用地碳排放强度）；CW（用水碳排放强度）；CR（废弃物碳排放强度）

表 7-3　熵权法碳配额比例标准

碳排放综合绩效标准化值	≤0.80	0.80~0.85	0.85~0.90	0.90~0.95	0.95~1.00
等级	低	较低	中	较高	高
碳配额/原始碳排放	0.90	0.95	1.00	1.05	1.10

需要说明的是：①尽管碳交易和碳配额分配主要是针对企业层面的，但为了更全面地分析不同尺度上碳配额分配方案的差异，针对以上三种方法，本章都从地区、产业和企业三个层次进行配额分配的研究。地区层次的碳配额分配是指郑州市所辖不同县市之间的分配；产业层次的碳配额分配是指汇总的 22 类产业之间的分配；企业层次的碳配额分配是指本章所选择的郑州市非金属矿物制品业的产业内的典型企业之间的分配。②郑州市非金属矿物制品业企业数较多（共 64 家），考虑到不便透露企业信息，所以以序号 1～64 代表各企业。

第二节　产业碳配额分配方案研究

一、基于历史法和基准线法的碳配额分配方案

1. 不同地区的碳配额分配

基于历史法的不同地区碳配额总量为 309.95 万吨，在地区碳配额分配方案中，碳配额最多的地区是登封市，其次是中原区和荥阳市，这三个地区在 2015 年的碳配额分别是 152.10 万吨、73.14 万吨和 40.25 万吨，三者碳配额之和占地区碳配额总量的 85.7%（表 7-4）[①]。

表 7-4　2015 年基于历史法和基准线法的不同地区碳配额　　（单位：万吨）

地区	原始碳排放	历史法	基准线法
登封市	136.30	152.10	123.91
二七区	0.44	3.01	0.42
管城区	1.79	4.52	1.70
惠济区	0.72	1.14	0.72
金水区	1.38	1.15	1.25
上街区	0.26	0.92	0.24
新密市	18.18	15.40	16.53

① 本章数据基于郑州市 2012～2015 年 181 家企业和合并后的 22 类典型产业的相关数据计算所得，如无特别说明，均为 2015 年数据。

续表

地区	原始碳排放	历史法	基准线法
新郑市	12.54	15.15	12.54
荥阳市	45.58	40.25	45.58
中牟县	2.38	3.17	2.64
中原区	90.37	73.14	90.37
合计	309.94	309.95	295.90

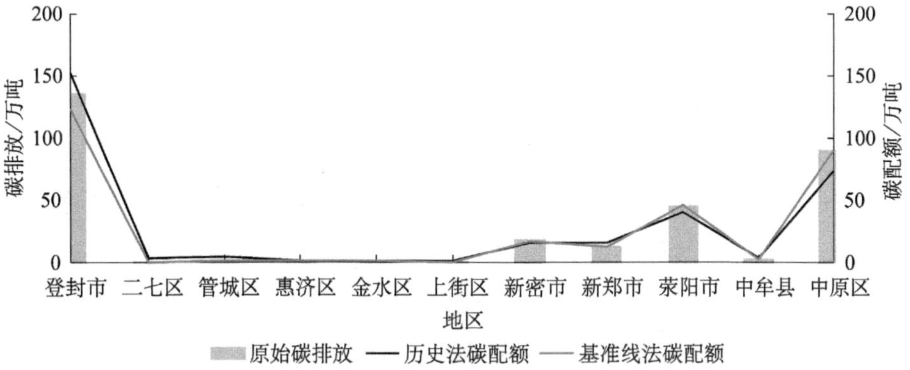

图 7-1 2015 年基于历史法和基准线法的不同地区碳配额

登封市是原始碳排放及碳配额数量都比较多的地区，原始碳排放为 136.30 万吨，历史法碳配额为 152.10 万吨（表 7-4，图 7-1）。通过调研发现，登封市的企业主要从事火力发电、非金属矿物制品及金属冶炼等生产活动，并且从事火力发电生产活动的企业主要分布在登封市。上述生产部门是产业碳排放的主要来源，所以在研究期内登封市的碳排放一直处于比较高的水平。2012～2015 年登封市的碳排放由 117.86 万吨增加到 136.30 万吨，历史法下该地区的碳配额数最多，与 2015 年原始碳排放相比地区碳配额有所上升，增加了 15.8 万吨，这是因为登封市的企业碳排放在 2012～2015 年的研究期间，基于 2012 年原始碳排放，平均以每年 23.5 万吨的速度增加。

在调研中，中原区有很多从事火力发电的企业，同时该地区也有较多碳排放水平低产值高的汽车制造产业，由于电力、热力的生产和供应过程的能源消耗量及碳排放过高，所以中原区历年的碳排放也非常高。历史法下，2015 年地区碳配额为 73.14 万吨，占地区总碳配额的 23.6%；2012 年的原始碳排放为 70.15 万吨，2015 年为 90.37 万吨，其在总量中的比重由 2012 年的

22.49%上升到2015年的29.16%，由于研究前期的碳排放及其比重较高，所以历史法下2015年的碳配额比原始碳排放增加了17.23万吨。

基于历史法碳配额分配原则，2015年荥阳市的碳配额为40.25万吨，比原始碳排放减少了5.33万吨。荥阳市的企业主要从事火力发电及非金属矿物制品等生产活动，能耗大且碳排放水平高、单位碳排放带动的工业生产总值增加较少，因此地区的碳配额均低于原始碳排放。以非金属矿物制品业为例，企业主要从事水泥制造、陶瓷及耐火材料的生产，企业生产过程中的大量化石能源的消耗是造成该地区碳排放过高的主要原因，受原始碳排放较高的影响，地区的碳配额也较高。

碳排放产值决定了原始碳排放及碳配额之间的波动比例。基于基准线法碳配额分配原则，郑州市各个地区中登封市的碳配额依然是最高的，为123.91万吨，中原区次之，为90.37万吨，荥阳市碳配额排第三位，为45.58万吨，这三个地区的碳配额在郑州市地区碳配额总量中的比重分别为41.88%、30.54%和15.40%，其碳配额之和占地区总碳配额85%以上的比重，是碳配额的主体组成部分。2015年登封市碳排放最高，单位碳排放创造的工业产值是0.40万元/吨，在地区碳排放产值排名中处于最末位的位置，碳排放的经济产出不高，地区碳配额在原始碳排放的基础上得到了一定程度的压缩，基准线法下碳配额比原始碳排放减少了12.39万吨，但是由于其原始碳排放水平较高，即使碳配额有所下降，该地区的碳配额依然高于其他地区。2015年中原区碳排放产值为1.08万元/吨，荥阳市碳排放产值为0.45万元/吨，碳排放产值也非常低。根据企业调研结果，中原区和荥阳市的企业主要从事火力发电及非金属矿物制品等生产活动，化石能源消耗量大因此其碳排放水平非常高，但是其工业总产值与其化石能耗并未同步增长，单位碳排放带动的工业生产总值增加较少，所以地区碳配额稍低于原始碳排放，但由于其历史排放量大所以这些地区的碳配额依然较高。

基于历史法和基准线法的上街区碳配额均较低。2015年上街区的原始碳排放为0.26万吨，历史法和基准线法下的该地区的碳配额分别为0.92万吨和0.24万吨，在地区碳配额排名中都是最低的。从产业活动角度进行分析，上街区的企业主要从事塑料制品和化学原料制品等活动，产业规模不大且以电力生产为主，从企业分布数量分析，该地区企业数量分布较少（6家），所以综合碳排放非常低，碳排放产值为 19.21 万元/吨，碳排放的经济产出不高，由于地区碳排放处于较低水平因此其碳配额较低。

2. 不同产业的碳配额分配

1）基于历史法的不同产业碳配额分配

基于历史法碳配额分配原则，郑州市典型产业中碳配额数量最高的产业是电力、热力生产和供应业（表 7-5、图 7-2）。2015 年，该产业的碳配额为 174.213 万吨，在产业总碳配额中的比例为 56.21%。2012 年，该产业碳排放占产业总碳排放的比重为 54.14%，2015 年该数值下降为 52.2%，由于 2012 年的比重高于 2015 年，所以其碳配额与 2015 年原始碳排放相比稍有提高，与 2015 年原始碳排放 161.745 万吨相比碳配额增加了 12.468 万吨。2012 年，该产业的碳排放产值为 0.210 万元/吨，2015 年该数值下降到 0.187 万元/吨。电力、热力生产和供应业一直都是郑州市典型产业中碳排放及碳排放强度最高的产业，单位碳排放创造的工业产值一直都处于非常低的水平且该数值在研究期内持续降低。即使碳配额与原始碳排放相比有所降低，但是由于电力、热力生产和供应业一直是碳排放最高的产业，所以该产业的碳配额数量依然是所有产业中最高的。

表 7-5 2015 年基于历史法的产业碳配额分配 （单位：万吨）

产业编号	产业分类	产业名称	原始碳排放	历史法碳配额
1	B0610	煤炭开采和洗选业	0.109	0.165
2	C1310	农副食品加工业	0.991	0.801
3	C1431	食品制造业	2.069	4.714
4	C1513	酒、饮料和精制茶制造业	31.983	9.630
5	C1620	烟草制品业	0.695	0.830
6	C1711	纺织业	2.365	2.269
7	C1830	纺织服装、服饰业	0.016	0.043
8	C2221	造纸和纸制品业	4.454	6.639
9	C2311	印刷和记录媒介复制业	0.386	0.183
10	C2611	化学原料和化学制品制造业	18.254	10.639
11	C2710	医药制造业	5.564	2.926
12	C2812	化学纤维制造业	0.004	0.013
13	C2913	橡胶和塑料制品业	0.061	0.202
14	C3011	非金属矿物制品业	69.438	75.179

续表

产业编号	产业分类	产业名称	原始碳排放	历史法碳配额
15	C3120	黑色金属冶炼和压延加工业	1.320	2.648
16	C3216	有色金属冶炼和压延加工业	7.044	12.312
17	C3360	金属制品业	0.173	0.278
18	C3441	通用设备制造业	0.007	0.220
19	C3511	专用设备制造业	0.888	1.507
20	C3610	汽车制造业	2.143	1.525
21	C3922	计算机、通信和其他电子设备制造业	0.264	3.005
22	D4411	电力、热力生产和供应业	161.745	174.213

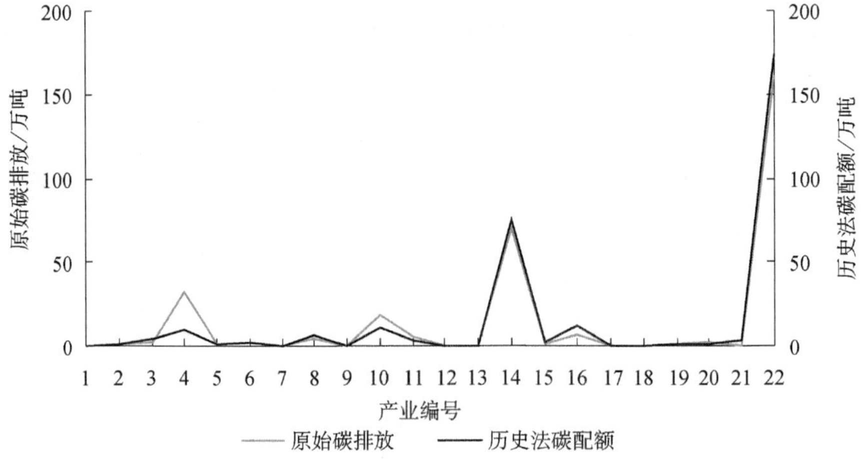

图 7-2 2015 年基于历史法的产业碳配额分配

碳配额居第二位的产业是非金属矿物制品业（表 7-5）。2015 年基于历史法的产业碳配额为 75.179 万吨，占 2015 年产业总碳配额的比重为 24.3%。2012 年、2013 年、2014 年、2015 年，该产业的碳排放在郑州市典型产业总碳排放中的比重分别为 29.32%、21.38%、23.9%、22.4%，2012 年的比重明显高于其他年份，该年度的碳配额比原始碳排放 68.74 万吨有所增加，允许碳排放增加了 13.07 万吨，占该年度产业原始碳排放的 19.01%。由于该产业的碳排放及其在总量中的比重都有所下降，如果按照该产业现有的碳排放发展变化趋势开展碳配额分配，则未来该产业的允许碳排放空间将逐渐压缩，这在一定程度上能够降低产业碳排放水平，对产业碳减排及低碳发展都具有一定的推动作用。

基于历史法的产业碳配额分配方案中获得碳配额最少的产业是化学纤维制造业，其碳配额仅为 0.013 万吨（表 7-5）。化学纤维制造业主要从事合成纤维制造等活动，产业的能源消耗量非常低，而且产业的经济规模相对比较稳定，研究期内该产业的碳排放及其在总量中的比重都保持在非常稳定的状态，所以该产业的碳配额与原始碳排放相比相差不大，产业允许碳排放空间未发生较大幅度的波动。

各产业在不同研究时期的碳排放占产业总碳排放的比重成为影响原始碳排放与碳配额差值的关键因素。若研究前期比重较高，则碳配额将高于原始碳排放，按照产业碳排放的发展趋势，碳排放水平最终也会降低，但是减少的幅度及速率相对较慢；若前期比重较低，则碳配额低于原始碳排放，该产业未来的碳排放水平将快速下降，在调研的产业中，非金属矿物制品业，电力、热力生产和供应业是上述两类情形的典型代表。2012 年非金属矿物制品业的碳配额比原始碳排放增加了 13.07 万吨，碳配额在原始碳排放的基础上增加了 19.01%，主要原因在于 2012 年产业碳排放及其在总碳排放中的比重都高于其他年份。按照该产业碳排放逐年下降的发展趋势，产业的碳排放水平在未来将逐步下降，但是其下降速率及下降的数值会相对比较低。2012 年，电力、热力生产和供应业的碳配额比原始碳排放减少了 9.84 万吨，主要原因在于该产业 2012 年的碳排放在总量中占的比重较小。基于产业历史碳排放及其发展变化趋势，该产业的碳排放将大幅度下降，其下降比例也远远大于非金属矿物制品业等产业。

2）基于基准线法的产业碳配额分配

基于基准线的郑州市典型产业碳配额总量为 282.14 万吨，与原始碳排放相比减少了 27.84 万吨，占本年度原始碳排放的比重为 8.98%（表 7-6、图 7-3）。2012～2015 年，郑州市典型产业碳排放产值由 1.65 万元/吨上升到 2015 年的 2.1 万元/吨，单位碳排放的经济产出虽然有所增加但是若将这 22 类产业看作一个整体，则郑州市典型产业仍然属于低碳排放产值产业，基于基准线法碳配额分配的原则，产业的碳配额与原始碳排放相比仍会有所下降，所以基准线法下产业碳配额低于原始碳排放。

表 7-6 2015 年基于基准线法的产业碳配额分配 （单位：万吨）

产业编号	产业分类	产业名称	原始碳排放	基准线法碳配额
1	B0610	煤炭开采和洗选业	0.109	0.099
2	C1310	农副食品加工业	0.991	0.991
3	C1431	食品制造业	2.069	1.881
4	C1513	酒、饮料和精制茶制造业	31.983	29.075
5	C1620	烟草制品业	0.695	0.632
6	C1711	纺织业	2.365	2.150
7	C1830	纺织服装、服饰业	0.016	0.016
8	C2221	造纸和纸制品业	4.454	4.049
9	C2311	印刷和记录媒介复制业	0.386	0.351
10	C2611	化学原料和化学制品制造业	18.254	16.594
11	C2710	医药制造业	5.564	5.058
12	C2812	化学纤维制造业	0.004	0.003
13	C2913	橡胶和塑料制品业	0.061	0.056
14	C3011	非金属矿物制品业	69.438	63.125
15	C3120	黑色金属冶炼和压延加工业	1.320	1.200
16	C3216	有色金属冶炼和压延加工业	7.044	6.403
17	C3360	金属制品业	0.173	0.157
18	C3441	通用设备制造业	0.007	0.007
19	C3511	专用设备制造业	0.888	0.846
20	C3610	汽车制造业	2.143	2.143
21	C3922	计算机、通信和其他电子设备制造业	0.264	0.260
22	D4411	电力、热力生产和供应业	161.745	147.041

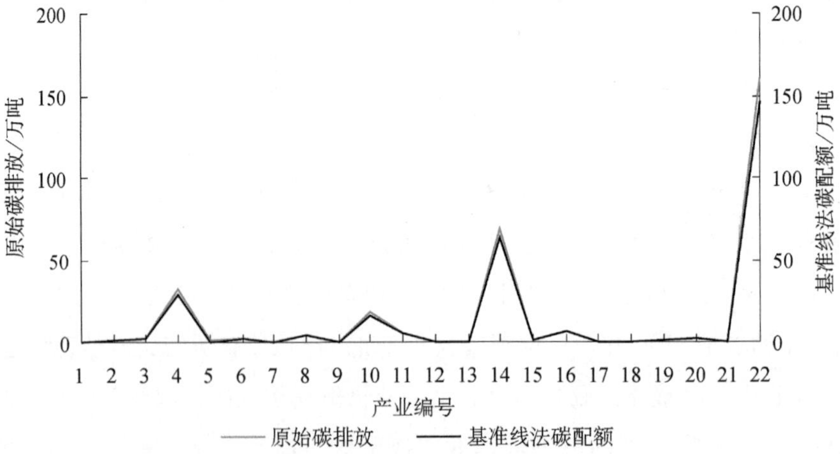

图 7-3 2015 年基于基准线法的典型产业碳配额分配

原始碳排放是决定碳配额水平高低的重要因素。①原始碳排放高的产业即使其碳配额会稍低于原始碳排放，其碳配额也依然会处于较高的水平，比较具有代表性的产业是电力、热力生产和供应业，非金属矿物制品业。基于基准线法的碳配额分配方案中，碳配额最多的产业依然是电力、热力生产和供应业，其数值为 147.041 万吨，占产业总碳配额的比重为 52.12%（图 7-3）。电力、热力生产和供应业一直是郑州市典型产业中碳排放强度最高、碳排放产值最低的产业，其碳排放产值远远低于产业平均值，是高碳排放低绩效产业最典型的代表，同时该产业也是发展低碳产业时必须重点关注的部门。按照基准线碳配额分配原则，该产业的碳配额势必会在原始碳排放的基础上有所下降，所以该产业的碳配额比原始碳排放减少了 14.704 万吨，占原始碳排放的比重为 9.09%。降低碳排放是开展碳配额工作的首要目的，如果基于基准线法制定该产业的碳配额分配方案，则产业的允许碳排放空间将受到很大程度的压缩，这也将在很大程度上降低城市产业的整体碳排放水平，达到碳减排的目的。碳配额处于第二位的产业是非金属矿物制品业，2015 年基于基准线法该产业碳配额为 63.125 万吨，与原始碳排放相比减少了 6.313 万吨，该值占该年度原始碳排放的 9.09%。非金属矿物制品业也是碳排放产值非常低的产业之一，2012 年为 0.66 万元/吨，2015 年稍有下降为 0.65 万元/吨，单位碳排放的经济产出相对下降，从整体来看产业碳排放的经济效益也一直很低，属于高排放低绩效的产业，所以其碳配额会在原始碳排放的基础上逐年下降。②若产业属于低排放高绩效的类型，即使碳配额在原始碳排放的基础上有所提升，但是其碳配额依然很低，如汽车制造业（图 7-3）。该产业碳排放产值从 2012 年的 83.85 万元/吨降低到 2015 年的 73.1 万元/吨，虽然单位碳排放的经济产出相对下降但是其碳排放综合绩效水平一直处于比较高的水平，所以基于基准线法碳配额分配原则该产业的碳配额会比原始碳排放稍有增加。基于基准线法的该产业碳配额为 2.143 万吨，与原始碳排放水平持平，虽然允许碳排放处于增加的状态，但是由于其原始碳排放水平比较低，所以其碳配额依然较低。

3. 典型企业的碳配额分配

1）基于历史法的典型企业碳配额分配

历史法下郑州市非金属矿物制品业的总碳配额为 75.179 万吨，与 2015 年该产业的原始碳排放 69.438 万吨相比碳配额增加了 5.741 万吨（表 7-7、图 7-4）。

表 7-7　2015 年基于历史法的典型企业碳配额分配　　（单位：万吨）

序号	原始碳排放	历史法碳配额	序号	原始碳排放	历史法碳配额	序号	原始碳排放	历史法碳配额	序号	原始碳排放	历史法碳配额
1	2.5659	2.3522	17	0.0002	0.2363	33	0.0383	0.1553	49	0.0161	0.0683
2	11.3159	11.1100	18	0.8210	0.5962	34	0.0658	0.2817	50	0.1620	0.1949
3	13.2354	9.0679	19	0.0184	0.0342	35	0.0633	0.0379	51	0.0933	0.2435
4	0.0071	0.1519	20	0.1080	0.1042	36	0.8085	0.4041	52	0.1319	0.1512
5	20.1000	16.6897	21	0.1242	0.1136	37	0.4312	0.2036	53	0.3898	0.3038
6	0.2911	2.4171	22	0.1188	0.2527	38	0.0227	0.0859	54	0.0118	0.0510
7	0.2722	0.3873	23	1.0370	0.8016	39	0.2417	0.3042	55	0.8163	0.3594
8	0.0125	0.1614	24	0.0095	0.1596	40	0.4312	0.2948	56	0.1229	1.3513
9	2.7109	3.4853	25	0.0429	0.2424	41	0.0866	0.0870	57	0.0001	0.0246
10	0.2591	0.8157	26	0.3863	0.3209	42	0.5713	0.1793	58	0.0001	0.0352
11	0	3.4292	27	0.8085	0.2912	43	0.2702	0.1987	59	0.2381	0.1156
12	0.0377	1.8371	28	0.4315	0.3037	44	0.0113	0.2138	60	0.8747	1.6696
13	0.0015	0.0426	29	0.1078	0.4239	45	0.0354	0.0390	61	0.0004	0.0126
14	2.0482	1.8861	30	0.1122	0.1115	46	0.0534	0.0659	62	0.2275	0.1905
15	0.1780	0.4611	31	0.0546	0.0660	47	0.0130	0.0197	63	0.0001	0.0004
16	1.9405	0.9550	32	0.1804	0.2910	48	0.2378	0.1890	64	3.6335	2.3075

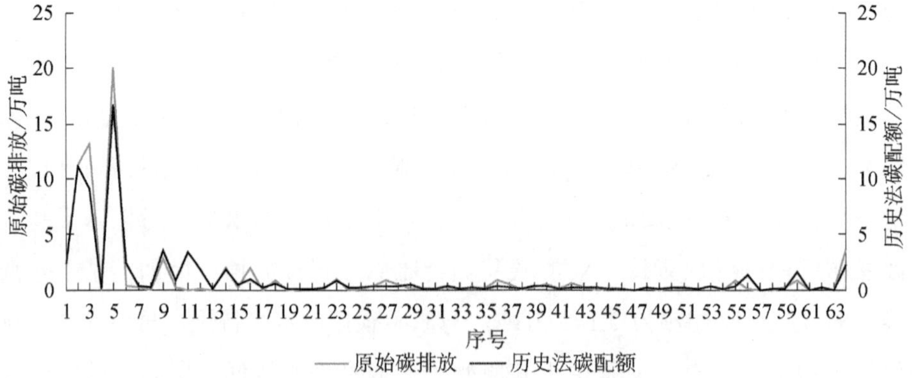

图 7-4　2015 年基于历史法的典型企业碳配额分配

历史法下多数企业的碳配额都小于 1 万吨，其中序号为 63 的企业碳配额最少，基于历史法碳配额分配原理，2015 年该企业的碳配额为 0.0004 万吨，与 2015 年原始碳排放相比其数值有所上升，但该企业的生产水平及碳排放基本维持在比较稳定的状态。2012～2015 年该产业的碳排放水平基本维持在 0.0001 万吨左右，由于其原始碳排放水平和其在总碳排放中的比重都非常低，所以 2015 年该企业的碳配额在非金属矿物制品业中是最低的。基于历史法碳配额分配原理，2015 年碳配额最多的企业序号为 5，碳配额为 16.6897 万吨，占总碳配额的比重为 22.20%，远高于其余企业。2012 年、2013 年、2014 年该企业的碳排放水平一直处于比较靠前的位置，碳排放为 33.0312 万吨、24.1220 万吨、20.0999 万吨，在非金属矿物制品业总碳排放中的比重分别为 33.62%、33.58%、28.95%。可见该企业的碳排放及其在总量中的比重都有所下降。由于该企业是非金属矿物制品业中原始碳排放及其比重都比较高的企业，所以以历史法开展碳配额分配，该企业的碳配额依然是最高的。

对比分析各企业原始碳排放与碳配额，非金属矿物制品业的多数企业的碳配额低于原始碳排放（共 26 个），其余的 38 个企业的碳配额与原始碳排放相比均有不同程度的增加。其中序号为 5 的企业的碳配额与原始碳排放相比减少的最多（3.4103 万吨），序号为 11 的企业增加的最多（3.4292 万吨，主要原因在于该企业 2015 年碳排放较少，2012～2014 年企业碳排放及其比重都高于 2015 年，因此 2015 年企业碳配额高于原始碳排放。

2）基于基准线法的典型企业碳配额分配

基准线法下，2015 年郑州市非金属矿物制品业的碳配额总量为 63.125 万吨，与原始碳排放相比，该产业的总碳排放水平将下降 6.313 万吨（表 7-8、图 7-5）。若能在企业间开展基于基准线法的碳配额分配工作，则郑州市非金属矿物制品业的碳排放水平将有所下降，又因为非金属矿物制品业是产业碳排放的主要来源，因此该产业碳排放水平的下降将促进产业碳排放整体水平的下降，这对于产业碳减排是十分有利的。

表 7-8 2015 年基于基准线法的典型企业碳配额分配 （单位：万吨）

序号	原始碳排放	基准线法碳配额	序号	原始碳排放	基准线法碳配额	序号	原始碳排放	基准线法碳配额	序号	原始碳排放	基准线法碳配额
1	2.5659	2.3327	17	0.0002	0.0002	33	0.0383	0.1553	49	0.0161	0.0683
2	11.3159	10.2872	18	0.8210	0.7463	34	0.0658	0.2817	50	0.1620	0.1949
3	13.2354	12.0322	19	0.0184	0.0167	35	0.0633	0.0379	51	0.0933	0.2435
4	0.0071	0.0071	20	0.1080	0.0982	36	0.8085	0.4041	52	0.1319	0.1512
5	20.1000	18.2727	21	0.1242	0.1129	37	0.4312	0.2036	53	0.3898	0.3038
6	0.2911	0.2646	22	0.1188	0.1080	38	0.0227	0.0859	54	0.0118	0.0510
7	0.2722	0.2475	23	1.0370	0.9428	39	0.2417	0.3042	55	0.8163	0.3594
8	0.0125	0.0056	24	0.0095	0.0090	40	0.4312	0.2948	56	0.1229	1.3513
9	2.7109	2.4645	25	0.0429	0.0390	41	0.0866	0.0870	57	0.0001	0.0246
10	0.2591	0.2356	26	0.3863	0.3512	42	0.5713	0.1793	58	0.0001	0.0352
11	0	0	27	0.8085	0.7350	43	0.2702	0.1987	59	0.2381	0.1156
12	0.0377	0.0343	28	0.4315	0.3923	44	0.0113	0.2138	60	0.8747	1.6696
13	0.0015	0.0017	29	0.1078	0.0980	45	0.0354	0.0390	61	0.0004	0.0126
14	2.0482	1.8620	30	0.1122	0.1020	46	0.0534	0.0659	62	0.2275	0.1905
15	0.1780	0.1619	31	0.0546	0.0496	47	0.0130	0.0197	63	0.0001	0.0004
16	1.9405	1.7641	32	0.1804	0.1640	48	0.2378	0.1890	64	3.6335	2.3075

基于基准线法碳配额分配原则，郑州市非金属矿物制品业中多数企业的碳配额均小于 1 万吨（表 7-8，图 7-5），这些企业中碳配额最少的企业序号为 11，其碳配额小于 0.00005 万吨。基准线法下，碳配额高于 1 万吨的企业共有 8 个，在这些企业中序号为 5 的企业碳配额最多，其数值为 18.2727 万吨，该数值高于历史法下该企业的碳配额，但是与原始碳排放相比该数值有所降低。非金属矿物制品业是郑州市典型产业中除电力、热力生产和供应业外碳排放数量及碳排放强度最高的产业，是产业碳排放的主要来源，是高排放低绩效产业的代表。2015 年多数企业的碳排放产值小于 25 万元/吨，且多数企业碳排放产值处于较低的水平，因此当基于基准线法开展碳配额分配时多数企业的碳配额都将在原始碳排放的基础上有所下降，所以序号为 5 的企业在 2015 年的碳配额低于 2015 年企业原始碳排放，同时又因为该企业的原始碳排放水平比较高，所以与原始碳排放相比其碳配额减少的数量也是最多的，为 1.8273 万吨。除 5 号企业外，序号为 3 的企业其碳配额数量也非常高，2015 年企业碳配额为 12.0322 万吨，与原始碳排放 13.2354 万吨相比其碳配额也有所下降。由上述两类企业 2015 年原始碳排放及碳配额的比较可以看出，当企业的原始碳排放比较高时，

即使其碳排放产值较低其碳配额依然会维持在较高的水平，原始碳排放将直接影响企业的碳配额水平，但是与原始碳排放相比，这些碳排放产值较低的企业的碳配额下降幅度同样比较大。因此开展企业碳减排工作以及发展低碳企业也应该重点从这些高碳排放的企业入手，通过采取相应的手段可降低这些企业的碳排放，从而促进非金属矿物制品业碳排放水平的下降。

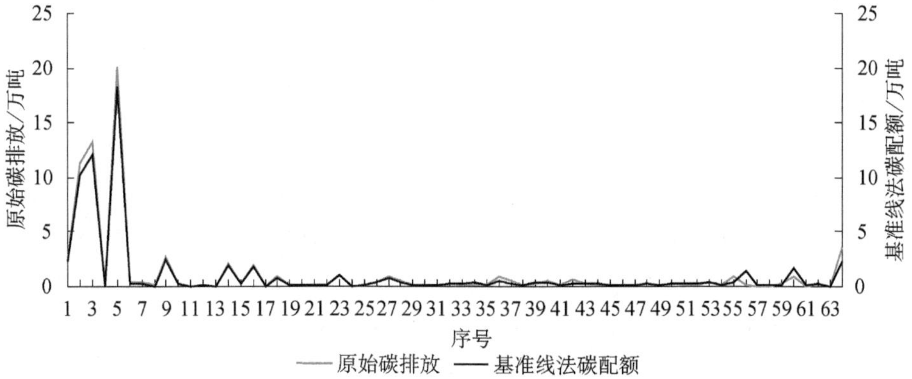

图 7-5　2015 年基于基准线法的典型企业碳配额分配

二、基于熵权法的碳配额分配方案

1. 不同地区碳配额分配

碳排放综合绩效最高和最低的地区分别是惠济区和登封市，综合评估值分别是 0.8003 和 0.0678。熵权法下碳配额最多和最少的地区分别是登封市和上街区，这两个地区的碳配额分别是 122.67 万吨和 0.24 万吨（图 7-6）。

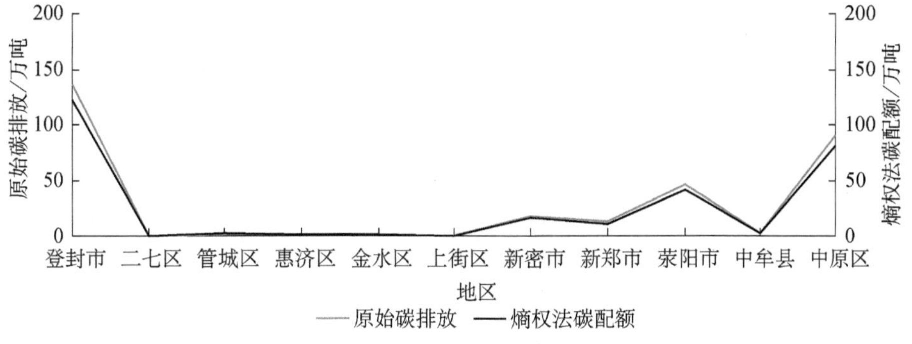

图 7-6　2015 年基于熵权法的不同地区碳配额分配

惠济区的企业主要从事食品加工及纺织生产等活动，这些企业以电力作为主要能源，煤炭等化石能源的消费水平很低，而且惠济区是沿黄生态保护区，能耗大污染重的企业不允许在该地区进行建设，所以碳排放非常低，污染物排放量很少，碳排放综合绩效较高。上街区的产业是比较典型的低排放高产出模式，碳排放综合绩效水平较低，受到地区历史低碳排放水平的限制，熵权法下该地区碳配额依然很低。登封市的企业主要经营火力发电等高能耗生产活动，这些企业隶属于电力、热力生产和供应业，碳排放的经济产出效益较差且污染严重，碳排放综合绩效最低，基于熵权法碳配额分配原则，碳配额与原始碳排放的比值为 0.9，由于地区碳排放一直较高，所以其碳配额也较高，但是碳配额在原始碳排放的基础上减少了 13.63 万吨。熵权法碳配额分配方案以碳排放综合绩效为依据，若地区生产模式偏向于能源密集型，其历史碳排放会相对较高，地区碳排放综合绩效比较低，即使碳配额在原始碳排放的基础上得到一定的压缩，其碳配额也会保持在较高的水平，但是这些地区的允许碳排放水平的下降将在很大程度上降低产业总碳排放，从而实现碳减排；若地区经济规模扩大主要依靠技术进步，则其碳排放将会维持在较低的水平，碳排放综合绩效较高，碳配额会在原始碳排放的基础上有所提升，这在一定程度上有助于引导地区产业的低碳发展。

基于熵权法的地区碳配额分配方案以碳排放综合绩效为依据，若地区生产模式偏向于能源密集型，其历史碳排放会相对较高，地区碳排放综合绩效比较低，即使碳配额会在原始碳排放的基础上得到一定程度的压缩，其碳配额依然较高，但是开展碳配额分配管理之后这些地区的允许碳排放空间将大幅度下降，高碳排放地区碳排放水平的下降也将促进地区总碳排放的减少，从而实现碳减排的目的。如果地区产业及企业经济规模扩大及工业总产值提高主要依赖技术进步，则其历史碳排放水平将处于非常低的水平，这些地区的碳排放综合绩效较高，与原始碳排放相比其碳配额会稍微提升，这些低排放高绩效地区的产业能够继续扩大其生产规模，这在一定程度上有助于引导地区产业朝着技术集约型的方向发展，从而在未来能够引导城市产业的低碳发展。

2. 不同产业碳配额分配

基于熵权法的产业碳配额分配方案中，各负向评价指标的熵权普遍大于正向评价指标（图 7-7）。负向评价指标主要是各生产要素单位投入（产出）的碳排放值，正向评价指标主要与各要素的效率有关，由评价指标熵权可看出原始碳排放仍然是影响碳配额分配结果的重要因素，碳配额分配方案的制定依然主要参考碳排放这一非合意产出，所以可参考产业历年的碳排放及其在总碳排放中的比重制定碳配额分配方案。

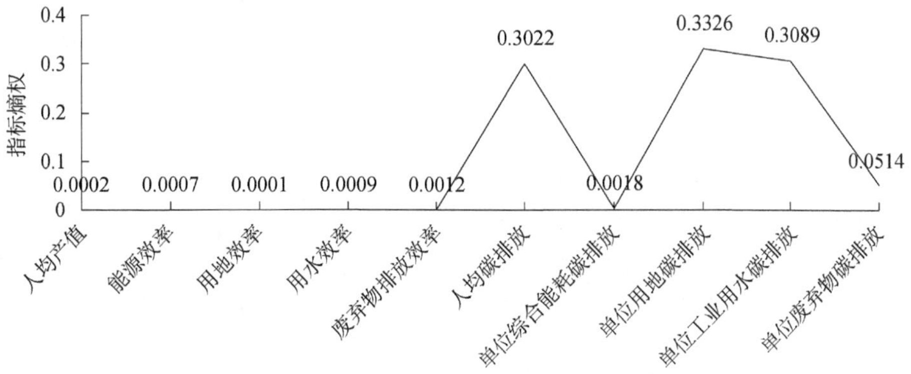

图 7-7 熵权法碳配额分配指标熵权

碳排放综合绩效越低，允许碳排放水平在原始碳排放的基础上下降得越多。碳排放综合绩效最低的产业是电力、热力生产和供应业，综合得分为 0.3407，因此其碳配额会在原始碳排放的基础上下降 10%（表 7-9）。2015 年基于熵权法的该产业碳配额为 145.57 万吨，占总碳配额的 51.40%，碳配额比原始碳排放减少了 16.17 万吨。采用熵权法开展产业碳配额分配时，碳排放综合绩效最低的电力、热力生产和供应业成为减排比例最高的产业，但是由于其历年碳排放水平都比较高，所以电力、热力生产和供应业依然产业碳减排的主要目标。同样地，碳排放综合绩效处于较低水平的非金属矿物制品业的碳配额（62.49 万吨）与原始碳排放相比依然会下降，前者比后者减少了 6.94 万吨。碳排放综合绩效较高的产业，其碳配额会在原始碳排放的基础上有所提升。以通用设备制造业为例，基于熵权法的产业碳配额分配方案中，该产业碳排放综合绩效的评价值为 0.9980，是 22 类产业中最高的。虽然该产业的碳排放及其在总量中的比重都很低，但是基于熵权法碳配额分配原则，该产业碳排放空间可进一步提升，从而产业的经济规模可适当扩大，这在一定程度上能促进产业整体朝着低排放高绩效的方向发展。

表 7-9 产业碳排放综合绩效及标准化值

产业编号	产业分类	产业名称	综合得分	标准化值
1	B0610	煤炭开采和洗选业	0.9853	0.9806
2	C1310	农副食品加工业	0.9818	0.9754
3	C1431	食品制造业	0.9749	0.9649
4	C1513	酒、饮料和精制茶制造业	0.6983	0.5441
5	C1620	烟草制品业	0.8641	0.7963
6	C1711	纺织业	0.7313	0.5943
7	C1830	纺织服装、服饰业	0.9827	0.9767
8	C2221	造纸和纸制品业	0.9379	0.9086
9	C2311	印刷和记录媒介复制业	0.8314	0.7466
10	C2611	化学原料和化学制品制造业	0.8995	0.8501
11	C2710	医药制造业	0.8525	0.7786
12	C2812	化学纤维制造业	0.9885	0.9855
13	C2913	橡胶和塑料制品业	0.9815	0.9749
14	C3011	非金属矿物制品业	0.6026	0.3985
15	C3120	黑色金属冶炼和压延加工业	0.9358	0.9054
16	C3216	有色金属冶炼和压延加工业	0.8066	0.7088
17	C3360	金属制品业	0.9369	0.9070
18	C3441	通用设备制造业	0.9980	1.0000
19	C3511	专用设备制造业	0.9855	0.9810
20	C3610	汽车制造业	0.9618	0.9450
21	C3922	计算机、通信和其他电子设备制造业	0.9959	0.9968
22	D4411	电力、热力生产和供应业	0.3407	0

基于熵权法开展产业碳配额分配管理有助于降低绩效较低的产业的碳排放空间（图 7-8）。熵权法下，除电力、热力生产和供应业，非金属矿物制品业，造纸和纸制品业这 3 类产业的碳配额处于下降的状态外，碳排放综合绩效得分在 0.9 以上的其他 13 类产业的碳配额都高于其原始碳排放，增加的比例为 5%～10%。允许碳排放空间得到明显提高的产业以汽车制造业和食品制造业为代表，二者的碳配额与原始碳排放的差值分别是 0.11 万吨和 0.21 万吨。对郑州市碳排放综合绩效较高的产业而言，参与碳配额管理将在很大程度上提升其允许排放，有助于扩大产业规模，这些产业可将多余的碳配额在市场上出售，将收益用于改进生产技术或者启动新的清洁项目，从而带动产业低碳发展。

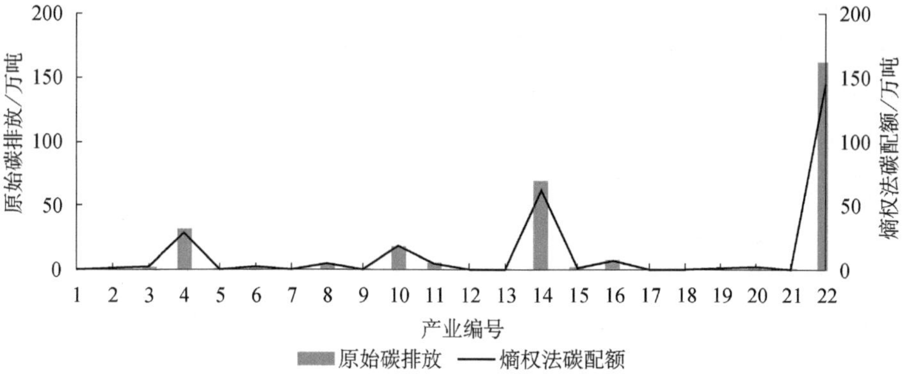

图 7-8　2015 年基于熵权法的产业碳配额

实施熵权法碳配额管理可引导产业向低碳方向发展。熵权法下郑州市典型产业总碳配额为 283.23 万吨，比原始碳排放减少了 26.71 万吨（图 7-8）。碳排放综合绩效较低的产业碳配额比原始碳排放有所下降，高绩效产业部门的碳配额稍高于原始碳排放，通过碳配额分配管理能实现碳排放资源在各个产业部门间的均衡分配。由于历史碳排放水平较高，低绩效的产业（电力、热力，金属冶炼）其碳配额依然很高，但是在熵权法碳配额分配方案中，这些产业的允许碳排放空间与原始碳排放相比大幅度下降。适当压缩低绩效产业的碳排放空间可在很大程度上促进产业整体碳排放水平的下降。熵权法碳配额分配方案中，以专用设备制造业为代表的高绩效产业的碳配额高于原始碳排放，但是由于其历史碳排放水平很低，所以即使其碳配额稍有提升其碳排放水平依然处于比较低的水平。熵权法碳配额分配管理削减了低绩效产业的碳配额，降低了产业整体碳排放水平，有利于产业碳减排及低碳发展。

3. 典型企业碳配额分配

基于熵权法的郑州市非金属矿物制品业的碳配额总量为 62.494 万吨，与原始碳排放相比减少了 6.944 万吨，由此可见如果将碳排放综合绩效评估纳入企业生产效率评价系统，并基于碳排放综合绩效开展企业碳配额分配确实能够促进企业整体碳排放水平下降，从而达到碳减排的目的。

基于熵权法的典型企业碳配额分配方案中，碳配额最高的企业依然是序号为 5 的企业（表 7-10，图 7-9），碳配额为 18.0900 万吨，占企业碳配额总量的 28.95%，企业碳配额数量高主要归因于原始碳排放较高，但是该企业的碳排放综合绩效水平仅为 0.1356，小于 0.8。在熵权法碳配额分配原则中，该企业属于低绩效企业，所以其碳配额在原始碳排放的基础上进行了一定程度的压缩，碳配额比原始碳排放减少了 2.0100 万吨。该年度碳排放综合绩效最低的企业序号为 6，其评价值仅为 0.0145，碳配额为 0.2620 万吨。该年度碳排放综合绩效最高的企业是 24 号企业，碳排放综合绩效的评价值为 0.4544，该企业依然属于低绩效的产业，由于其原始碳排放水平非常低所以其碳配额数量在所有的产业中是最少的（表 7-10，图 7-9），由此可见原始碳排放的高低决定了企业碳配额的多少。

表 7-10　2015 年基于熵权法的典型企业碳排放综合绩效及碳配额

序号	碳排放综合绩效	熵权法碳配额/万吨	序号	碳排放综合绩效	熵权法碳配额/万吨	序号	碳排放综合绩效	熵权法碳配额/万吨
1	0.0662	2.3093	23	0.1514	0.9333	45	0.2017	0.0319
2	0.1561	10.1843	24	0.4544	0.0085	46	0.0223	0.0480
3	0.1294	11.9119	25	0.0363	0.0386	47	0.0307	0.0117
4	0.0590	0.0064	26	0.1124	0.3477	48	0.0155	0.2141
5	0.1356	18.0900	27	0.0166	0.7277	49	0.0166	0.0145
6	0.0145	0.2620	28	0.0689	0.3883	50	0.0667	0.1458
7	0.0415	0.2450	29	0.0292	0.0970	51	0.0540	0.0839
8	0.0837	0.0113	30	0.0185	0.1010	52	0.0300	0.1187
9	0.1535	2.4398	31	0.0281	0.0491	53	0.0414	0.3508
10	0.0245	0.2332	32	0.0338	0.1624	54	0.0726	0.0106
11	0.2489	0	33	0.3835	0.0344	55	0.0166	0.7347
12	0.0688	0.0339	34	0.0187	0.0593	56	0.0731	0.1106
13	0.0615	0.0014	35	0.0208	0.0570	57	0.1084	0.0001
14	0.0225	1.8434	36	0.0228	0.7277	58	0.0591	0.0001
15	0.0161	0.1602	37	0.0967	0.3881	59	0.0252	0.2143
16	0.2350	1.7464	38	0.0411	0.0204	60	0.0332	0.7872
17	0.0408	0.0002	39	0.0176	0.2175	61	0.0412	0.0003
18	0.0575	0.7389	40	0.0224	0.3881	62	0.0162	0.2048
19	0.0441	0.0165	41	0.0169	0.0780	63	0.0364	0.0001
20	0.0150	0.0972	42	0.0479	0.5142	64	0.0308	3.2702
21	0.0233	0.1117	43	0.0176	0.2432			
22	0.0168	0.1069	44	0.2705	0.0101			

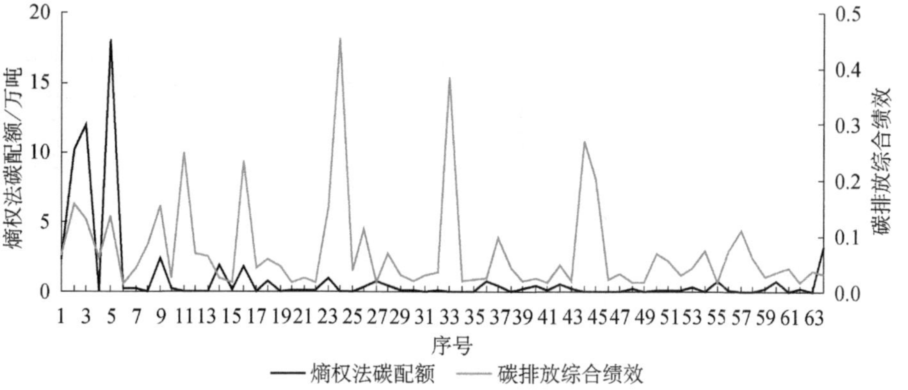

图 7-9　2015 年基于熵权法的典型企业碳排放综合绩效及碳配额

三、不同碳配额分配方案的对比分析

开展碳配额分配工作的首要目的是促进碳减排，其次才是提高碳减排效率和节约碳减排成本，因此碳配额总量越低、越有利于压缩低绩效产业的碳排放空间，则该方法越有参考价值，对低碳发展越有利。

1. 不同地区碳配额分配方案对比分析

2015 年郑州市地区原始碳排放为 309.94 万吨，基于历史法、基准线法和熵权法的地区碳配额总量分别是 309.95 万吨、295.90 万吨和 279.00 万吨，与原始碳排放相比，基准线法和熵权法下的地区碳排放空间分别缩减了 14.04 万吨和 30.94 万吨。所以，与原始碳排放相比，开展碳配额分配确实能够降低允许碳排放，起到一定的碳减排作用（表 7-11、图 7-10）。如果郑州市各地区能够参与到碳交易市场建设中，根据地区产业结构及经济发展模式制定碳配额分配方案，则城市产业碳减排及低碳发展的目标更易实现。

表 7-11　2015 年基于不同方法的郑州市各地区碳配额对比分析　（单位：万吨）

地区	原始碳排放	历史法	基准线法	熵权法	建议方案
登封市	136.30	152.10	123.91	122.67	熵权法
二七区	0.44	3.01	0.42	0.39	熵权法
管城区	1.79	4.52	1.70	1.88	基准线法
惠济区	0.72	1.14	0.72	0.79	基准线法
金水区	1.38	1.15	1.25	1.24	历史法
上街区	0.26	0.92	0.24	0.24	熵权法

续表

地区	原始碳排放	历史法	基准线法	熵权法	建议方案
新密市	18.18	15.40	16.53	16.36	熵权法
新郑市	12.54	15.15	12.54	10.92	熵权法
荥阳市	45.58	40.25	45.58	41.03	历史法
中牟县	2.38	3.17	2.64	2.14	熵权法
中原区	90.37	73.14	90.37	81.34	历史法
合计	309.94	309.95	295.90	279.00	熵权法

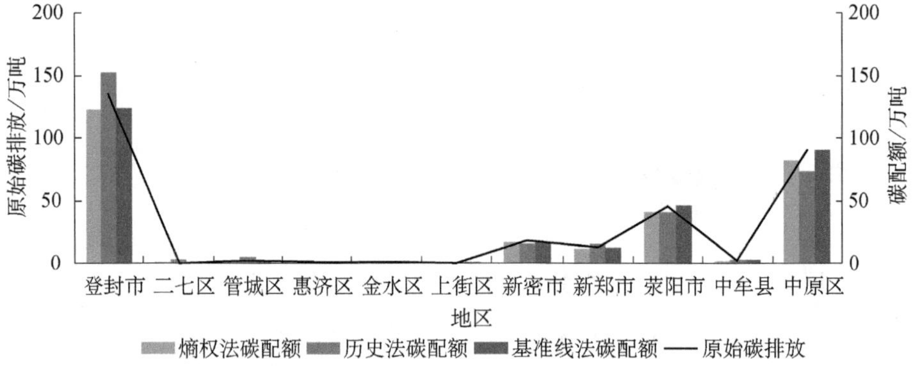

图 7-10 2015 年基于不同方法的郑州市各地区碳配额对比分析

基于熵权法的地区碳配额总量比原始碳排放减少了 30.94 万吨，因此基于熵权法的地区碳配额分配方案更利于地区碳排放水平的下降及碳减排目标的实现。以基于熵权法的碳配额分配方案与地区碳排放综合绩效为依据，综合考虑了各投入产出因素对碳排放的影响，基于熵权法的地区碳配额分配方案更容易实现碳排放资源的均衡分配，对地区发展最公平。该方法能更大程度的减少低绩效地区的碳配额（如登封市）。由于汽车制造和计算机、通信终端设备制造活动在地区产业中占了较大比重，地区工业总产值及碳排放综合绩效呈现较高水平。基于熵权法的碳配额分配方案对扩展区域碳排放空间更有利，且有助于产业规模的扩大，同时该方法下的碳配额最低，有利于碳减排。基于熵权法的碳配额分配方案有利于扩展该地区的碳排放空间，如地区生产规模的扩大有利于地区碳减排，所以基于熵权的地区碳配额分配更利于地区经济的低碳发展。

建议基于基准线法开展管城区、惠济区碳配额分配，基于历史法开展金水区、荥阳市和中原区碳配额分配，其他地区则可采用熵权法。

登封市一直是郑州市碳排放最多的地区，虽然地区工业总产值相对较高，但是碳排放综合绩效较低。基于熵权法的碳配额将对碳排放进行一定的削减，比例为 10%。2012 年和 2013 年登封市原始碳排放为 163.95 万吨和 158.56 万吨，2014 年和 2015 年其碳排放都维持在 140 万吨左右，在总碳排放中的比重也较高，基于历史法的碳配额高达 152.10 万吨，所以从碳减排的目的出发，基于熵权法的碳配额分配最低。由于地区碳排放过高，碳排放产值较低，碳排放综合绩效较低，从发展低碳经济的视角，建议政府多参考熵权法开展碳配额分配，通过改革工艺等手段提高地区碳排放绩效，在提高绩效的同时实现碳减排。熵权法下既保证地区获得一定碳排放权又可以降低碳排放水平，能达到发展经济与碳减排的双重目的。

开展碳配额分配工作能够促进碳排放下降，在一定程度上实现了碳配额分配的目的——碳减排。历史碳排放及碳排放强度等是碳配额的重要参考，为了避免地区生产发生较大的波动而引起经济紊乱，碳配额分配应适当照顾传统高碳排放地区，但是由于地区碳排放综合绩效不高所以配额数量亦应有所限制。

2. 不同产业碳配额分配方案对比分析

开展碳配额分配工作降低了产业整体碳排放水平。基于基准线法和熵权法的产业碳配额分别是 282.14 万吨和 283.23 万吨，与原始碳排放相比分别减少了 27.80 万吨和 26.71 万吨（表 7-12、图 7-11）。历史法碳配额分配以原始碳排放为参考，碳配额与原始碳排放无差别。

表 7-12　2015 年基于不同方法的产业碳配额对比分析　　（单位：万吨）

产业编号	产业分类	产业名称	原始碳排放	历史法	基准线法	熵权法
1	B0610	煤炭开采和洗选业	0.109	0.165	0.099	0.120
2	C1310	农副食品加工业	0.991	0.801	0.991	1.090
3	C1431	食品制造业	2.069	4.714	1.881	2.276
4	C1513	酒、饮料和精制茶制造业	31.983	9.630	29.075	28.785
5	C1620	烟草制品业	0.695	0.830	0.632	0.625
6	C1711	纺织业	2.365	2.269	2.150	2.128
7	C1830	纺织服装、服饰业	0.016	0.043	0.016	0.018
8	C2221	造纸和纸制品业	4.454	6.639	4.049	4.677
9	C2311	印刷和记录媒介复制业	0.386	0.183	0.351	0.367
10	C2611	化学原料和化学制品制造业	18.254	10.639	16.594	18.254

续表

产业编号	产业分类	产业名称	原始碳排放	历史法	基准线法	熵权法
11	C2710	医药制造业	5.564	2.926	5.058	5.008
12	C2812	化学纤维制造业	0.004	0.013	0.003	0.004
13	C2913	橡胶和塑料制品业	0.061	0.202	0.056	0.068
14	C3011	非金属矿物制品业	69.438	75.179	63.125	62.494
15	C3120	黑色金属冶炼和压延加工业	1.320	2.648	1.200	1.386
16	C3216	有色金属冶炼和压延加工业	7.044	12.312	6.403	6.691
17	C3360	金属制品业	0.173	0.278	0.157	0.182
18	C3441	通用设备制造业	0.007	0.220	0.007	0.007
19	C3511	专用设备制造业	0.888	1.507	0.846	0.977
20	C3610	汽车制造业	2.143	1.525	2.143	2.250
21	C3922	计算机、通信和其他电子设备制造业	0.264	3.005	0.260	0.257
22	D4411	电力、热力生产和供应业	161.745	174.213	147.041	145.570
合计			309.940	309.940	282.140	283.230

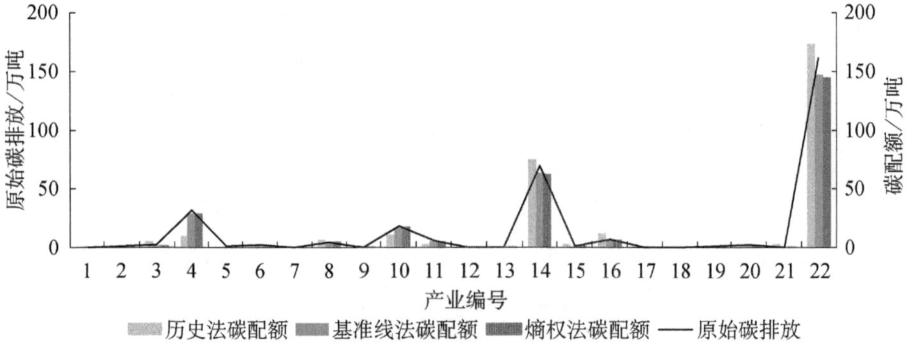

图 7-11　2015 年基于不同方法的产业碳配额对比分析

基于熵权法的碳配额分配方案更公平。一方面，相比较于历史法和基准线法，基于熵权法制定碳配额分配方案时的参考指标除工业总产值和碳排放外，还涵盖了产业的综合能源消耗、用地、用水、劳动力及废弃物排放等，指标体系更全面。另一方面，熵权法综合评估了各生产因素在碳配额分配中的影响及作用，并将这些指标作为参考制定各产业的碳配额比例及数量，因此对于那些碳排放综合绩效较低的产业，其碳配额会得到较大程度的压缩。以电力、热力生产和供应业为例，基于熵权法该产业的碳配额为 145.57 万吨，低于历史法和基准线法碳配额。该产业是郑州市碳排放水平最高的产业，因此历史法下的产业碳配额依然是最高的；基准线法只考虑了产业碳排放及工业总产值对碳配额的影响，虽然该产业的工业总产值很高，但是用地效率、用水效率等却远远低于产业平均水平，而且该产业是污染物排放非常严重的部门，因此该产业碳减排是发展低碳产业的关键。三种不同的方法下，基于熵权法该产业的碳配额是最低的，因此基于熵权法的碳配额分配方案更利于降低高排放低绩效产业的碳排放水平，更利于碳减排，更有助于碳排放资源在各产业部门之间的均衡分配。

基准线法下产业碳配额数量最少。基于基准线的产业碳配额为 282.14 万吨，低于历史法和熵权法下的产业碳配额总量。除烟草制品业和专用设备制造业外，其他产业的单位碳排放创造的工业总产值均在 100 万元以下，多数产业的碳配额低于原始碳排放，基准线法下的碳配额总量低于熵权法下产业碳配额，因此基于基准线法的郑州市典型产业碳配额分配方案更利于碳减排。

与历史法及基准线法相比，基于熵权法的碳配额分配方案分析了产业碳排放的综合绩效，该方法下碳排放综合绩效较低的产业其碳配额得到了很大程度的压缩，同时该方法又能够确保高绩效的产业获得足够的碳排放空间。

对于低绩效产业而言，基于历史法的碳配额分配方案虽然有利于其获得较高碳配额，但是不利于碳减排，所以对高排放低绩效产业（电力、热力生产和供应业，非金属矿物制品业），并不建议基于历史法开展碳配额分配。电力、热力生产和供应业是产业碳排放主要碳源，与历史法和基准线法相比，基于熵权法的该产业碳配额是最低的，因此基于熵权法的产业碳配额分配方案对碳减排的影响作用更明显。汽车制造业和通用设备制造业碳排放综合绩效较高，建议基于熵权法制定这两类产业的碳配额分配方案。从产业长远发展考虑，熵权法在降低产业碳排放的同时也保障了产业的碳排放权及发展权，因此可考虑将熵权法作为制定产业碳配额分配方案的参考方法。

与原始碳排放相比，历史法和基准线法下多数产业的碳配额是下降的，熵权法多数产业的碳配额有所增加，主要是因为研究期内多数产业的碳排放呈下降趋势，但是工业总产值却逐年提高，因此历史法和基准线法下的产业碳配额低于原始碳排放。熵权法碳配额分配方案有利于提高绩效水平较高产业的碳排放空间，碳排放综合绩效较高的汽车制造、计算机等产业的碳配额虽然低，但是与原始碳排放相比其数值也是增加的，这些产业的碳排放空间得到了进一步的扩展，利于产业扩大生产规模，从而利于产业整体工业总产值及碳排放综合绩效水平的提高。基于基准线法的汽车制造业的碳配额分配更有利于产业碳减排，而熵权法下的计算机、通信和其他电子设备制造业碳配额很低，建议采用熵权线法开展碳配额分配。郑州市不同产业碳配额分配建议方法见表 7-13。

表 7-13　郑州市不同产业碳配额分配建议方法

产业编号	产业名称	建议方法	产业编号	产业名称	建议方法
1	煤炭开采和洗选业	基准线法	12	化学纤维制造业	基准线法
2	农副食品加工业	历史法	13	橡胶和塑料制品业	基准线法
3	食品制造业	基准线法	14	非金属矿物制品业	熵权法
4	酒、饮料和精制茶制造业	历史法	15	黑色金属冶炼和压延加工业	基准线法
5	烟草制品业	熵权法	16	有色金属冶炼和压延加工业	基准线法
6	纺织业	熵权法	17	金属制品业	基准线法
7	纺织服装、服饰业	基准线法	18	通用设备制造业	熵权法
8	造纸和纸制品业	基准线法	19	专用设备制造业	基准线法
9	印刷和记录媒介复制业	历史法	20	汽车制造业	基准线法
10	化学原料和化学制品制造业	历史法	21	计算机、通信和其他电子设备制造业	熵权法
11	医药制造业	历史法	22	电力、热力生产和供应业	熵权法

3. 典型企业碳配额分配方案对比分析

2015 年郑州市非金属矿物制品业原始碳排放为 69.438 万吨，与原始碳排放相比，历史法下的碳配额有所上升，基于基准线法和熵权法的非金属矿物制品业的碳配额分别为 63.125 万吨和 62.494 万吨，分别比原始碳排放减少了 6.313 万吨和 6.944 万吨。企业是参与碳交易活动的主体，企业参与碳交易活动能够促进碳减排（表 7-14，图 7-12）。

表 7-14　2015 年基于不同方法的典型企业碳配额对比分析　（单位：万吨）

序号	原始碳排放	历史法	基准线法	熵权法	序号	原始碳排放	历史法	基准线法	熵权法
1	2.5659	2.3522	2.3327	2.3093	11	0	3.4292	0	0
2	11.3159	11.1100	10.2872	10.1843	12	0.0377	1.8371	0.0343	0.0339
3	13.2354	9.0679	12.0322	11.9119	13	0.0015	0.0426	0.0017	0.0014
4	0.0071	0.1519	0.0071	0.0064	14	2.0482	1.8861	1.8620	1.8434
5	20.1000	16.6897	18.2727	18.0900	15	0.1780	0.4611	0.1619	0.1602
6	0.2911	2.4171	0.2646	0.2620	16	1.9405	0.9550	1.7641	1.7464
7	0.2722	0.3873	0.2475	0.2450	17	0.0002	0.2363	0.0002	0.0002
8	0.0125	0.1614	0.0056	0.0113	18	0.8210	0.5962	0.7463	0.7389
9	2.7109	3.4853	2.4645	2.4398	19	0.0184	0.0342	0.0167	0.0165
10	0.2591	0.8157	0.2356	0.2332	20	0.1080	0.1042	0.0982	0.0972

续表

序号	原始碳排放	历史法	基准线法	熵权法	序号	原始碳排放	历史法	基准线法	熵权法
21	0.1242	0.1136	0.1129	0.1117	43	0.2702	0.1987	0.2457	0.2432
22	0.1188	0.2527	0.1080	0.1069	44	0.0113	0.2138	0.0103	0.0101
23	1.0370	0.8016	0.9428	0.9333	45	0.0354	0.0390	0.0337	0.0319
24	0.0095	0.1596	0.0090	0.0085	46	0.0534	0.0659	0.0485	0.0480
25	0.0429	0.2424	0.0390	0.0386	47	0.0130	0.0197	0.0118	0.0117
26	0.3863	0.3209	0.3512	0.3477	48	0.2378	0.1890	0.2162	0.2141
27	0.8085	0.2912	0.7350	0.7277	49	0.0161	0.0683	0.0147	0.0145
28	0.4315	0.3037	0.3923	0.3883	50	0.1620	0.1949	0.1473	0.1458
29	0.1078	0.4239	0.0980	0.0970	51	0.0933	0.2435	0.0848	0.0839
30	0.1122	0.1115	0.1020	0.1010	52	0.1319	0.1512	0.1199	0.1187
31	0.0546	0.0660	0.0496	0.0491	53	0.3898	0.3038	0.3544	0.3508
32	0.1804	0.2910	0.1640	0.1624	54	0.0118	0.0510	0.0107	0.0106
33	0.0383	0.1553	0.0064	0.0344	55	0.8163	0.3594	0.7421	0.7347
34	0.0658	0.2817	0.0599	0.0593	56	0.1229	1.3513	0.1117	0.1106
35	0.0633	0.0379	0.0576	0.0570	57	0.0001	0.0246	0.0001	0.0001
36	0.8085	0.4041	0.7350	0.7277	58	0.0001	0.0352	0.0002	0.0001
37	0.4312	0.2036	0.3920	0.3881	59	0.2381	0.1156	0.2165	0.2143
38	0.0227	0.0859	0.0206	0.0204	60	0.8747	1.6696	0.7952	0.7872
39	0.2417	0.3042	0.2197	0.2175	61	0.0004	0.0126	0.0004	0.0003
40	0.4312	0.2948	0.3920	0.3881	62	0.2275	0.1905	0.2068	0.2048
41	0.0866	0.0870	0.0788	0.0780	63	0.0001	0.0004	0.0001	0.0001
42	0.5713	0.1793	0.5194	0.5142	64	3.6335	2.3075	3.3032	3.2702

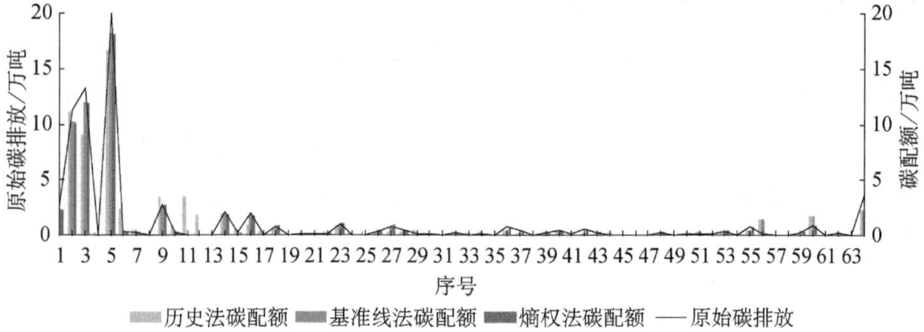

图 7-12　2015 年基于不同方法的典型企业碳配额对比分析

企业是碳交易市场的主体参与者，城市碳减排及发展低碳产业的最终执行者依然是企业，企业的减排力度及减排效率决定了城市产业的减排数量及效率。对比分析历史法、基准线法和熵权法碳配额分配方案，熵权法下各企业的碳配额数量都比较低，按照熵权法开展碳配额分配对企业碳减排的助力最大，建议政府参考企业碳排放综合绩效基于熵权法制定企业的碳配额分配方案。

基于历史法的典型企业碳配额分配方案中，历史碳排放水平较高的企业其碳配额依然很高，与原始碳排放相比，碳减排的数量及效率都很低，所以参考企业历年碳排放制定的碳配额分配方案对企业碳减排的共享程度有限，并不利于碳减排及低碳产业目标的实现。基准线法以企业的碳排放及工业总产值为参考确定碳配额分配方案，当碳排放与经济发展未完全脱钩时，碳排放高的企业工业总产值也高。但是这些高排放、高产值企业的碳排放产值都处于比较低的水平（小于 25 万元/吨），即使允许碳排放空间有所压缩，比例也是有限的。而且非金属矿物制品业中碳排放产值 75 万元/吨的企业只有 5 个，这 5 个企业碳配额数量大于原始碳排放，其允许碳排放空间有所扩展。其余企业碳配额都低于原始碳排放，但是由于其碳排放一直很低导致二者的差值不大，所以基于基准线法的典型企业碳配额分配方案对碳减排的力度也有限。

高能耗企业的碳排放及碳排放强度一直处于较高的水平，能源的大量消耗不仅造成了较高的碳排放，而且排放了大量的废弃物造成严重的环境污染，因此这些高能耗企业的碳排放综合绩效都比较低。熵权法考虑了企业的能源消耗、工业总产值、用地用水、劳动力投入及废弃物排放这些因素对碳排放和碳排放综合绩效的影响，在碳排放综合绩效评估的基础上确定碳配额比例。由于用地效率等评价指标的数值较低，非金属矿物制品业中高产值企业的碳排放综合绩效均比较低。熵权法下所有企业的允许碳排放空间都在原始碳排放的基础上有所下降，并未出现某个企业碳配额高于原始碳排放的情况；与基准线法碳配额分配方案相比，熵权法下各企业的碳配额也是很低的，因此从碳减排的视角出发，基于熵权法的典型企业碳配额分配方案更利于碳减排目标的实现。

第三节 不同碳配额分配方案减排潜力的对比分析

基于不同方法的碳配额分配方案的碳减排潜力可用碳配额与原始碳排放之

间的差值表示，二者的差异越明显减排潜力越大，差异越小减排潜力越小。

一、不同地区碳配额分配方案减排潜力分析

2015 年，郑州市基于基准线法和熵权法的地区碳配额与原始碳排放相比分别减少了 14.04 万吨和 30.94 万吨，分别占原始碳排放的 4.53%和 9.98%，因此从地区碳减排数量及碳减排比例看，基于熵权法的不同地区的碳配额分配方案的减排潜力更大，其减排数量及减排比例都处于比较高的水平。

由前文的分析可知，在接受调研的地区中登封市的原始碳排放水平是最高的，此外该地区的碳排放产值及碳排放综合绩效都比较低，因此基于历史法、基准线法和熵权法的不同地区的碳配额分配方案中登封市的碳减排数量及碳减排比例都比较大。

在不同方法碳配额分配方案中，2015 年登封市基于基准线法和熵权法的碳配额分别比原始碳排放减少了 12.39 万吨和 13.63 万吨，二者分别占本年度地区原始碳排放的 9.09%和 10.00%。由于该地区 2012 年的碳排放及其在总量中的比重低于 2015 年的水平，因此基于历史法的地区碳配额与原始碳排放相差的较多。在调研的地区中登封市的碳排放综合绩效水平最低，并且该地区的原始碳排放水平很高，所以从减排数量看，该地区的减排数量较多且减排比例也较高。除此之外荥阳市及二七区的碳减排潜力也相对较大，基于熵权法的荥阳市的碳减排数量较大为 41.03 万吨。出现上述情况的主要原因在于，荥阳市属于原始碳排放水平较高但碳排放综合绩效较低的地区。

二、不同产业碳配额分配方案减排潜力分析

2015 年，郑州市基于基准线法和熵权法的产业碳配额分别比原始碳排放减少了 27.8 万吨和 26.71 万吨，分别占原始碳排放的 8.97%和 8.62%。

基于不同方法的碳配额分配方案中，高碳排放生产部门的碳减排数量及减排比例较大。历史法碳配额分配以原始碳排放为参考，碳配额与原始碳排放无差别。基于基准线法和熵权法的不同产业的碳配额分配方案中，减排数

量最多的产业是电力、热力生产和供应业。两种方法下，该产业的碳配额分别比原始碳排放减少了 14.704 万吨和 16.175 万吨，分别占原始碳排放的9.09%和 10.00%。一方面，相较于基准线法和历史法，熵权法碳配额分配的参考指标除工业总产值和碳排放外，还涵盖了产业的综合能源消耗、用地、用水、劳动力和废弃物排放等，指标体系更全面。另一方面，熵权法下该产业碳配额为 145.57 万吨，低于基准线法和历史法下的产业碳配额，所以基于熵权法的碳配额分配方案更有利于该产业碳减排目标的实现。电力、热力生产和供应业一直是郑州市典型产业碳排放最主要的组成部分，具有能耗大、污染重、排放高、绩效低的特点，是城市产业碳减排的重点生产部门。同时该产业的减排数量及减排潜力在很大程度上决定了城市产业整体的减排潜力及减排效率。2012～2015 年电力、热力生产和供应业的碳排放综合绩效较低，与原始碳排放相比碳配额均会得到较大的程度的压缩，又因为该产业的碳排放水平一直较高，所以该产业的减排数量较大。除电力、热力生产和供应业之外，非金属矿物制品业的减排潜力也很大。基于基准线法和熵权法的该产业碳配额分别比原始碳排放减少了 6.313 万吨和 6.944 万吨，分别占原始碳排放的 9.09%和 10.00%。上述两类产业都是郑州市典型产业中碳排放水平比较高的产业，开展碳配额分配工作更利于高碳排放产业减排，这些碳排放较高的产业减排数量及减排比例都很大，而且这些产业碳排放空间的压缩更利于城市产业碳减排及低碳发展。

三、典型企业碳配额分配方案减排潜力分析

2015 年，郑州市非金属矿物制品业产业原始碳排放为 69.438 万吨，基于历史法、基准线法和熵权法的典型企业碳配额分别为 75.179 万吨、63.125 万吨、62.494 万吨。与原始碳排放相比基于历史法的碳配额并未发生较大的波动，基于基准线法和熵权法的碳配额分别比原始碳排放减少了 6.313 万吨和 6.944 万吨，分别占原始碳排放的 9.09%和 10.00%，由此可见若实施碳配额分配工作则可以在一定程度上降低城市企业碳排放空间，促进碳排放水平下降。

基于历史法的典型企业碳配额分配方案中，减排数量最多的企业序号为 5，2015 年碳配额比原始碳排放减少了 3.4103 万吨，主要原因在于 2012 年企业

碳排放及其在产业总碳排放中所占比重较小。由于多数企业 2012 年的碳排放及其比重高于 2015 年，基于历史法的典型企业的碳配额多数是高于其原始碳排放的，因此参考企业的历史碳排放水平开展碳配额分配工作对企业的碳减排的贡献是有限的。非金属矿物制品业的总碳排放逐年下降，各企业的碳排放水平也表现为逐年下降的趋势，因此参考企业历史碳排放水平制定的碳配额分配方案对企业碳减排的贡献是有限的，该方法下该产业的允许碳排放空间也将进一步下降，但是下降的速率比较慢，减排效果不够明显。

从减排数量及减排比例看，基于熵权法的碳配额分配方案更能够促进碳排放水平的下降，对企业碳减排及低碳发展最有利。基于基准线法和熵权法的典型企业碳配额分配方案中，减排数量较多的都是序号为 5 的企业，与原始碳排放相比碳配额分别减少了 1.8273 万吨和 2.0100 万吨，分别占年度原始碳排放的 9.09%和 10.00%。作为高排放低绩效产业的代表，非金属矿物制品业多数企业碳排放的经济产出效益较差，而且在 2015 年该产业下所有企业的碳排放综合绩效评价值均在 0.8 以下。参考熵权法碳配额比例标准，这 64 家企业的碳配额均会在原始碳排放的基础上进行压缩，所以基于熵权法的各企业的碳配额均低于原始碳排放。若在非金属矿物制品业的各企业间开展碳配额分配工作则基于熵权法的典型企业的总碳配额是最少的，其减排潜力最明显。

与基于历史法和基准线法的碳配额分配方案相比，基于熵权法的典型企业碳配额均低于原始碳排放，其减排数量及减排潜力均较大。在碳排放综合绩效评估的基础上制定基于熵权法的典型企业碳配额分配方案更有利于实现非金属矿物制品业碳排放资源在各个企业间的平均分配，有利于企业获得平等的排放权及发展权。

实施碳配额分配工作的主要目的是促进碳减排，由上述分析可知，若郑州市地区、产业和企业依据其生产特点及碳排放特征制定碳配额分配方案能够促进碳排放水平的下降。企业是经济生产活动最基础的单元，同时也是碳交易市场的主要建设者，是碳交易活动的主体参与者。企业碳减排是城市产业碳减排及低碳发展的关键，基于熵权法的典型企业的碳减排潜力最大，因此基于熵权法的碳配额分配方案更利于产业碳减排及低碳目标的实现。

第八章

郑州市低碳产业发展的模式和对策

郑州市典型产业碳排放研究的最终目的是通过碳排放综合绩效评价，寻求更加公平合理的碳配额分配方案，为城市低碳产业发展提供参考和借鉴。发展低碳产业的核心是能源结构的调整、能源技术的革新和低碳技术的研发，此外法律保障、低碳规划、政府政策、管理机制、企业运行方式是低碳产业发展的重要保障。通过前文对郑州市典型产业碳排放的研究可知，郑州市产业低碳发展受到区域经济发展水平、产业结构、能源结构、技术水平等多因素的制约，因此未来应根据郑州市的具体情况，开展低碳产业发展策略的研究，推动郑州市产业向低碳转型。

第一节　郑州市低碳产业发展模式

通过对郑州市不同类型企业的碳减排潜力具体分析，本节尝试对郑州市的低碳产业发展模式进行研究，并根据郑州市当前的产业状况及郑州市“十三五”的规划要求，结合发达国家低碳产业发展的经验，探索分析郑州市产业未来的低碳发展模式，为郑州市更好的发展低碳产业提供行之有效的模式。

一、低碳产业发展模式的内涵

低碳模式是指为减少温室气体排放，企业应用新技术、新材料和新的作业方式等，通过改进、优化或创新生产经营活动，实现最大程度减少温室气体排放，从而形成新的营运模式。产业的低碳发展模式，从产业结构的角度讲，就是要合理控制高耗能、高污染的企业生存模式，优化企业的能源使用结构，提高能源效率，合理调整产业结构，推进高碳产业向低碳产业逐步转型。产业的低碳发展模式一般包括企业的发展目标、方式、重心、步骤等要素。郑州市是一个工业化城市，正处于快速城市化和工业化阶段。有研究表明煤炭、金属等重工业的发展会产生大量碳排放（侯丽朋等，2016），所以郑州市应该选择什么样的产业发展模式以及怎样选择，成为郑州市未来低碳产业发展的过程中应考虑的问题。低碳发展模式的选择关系到郑州市未来是否能实现低碳可持续发展。

传统的高碳模式是经济发展中的中坚力量，在郑州市经济发展中起到了非常重要的作用。以高碳为基础的工业模式下，在生产、消费、流通等方面体现的都是高污染和高排放的特征，这也表明郑州市产业结构具有不合理性。产业的发展会带动城市化的发展，随着城市化水平不断提高，以二氧化碳为代表的温室气体排放成为当前中国城市可持续发展面临的巨大挑战之一（杨青林等，2017）。大气中二氧化碳浓度不断增加，将加剧温室效应，给人类带来灾难性的后果。在产业发展过程中大量使用化石能源是产生环境灾难的主要原因。因此，郑州市能源结构亟待调整，如工业燃煤比重高、燃煤削减落实不力、煤质标准低、清洁能源建设工程进度缓慢、缺乏长效控煤措施等。

低碳产业发展模式是相对于高碳产业发展模式而言的，是相对于无约束的碳密集能源生产方式和能源消费方式的高碳模式而言的（张英，2012）。它是对实现低碳排放的产业发展的规律总结，方式就是将传统高碳产业合理的改造成低碳产业新模式。低碳产业发展受经济水平、社会、政策、技术水平等因素影响，模式也具有多样性，但是总的目标是要实现低能耗、低排放和低污染。所以，就需要调整产业结构，使其达到合理化，一方面要满足经济发展的要求，也能降低生产过程中的碳排放；另一方面也要最大化地利用能源，降低碳排放强度。总而言之，实现低碳产业发展目标需要将产业发展过程中由高度依赖能源消费向低能耗、可持续发展方式转变；将能源消费结构由高度依赖化石燃料向低碳型、可再生能源转变。低碳产业发展模式机理见图 8-1。

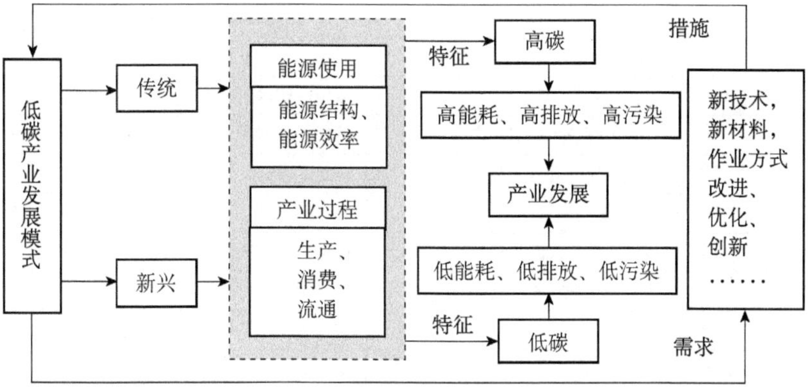

图 8-1　低碳产业发展模式机理图

二、不同国家低碳产业模式

目前，国际上的研究大多针对的是低碳经济，很少有针对低碳产业的，但实际上低碳产业是低碳经济的重要组成部分。低碳产业的发展会带动整个低碳产业链，进而形成规模的低碳经济，达到城市发展低碳经济的目的。由于 20 世纪工业革命的影响，英国工业迅速发展，但这是一种以高污染、高能耗、高碳排放为特征的经济发展模式。英国大部分地区受反气旋的影响，很多工厂的废气排气不畅，由此形成了著名的“伦敦烟雾事件”。受这一历史性事件的影响，英国在 2003 年最早提出低碳经济发展模式。随着极端异常天气的增多，全球气温升高等问题越来越突出，越来越多的国家开始研究低碳经济发展模式（表 8-1）。

表 8-1　近年来发达国家发布实施的节能减排法律法规

国家	年份	政策和措施	目标和意义
英国	2002	建立“碳交易制度”	承诺减排的企业必须真实报告碳减排情况
	2003	《能源白皮书》	到 2050 年全面建成低碳社会
	2007	《今天行动，守候将来》	伦敦到 2025 年将至 1990 年水平的 60%
	2008	《气候变化法案》	到 2050 年碳排放量降低 60%
	2009	“碳预算”纳入政府预算	世界上第一个有“碳预算”的国家
	2009	《清洁煤炭发展框架》	要求新煤电厂必须要有碳存储能力
	2009	《英国低碳转型计划》	到 2020 年比 1990 年碳排放量减少 34%
德国	1991	《可再生能源发电并网法》	此发电方法能为发电企业带来利润
	1999	生态税	对油、气、电力行业征收生态税
	2002	《热电联产法》	运用此技术生产出来的电可以获得补贴
	2006	《德国高技术战略》	持续加强创新力量
	2007	“气候保护高技术战略”	确定了未来发展的 4 个重点领域
	2009	绿色照明项目	到 2050 年能满足欧洲总用电量需求的 15%
	2009	《低碳经济战略报告》	提出实现低碳产业现代化的指导纲领
美国	2006	“气候变化技术战略规划”	提出碳捕捉和碳封存技术
	2007	《低碳经济法案》	促进零碳和低碳能源技术的开发和应用
	2009	《美国清洁能源与安全法案》	提供资金研发碳捕捉和碳封存技术
	2009	“美国复兴和再投资计划”	目的是研发新能源
	2009	《美国复苏与再投资法案》	开发和利用新能源
日本	2007	“面向低碳社会规划”	提倡节俭的生活方式
	2008	“低碳社会行动计划”	到 2050 年全面建成低碳社会

1. 英国低碳经济模式

英国最早在政府文件《能源白皮书》中提出低碳经济理念，并在 2003 年的政府报告中具体阐述了低碳经济发展的战略计划，提出至 2050 年全面建成低碳社会。2008 年英国颁布了《气候变化法案》，从法律约束的角度落实温室气体减排目标。2009 年英国政府首次将“碳预算”纳入政府预算中。同年 7 月，英国制定国家战略方案——《英国低碳转型计划》，提出到 2020 年将碳排放量在 1990 年基础上减少 34%。此转型计划中涵盖了电力行业、家庭与社区、工作场所、交通系统、农业。为了实现这一目标，英国增加了气候变化税、成立碳基金、企业与政府签订气候变化协议、建立碳补偿机制、积极研发低碳技术等。总的来说，英国低碳经济发展模式是政府激励和碳市场机制相结合，即政府先制定减排目标，然后出台一系列激励政策和建立完善碳交易市场机制，让企业积极参与。

2. 德国低碳产业模式

德国的低碳产业模式是走新能源开发和气候保护高端技术路线。德国为了促进低碳产业的发展，环保部门提出了“绿色照明项目”，这一项目的实施可以降低电力行业碳排放。同时还设立了生态税，鼓励企业向低碳方向发展。德国政府一方面想办法节能减排，另一方面积极开发和使用新能源，德国准备在撒哈拉沙漠修建全世界最大的太阳能发电厂，预计到 2050 年可以解决欧洲 15%的电力需求（沈海滨，2010）。此外，德国也提出大力发展低碳发电站技术、降低各种交通工具的产生二氧化碳、开展碳排放交易等措施。

3. 美国低碳产业模式

美国实施的是低碳技术创新和新能源战略模式，因其是能耗大国，所以一直强调低碳技术革新。奥巴马政府提出应对气候变化的低碳发展路径，希望通过绿色新政，发展新能源技术，力图打造低碳技术的竞争优势。美国气候变化技术于 2006 年 9 月正式提出，目的是通过捕集、减少或者储存的方式来控制温室气体的排放。到 2009 年美国出台了《美国清洁能源安全法案》，明确规定到 2020 年碳减排目标降低 17%，到 2050 年碳排放量下降 83%。同时美国也致力于碳捕获和碳封存技术研发，试图从另一个角度降低碳排放量，未来此方法具有可行性和潜力。

4. 日本低碳社会模式

日本实施的是政府主导下的新技术、新能源低碳发展模式。日本与其他国家低碳模式不同，日本是以政府为主导全民参与的举国体制，中央政府、地方政府、企业、国民都要积极参与到低碳社会的建设中。2007 年，日本环境部提出了“面向低碳社会规划”，但主要是针对国民生活方式而言。2008 年 5 月，环境部提出“面向低碳社会的 12 项行动”，工业界也开始向低碳方向转型。同年 7 月日本内阁发布“低碳社会行动计划”，计划到 2030 年，新能源发电将占日本总用电量的 20%，到 2050 年，将在现有基础上减少 60%～80%的温室气体。

三、中国低碳产业模式

据美国橡树岭国家实验室CO_2信息分析中心研究表明，2006年中国的碳排放量已经超过了美国，成为世界上最大的碳排放国家（吴开亚等，2013），化石能源消费产生的二氧化碳占全国排放总量的75%（Streets et al.，2001）。近年来中国经济呈现快速发展的趋势，快速发展的工业引起经济增长和结构变化，从而促进经济发展。同时，也必须看到，近年来重化工业和高耗能产业生产能力的快速扩张，使得环境压力日益突出，如果这种趋势不加以控制，中国的能源消耗和碳排放将可能出现让中国和世界均难以承受的严重局面（卢晓彤，2011）。

中国作为负责任的发展中国家，面对成为世界上最大的碳排放国家这一事实，正积极探寻低碳产业发展模式。中国所做的一系列低碳研究，主要是从国家层面自上而下的推广，地方的低碳政策及低碳研究都是以国家的低碳发展方向为风向标。2007年，国家12个部委联合发布了《气候变化国家评估报告》。编制报告的意义在于，一方面是向国际表明我国高度重视气候变化，另一方面是为我国未来参与气候变化研究指明了方向（中华人民共和国科学技术部，2007）。2007年6月，政府发布了《中国应对气候变化国家方案》，方案中明确提出调整能源结构、强化钢铁、有色金属、石油化工、建材、交通运输、农业机械等领域的节能技术开发具体措施（高广生，2007）。2007年底，国务院发表《中国的能源状况与政策》白皮书，介绍了中国能源利用现状，将可再生能源发展列入国家能源发展战略体系。2009年中国政府在联合国气候大会上承诺到2020年中国的碳排放强度将比2005年下降40%～45%，低碳产业的发展将会为减排做出积极的贡献，成功的关键在于国家的低碳产业模式推广力度和研究进度。

目前，我国低碳产业发展模式主要有三种：一是传统产业低碳发展模式。传统产业一般包括农业、旅游和手工业等，相对能源密集型产业而言，其生产过程表现出的特征是低能耗、低排放、低污染，因此政府一般采用维持的方式，即在保证原有产业价值的基础上，碳排放量不变或尽可能降低。此模式能起到立竿见影的效果，且不需要太高的成本投入。但是该模式具有区域限制性，一般适用于原低碳经济基础较好的区域。例如，近几年中国一直强调要重视农业的基础地位，在实施农业低碳化过程中主要强调植树造林、节水农业、有机农业等方面。二是能源密集型高碳产业低碳发展模式。高碳产业一般包括钢铁、冶金、化工、建材等。其整个产业链都表现出高投入、高消耗、高排放、高污染的特点。针对这种特点，一般对这些企业采取的是压缩或者淘汰的政策。但是因为这些能源密集型高碳产业对区域经济增长有积极的贡献，所以一次性全部压缩或淘汰的难度太大，也不符合实际。所以我国采取的做法是逐步压缩直至最后淘汰，从历次的“五年规划”中也可以看出，政府每年都会出台一批淘汰落后产能企业的名单。从短期来看，此种模式的推行可能会影响国民经济的发展；从长远看，淘汰高耗能、高污染企业已经成为大势所趋。三是新兴低碳产业集群发展模式。低碳产业集群是指通过技术创新和制度创新，实现清洁能源结构和高能源效率的产业集群（孙小明，2016）。该模式是通过传统制造业集群改造、工业园区综合优化、生产性服务业集群升级、新能源新材料产业定位而形成的新兴低碳产业集群，主要培育以低碳技术产业为主体的产业集群。低碳产业集群目的是通过集中一批低碳产业，通过技术创新和制度创新，形成新的低碳产业集群增长极，以起到降低低碳产业生产成本和加速企业间技术协同创新步伐的作用。

四、郑州市低碳产业模式研究

1. 郑州市产业发展模式现状分析

郑州市现处于工业化中期阶段，其产业发展模式仍是一种高投入、高消耗、高排放、高污染的粗放高碳增长模式，并且未来在很长一段时间内经济发展仍然将以工业为主导，高成长型制造业及高技术产业还有很大发展空间。在新常态时期下，政府和市场在经济活动中的作用及地位发生变化，政府的干预作用会慢慢弱于市场。但是目前郑州市仍是以政府为主导，出台一系列政策强制或引导企业向低碳方向发展，政府的干预作用明显大于市场。所以，目前郑州市的低碳产业的模式是“政府+企业+消费者”的“三位一体”的发展模式，市场的作用没有得到有效发挥。在绿色低碳产业链中，低碳消费是拉动力，而政策作为推动力起到规范作用（文龙光和易伟义，

2011）。郑州在各个层面开展低碳行动，基本形成了崇尚节约节能、绿色消费与低碳环保的社会风尚，这会在某种程度上促进企业向低碳方向转型。同时，郑州市以政府为主导，形成了小范围的低碳产业集群，如郑州市高新区低碳工业园区、郑州技术开发区和新密市产业集聚区节能环保产业基地。但是，“三位一体”的模式有明显的缺点，即以政府为主导，行政干预度高，市场配置资源作用受限，企业主要依赖政府政策，自由度过低，可持续经营能力缺乏，长此以往，企业缺乏动力和生机。因此在新常态时期发展低碳产业，需要适当改变政府主导模式，让市场也能积极的参与其中。

2. 郑州市低碳产业发展模式的选择

前文从城市层面开展了郑州市不同产业碳收支核算和碳排放特征研究；以郑州市 181 家企业为研究对象，对碳排放及碳排放强度进行了核算，基于核算结果，分析了产业用地、用水、劳动力投入、废弃物排放及产品的碳排放效率；将产业用地、工业用水及劳动力投入纳入 LMDI 因素分解分析模型，分析了碳排放强度、能源效率、单位用地能源消耗、人均用地、劳动力投入这五类因素对碳排放变化的影响；将产业用地、工业用水及劳动力投入、废弃物排放等纳入熵权法碳排放综合绩效评估体系，对郑州市典型产业碳排放综合绩效进行了评估，并对碳配额分配方案进行了初步研究。在此基础上，本节基于前文的主要结论和启示，整合了郑州市政府近年来提出的应对气候变化和控制温室气体方面的相关规划文件和政策，借鉴发达国家产业低碳发展模式，由此提出郑州市低碳产业发展可供选择的模式。

1）“政府激励+碳市场”模式

此种模式主要受英国低碳产业发展模式的启发，是将政府的主导作用与强化碳排放权交易市场机制相结合的一种模式。在低碳产业发展刚起步阶段，企业没有低碳发展的主动性和积极性，因此政府必须发挥主导作用。一方面，要考虑国家低碳减排政策方向，以国家“十三五”规划为指导，并结合郑州市当地实际，实施一系列激励企业节能减排的措施和政策，如《郑州市 2015 年节能减排降碳工作安排》《郑州市 2016 年节能减排降碳工作安排》《河南省“十三五”节能低碳发展规划》等政策的落实实施，有效地促进了低碳产业的建设和发展。截至 2016 年底，郑州市碳排放强度比 2015 年下降了 3.9 个百分点。另一方面，碳排放的外部性决定了企业在追求自身利益最大化情形下主动节能减排动力不足，政府需要采取经济激励的手段促使企业节能减排。建立以政府为主导的碳排放权交易，是市场经济条件下最有效解决碳排放问题的政策手段之一。政府的作用是规范和监测碳市场，碳市场主要还是靠市场运作，也就是需要市场在资源配置中发挥决定作用。碳交易以市场为机制实现控排目标，理论上能够在确保完成减排目标的同时降低生产成本和减排成本。2011 年 11 月，国家发展改革委下发了《关于开展碳排放权交易试点工作的通知》，批准北京、上海、广州、深圳、天津、重庆、湖北等 7 省市开展碳排放权交易试点工作。2017 年我国统一启动碳排放交易市场，实施碳排放交易制度，这对于郑州市低碳产业的发展既是一个挑战也是机遇。郑州市应该积极参与到省和国家的碳排放交易市场建设，做好参与全国碳排放交易前期工作，配合完成纳入碳排放权交易的重点耗能企业碳排放历史数据核查工作。政府不能把“共同但有区别的责任”原则用在碳交易市场，而是要保证在配额分配上采取全国统一标准，从而保障全国碳市场的公平性、一致性和稳定性。

2）“新能源产业+新技术产业”模式

大力发展可再生能源。低碳产业发展模式的实质是产品在生产和流通过程中减少对化石能源的依赖，所以增加清洁能源的使用、优化能源结构是实现产业低碳发展的重要途径之一。郑州市目前以煤为主的能源消费结构特征突出。《郑州市 2016 年节能减排降碳工作安排》指出，郑州市节能降碳难度较大，受资源禀赋的制约，2012 年郑州市典型产业能源消费结构中，煤炭占综合能源消耗的比重为 74.50%，2013 年为 74.26%，煤炭是产业能源供应的主体。2012 年单位工业生产总值的综合能源消耗为 1.17 吨标准煤，2013 年增加至 1.40 吨标准煤，能源效率逐渐下降。煤炭消费产生的污染物已经成为郑州市大气污染物和温室气体排放的主要来源之一。为了实现 2020 年全市万元 GDP 能耗维持在 0.7 吨标准煤，清洁能源在终端能源消费中占比 55%的能源目标，同时也为了带动区域碳减排及低碳发展，郑州市必须尽快转变能源供给方式，建设现代化的能源体系。截至 2016 年底，郑州市光伏发电装机规模达到 50 兆瓦，风能发电装机规模达到 147 兆瓦，太阳能热利用面积达到 1242 平方千米，生物质固体成型燃料年产达到 25 万吨，市区采用地热能热泵制热（制冷）建筑面积达到 828 万平方米，全市非化石能源占一次能源消费比重达 6%以上。在“十三五”期间和未来应该推动能源结构优化，积极发展低碳能源，加强节能降耗，构建低碳能源发展模式。在降低传统化石能源使用率的同时，还应该积极大力发展新能源，新能源产业是战略性先导产业（武义青，2009），发展前景广阔，潜力巨大，是产业发展的必然趋势。郑州市已出台电能替代计划（《关于我省电能替代工作实施方案（2016—2020 年）》）、可再生能源计划（《可再生能源发展“十三五”规划》），应借此机遇，促进新能源集群发展。

低碳技术是低碳产业的重要驱动力（盛济川和曹杰，2011），是新能源低碳产业发展的技术保障，如果能在低碳技术方面有重大突破，将在未来的产业发展中占据先机。郑州市应加强技术创新在产业能源供给改革中的作用；加强节能新技术和新设备的研发及推广应用，采用先进技术改造传统产业，禁止技术落后、能耗过高的工业项目的盲目扩建及无序扩张；推动能源利用方式变革，加强能源利用过程的效率监测及管理，提高能源综合利用效率；可再生能源的推广应用面临的一个较大的问题是如何提高利用效率，为此以提高能源利用效率及优化能源结构的新型能源技术将成为科技发展的重要方向。所以，应加强科学技术研究，助推低碳能源在产业生产中的广泛应用，建立清洁的能源利用体系。

3）“政府+市场+企业+消费者”的四位一体模式

新常态时期，政府和市场都在积极发挥自己的作用，只是市场的作用逐渐大于政府的干预作用。政府的作用主要是制定低碳减排制度、保障公平竞争环境、提供节能减排市场化服务和加强低碳宣传。市场在资源配置中起决定作用，主要从两个方面来激发企业活力：一是价格机制，另一个是供需机制。因此，郑州市低碳产业发展最合理的模式是：政府发挥政策激励作用的同时，还需要充分发挥市场的资源配置作用，这样才能调动企业低碳发展的积极性，消费者也才能更乐于购买低碳产品。所以郑州市的产业低碳发展的模式应该是“政府+市场+企业+消费者”的“四位一体”模式，而不是现在的“三位一体”模式。“四位一体”指的是，政府从战略角度制定低碳产业发展规划，如《“十三五”控制温室气体排放工作方案》《河南省“十三五”节能低碳发展规划》《郑州市 2016 年节能减排降碳工作安排》，并以法律的形式来保障制度的实施，通过政府的技术、资金和引导，构建绿色低碳发展产业体系，同时政府还兼任低碳宣传的任务，使低碳理念深入人心；市场作为资源配置的主体，通过价格和竞争机制，促进企业向低碳模式发展，具体包括企业产业链的生产、流通、消费过程低碳化；企业低碳产业链的形成有利于企业成本的降低，有利于低碳新企业的出现，有利于企业创新氛围的形成。消费者作为低碳产品的最终消费主体，是企业向低碳化方向发展的动力。低碳产业是经济新常态下产业转型的必然选择，产业的发展特征必须是低能耗、低污染、低碳排放。所以在新常态时期下，低碳产业发展模式应该是政府、市场、企业、消费者“四位一体”的模式（图 8-2）。

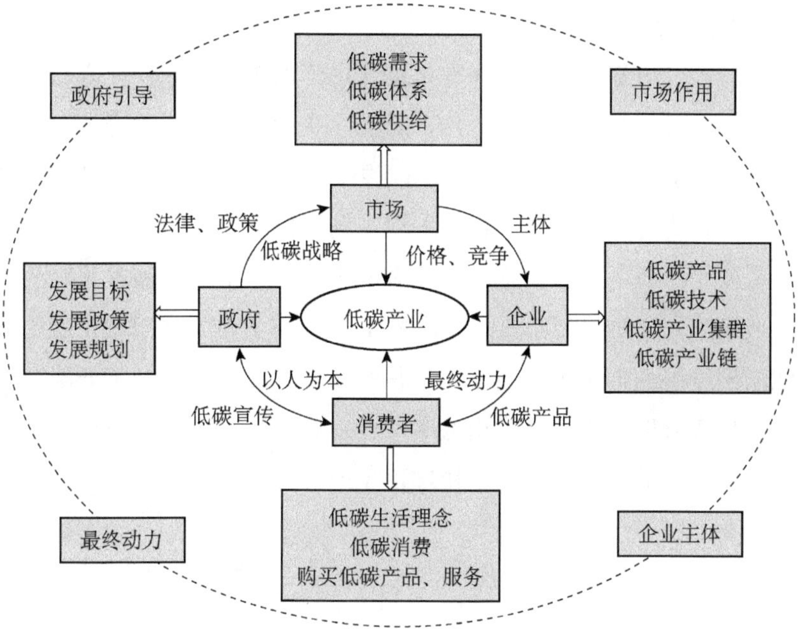

图 8-2　“四位一体”低碳产业发展模式

从图 8-2 可以看出，政府、市场、企业、消费者这四者各自发挥着作用，但又紧密联系、互相影响。政府从低碳产业发展战略出发，制定出发展目标、政策激励、资金技术支持措施及发展规划，并建立健全决策失误责任追究的法律制度，建立齐抓共管机制，实现行政作用最大化。在低碳产业起步阶段，以企业为主体进入低碳市场的成本比较高，从单个企业的角度来说，这些企业一方面没有充足的资金、另一方面也没有高新低碳技术，所以不愿意进入低碳市场，政府可以帮企业规避这些风险和问题，帮助企业进入低碳市场。在市场资源配置的作用下，通过价格机制和竞争机制能有效地促进低碳产业发展。一方面，生产企业要获得超额利润，就必须使其投入要素价格低于社会必要价格水平，企业为此会不断提高自身技术水平，从而使投入要素的使用效率得以提高；另一方面，竞争能使投入要素在经济活动领域中合理流动，以寻求最优组合来提高利用效率，价格和竞争机制能使资源配置功能得以实现。需要注意的是，在发展低碳产业初期，可能会出现不公平的竞争方式和不稳定的价格体系，会造成资金、能源、技术、人力等资源的浪费，所以政府的规范和监管仍是主基调。但是一旦市场运行进入正常轨道，政府应该及时退出，以确保在市场作用下低碳产业朝良性方向发展。企业在低碳产业发展中居于核心地位，首先，企业必须落实政府的政策，配合减排；其次，企业是创新的主体（张冠群和毕克新，2013），包括低碳技术的创新（张鲁秀等，2014）和推广，即主动减排；最后企业还是低碳需求的主体。低碳是政府的需求，也是消费者的需求。消费者的需求是企业向低碳发展的最终动力（刘瑞翔和安同良，2011）。所以无论是政府政策性的需求还是企业低碳发展的需求，消费者始终是经济增长的动力。有了低碳需求，一方面能促使政府以人为本，提出低碳产业发展政策；另一方面也能迫使企业引进或开发先进的低碳技术，尽快实现生产过程向低能耗、低污染、低碳排放方向发展。

第二节　郑州市低碳产业发展对策

郑州市典型产业碳排放研究的主要目的是为城市发展低碳产业提供数据参考及政策建议。低碳产业目标的实现需要能源、产业结构及政策等多种因素共同作用。基于以上研究，本节重点从宏观政策、碳市场、企业、消费者等视角为低碳产业发展提供政策建议。

一、发挥政府主导作用，加强政府调控机制

政府要充分发挥其主导作用，为获取碳交易信息提供支持，鼓励更多的企业参与碳交易市场建设，为完善碳交易网络提供制度保障及政策环境。

郑州市产业经济发展速度虽然很快，但是其发展模式依然沿袭传统的方式，比较明显的特征就是能耗大、污染重，经济虽有所发展但造成的环境污染较重，与可持续发展理念相违背。开展碳交易及碳配额管理工作的目的就是在碳减排的同时保证经济朝着良性的方向发展，实现经济发展与环境保护的双赢。碳交易工作一般由国家发改委或者地方政府部门负责，出台相关规定，制定交易准则、交易价格等。郑州市（或者河南省）碳交易主管部门负责出具企业年度碳核查报告，明确企业碳配额，采取行政的或者经济的手段督促更多的企业参与碳交易市场建设。同时政府制定碳交易管理宏观政策时要紧密结合市场，牢牢把握市场规律，充分发挥市场机制在碳交易中的积极作用，督促重点排放单位参与碳交易市场建设；结合碳排放绩效评估对不同地区及不同产业的碳配额实施差异化对待，对未能按计划完成碳交易工作的企业采取相应的惩罚措施，刺激企业减排。

1. 完善企业碳核查制度、加强影响机制研究

碳核查清单应尽量覆盖多地区的多个生产部门。基于企业数据调研的城市产业碳排放核算是地区碳排放清单编制工作的重要组成部分。

（1）完善企业碳核查制度。加强对企业碳排放的监控，实时掌握企业碳排放量及变化趋势。可以更好地了解各企业的碳排放特征，有针对地限制监管，制定合理的碳减排目标。因此，郑州市今后应建立碳核查专门机构，尝试对重点高耗能、高排放企业进行碳核查，对企业碳排放进行监测和统计，为企业节能技术革新和碳交易提出技术支撑。开展企业碳核查应从企业的原料、能源的输入输出的角度开展核算，分析企业生产过程全生命周期的能源和物资的利用率、废弃率和周转率，全面了解企业能源及含碳产品的流通效率，为企业碳管理和提高能源效率开展环节识别和服务，同时也为未来开展碳交易奠定基础。

（2）加强企业生产过程的碳排放监测，掌握碳排放动态变化特征。完善企业层面的碳排放核算标准体系，针对不同企业开展有针对性地研究。加强

重点排放企业碳排放监测，密切关注其对社会、经济以及环境的影响作用。对低排放企业加强监督，防止因生产规模的扩大而导致产业碳排放短时间内急剧增加。受能源效率、土地利用方式等的影响，产业碳排放综合绩效水平参差不齐，发展低碳产业必须从企业的投入产出视角出发，评估各生产因子对碳排放及其绩效的影响，基于碳排放综合绩效寻求低碳发展模式。同时应该将碳排放这一非合意产出纳入企业效率评价系统，寻求提高企业全要素生产率的途径。

（3）产业碳排放是多种要素相互作用形成的复杂系统。劳动效率的提升是促进城市产业碳排放水平下降的主要原因，因此提高劳动效率可以在很大程度上促进碳减排，但是该方法的使用具有十分明显的产业分异性。研究期内电力、热力生产和供应业劳动力数量大幅度增加，劳动力投入因素影响下的产业碳排放处于增加趋势，而单位用地能源消耗对产业碳减排的影响作用比较突出。制定低碳发展路线应强化碳排放影响机制研究，针对不同的产业制定“差异化”的政策方针，如对于电力、热力生产和供应业应该提高“能源”和“用地”因素的影响，引导产业减排；非金属矿物制品业应该提高“劳动力”因素的影响，提高劳动效率促进碳减排。

2. 政府建立明确的奖惩制度

政府要完善相关法律，建议编制促进低碳产业发展的若干规则，如《郑州市“十三五”低碳发展总规划》和《郑州市低碳产业规划纲要》，严格执行新《环保法》、新《大气法》和《郑州市大气污染防治条例》，形成指导郑州市低碳产业建设工作的行动纲领和准则（王可达，2013）；同时也要完善节能减排统计、监测制度，改进节能减排考核办法，确立明确的奖惩制度，根据郑州市发展的特点，在高耗能、重点用能产业中实施能效“领跑者”制度，编制电机、配电变压器能效提升计划方案，鼓励推广高效电机、配电变压器、高效锅炉等能效 2 级及以上终端用能产品；重视低碳产业标准的制定，规定碳排放量、碳排放交易价格及惩罚制度并严格执行。例如，有色/黑色金属冶炼和压延加工业、煤炭开采和洗选业等，应设置合理的碳排放额度，按照碳排放量进行奖惩。建立以政府为主导的不同产业间横向碳补偿机制，对于高碳排放或者超过规定碳排放量的企业，应给予严格的经济处罚以及政策限制，并用于奖励对碳减排有贡献的企业（赵荣钦等，2016）。

3. 开展企业碳配额研究，试点实施基于碳排放综合绩效的碳配额分配方案

基于郑州市典型企业调研数据，前文从能源消费、工业产值、企业用水用地、劳动力及废弃物排放等因素入手，评估了企业的碳排放综合绩效，并在地区、产业和企业的尺度提出了基于碳排放综合绩效的碳配额分配方案。

建议今后应基于企业综合绩效评价开展企业碳配额分配制度的研究。一方面，开展不同区域企业碳配额差别化分配制度，比如，中牟县、管城区的各项碳排放指标相对较低，而登封市、中原区、荥阳市等的碳排放指标相对较高，可以在区域碳排放分配中根据碳排放绩效有所侧重。另一方面，在碳配额分配中，也要考虑企业资源消耗与污染物排放的综合指标，这样更能体现碳排放交易对于企业资源节约、环境保护与碳减排的协同效果。

与前期研究不同的是，本书将碳排放与企业污染治理和资源节约相结合。单纯的碳减排对企业环境治理和资源节约的推动作用有限，而将多因素评价方法引入企业碳排放综合绩效评估中，试点实施基于碳排放综合绩效评估的碳配额分配方案，不仅能够督促企业减排，而且对于推动土地集约利用、环境治理和资源节约等都具有非常重要的意义。

二、完善碳交易制度，发挥碳市场作用

碳交易机制的引入并不是为了增加企业的生产成本，而是要让企业意识到环境成本。市场调节机制在中国碳交易建设中发挥了重要的作用。建立碳排放交易体系、竞争机制、供求机制、定价机制、风险控制机制等才能创造公平的交易环境，确保资源得到更有效地配置，控制碳排放（李健和徐海成，2010）。郑州市应做好进入全国统一碳交易市场的相关准备工作。政府应提高政策和市场透明度同时健全配套的等级、结算、信息发布等制度，搭建交易平台，培育交易市场，引导企业积极参与自愿减排交易（罗同文和李龙，2013）。企业应该重视以前排放量数据的整理，积极开发交易产品，主动配合政府，制定合理的碳配额。

企业是经济生产的基础单元也是碳交易市场的主要参与者。按照碳交易市场建设的时间安排，全国统一的碳市场已于 2017 年 12 月 19 日正式启动，计划 2020 年基本建成，2020 年之后将对未纳入碳交易体系的企业征收

碳税，届时将形成完整的碳管理政策体系。目前各交易主体的碳配额数量及配额方案已经得到批准，相应的注册系统及交易系统等公共基础设施也在推进中。全国性的碳交易市场将涵盖石化、化工、建材、钢铁、有色、造纸、电力及航空八大高能耗产业。对于郑州市而言，电力热力、金属冶炼等是产业碳排放的主要来源，减排潜力较大，实施减排工作之后能在很大程度上降低高耗能产业碳排放，因此这些重点产业及企业应该成为碳交易市场的主要参与者。参考我国其他地区碳交易试点建设的经验，建立符合郑州市生产实际的、具有地方特色的碳交易市场是未来碳交易工作的重点。

通过市场机制推动控制温室气体减排的行动，进一步发挥市场在资源配置中的决定性作用，可以降低节能减排成本，增强碳交易的灵活性；支持有条件的产业行业明确碳控制目标，探索适合本城市特点的交易路径；在探索过程中积累方法及经验，逐步建立完善的科学方法体系，紧密围绕既定碳排放空间下实现最大产出效益这一核心政策，以总量控制和配额分配制度、履行考核制度、市场交易制度等核心制度为重点，加强碳市场的制度设计。从企业整体参与碳交易逐步扩大到覆盖企业产品等多个项目的交易，适时推出碳排放权的衍生产品，鼓励企业推出与碳排放权有关的金融产品，鼓励金融机构参与碳交易市场建设，建立碳交易基金项目，健全相应的财税统计体系，形成碳排放权交易市场，出台与之相应的交易管理办法，构建碳交易监管体制。

三、优化能源供给结构，建设现代能源体系

能源是生产的物质基础，能源的不断输入是生产得以继续的保障。化石燃料构成了产业的能源基础，煤炭在能源供应中占比过大是造成碳排放居高不下的主要原因，能源效率不高也是导致产业碳排放难以下降的重要原因。电力、热力、金属冶炼等是郑州市主要产业碳源；郑州市碳排放量较高的产业为电力、热力生产和供应业及非金属矿物制品业；碳排放量前十的行业多为高能耗、高污染的制造业，这些行业能源消费量多碳排放量大（侯丽朋等，2016）。电力、热力、金属冶炼等多属于能源高度密集产业，大量高碳能源的使用是造成产业碳排放居高不下的原因。

1. 开展节能减排工作，提高清洁能源比例

2012 年、2013 年、2014 年、2015 年郑州市典型产业能源消费结构中，煤炭占综合能源消耗的比重分别为 74.50%、74.26%、68.80%、74.30%，煤炭已成为产业能源供应的主体。2012 年单位工业生产总值的综合能源消耗为 1.17 吨标准煤，2013 年增加至 1.40 吨标准煤，涨幅度为 19.66%，能源效率有所下降。2014 年和 2015 年的单位工业生产总值综合能源消耗分别为 1.31 吨标准煤和 1.32 吨标准煤，相比 2013 年的 1.40 吨标准煤，虽然 2014～2015 年的能源效率有一定程度的提高，但是幅度不是很明显。为了实现 2020 年全市万元 GDP 能耗维持在 0.7 吨标准煤，清洁能源在终端能源消费中占比 55% 的能源目标，郑州市必须尽快转变能源供给方式，建设现代化的能源体系。

坚持开源节流并举，把节能放在首位。开源是指开发利用各类清洁能源，推广可再生能源的应用，提高清洁能源利用效率，增加低碳甚至无碳能源在能源供应中的比重，推动能源利用方式的变革，建立更现代、更高效、更清洁的现代能源供应系统。自然供给的有限性及产业发展对能源的无限需求加剧了能源供需矛盾，特别是进入 21 世纪之后，化石燃料供应潜藏着短缺的危机。对于郑州市而言，虽然煤炭等化石燃料在综合能源消耗中的比重有所下降，但是其总消费量依然处于相当高的水平。为缓解能源供应短缺，维护产业能源供应安全，提高产业能源供应的灵活性，应促进产业能源供给由传统的化石燃料为主逐渐转向清洁能源为主。节流是指通过一系列的手段促进生产中能源成本的节约。化石燃料属于不可再生类能源，面对自然供给生产带来的压力，郑州市应采取经济或行政手段，加强重点产业和企业的节能降耗工作，倡导节能型生产方式及消费模式，树立能源节约的消费观念，引导产业减排。

2. 加强技术创新，提高能源利用效率

以电力、热力生产和供应业为例。一方面，该产业单位万元生产总值的能源水平为 6.58 吨标准煤，高于产业平均水平，能耗大效率低，是碳减排的重点；另一方面，能源效率的提高又是促进产业碳减排的重要因素，节能减排工作的开展应重点从这类产业入手。加快关停小火电机组，重点发展高参数、大容量、高效率火电机组，或者通过能源替代的形式（水电、核电、风电等），从而逐渐减少火力发电产业的能耗水平，对于热力供应活动，在有

条件的区域建立大的热力厂，逐渐取缔能耗高的小型企业，从而降低电力、热力生产和供应业的能耗及碳排放水平。

优化能源结构，推广高新技术，大力提高能源利用效率。从能源消费结构看，煤炭消费比重大，电力、热力生产和供应业，有色金属冶炼，钢铁冶炼及压延加工等是高耗能、碳排放强度高的企业，致使在经济发展过程中高碳特征非常明显，应主要针对能源密集型产业，如电力、金属冶炼等，在以煤炭为基础的能源消费模式下，提升能源效率、推广低碳能源，如此可降低产业碳排放（伦丹等，2011）。登封市和中原区应尽可能减少电力、热力生产和供应业的比重，提高清洁能源在所有能源使用中所占的比重，在发电领域应用洁净煤技术，推进设备更新和技术改造以提高能源利用效率（牛超等，2011）。郑州市低碳技术水平相对落后，研发能力相对不足，应加强国际合作，充分借鉴发达国家或地区的低碳技术。同时还应该整合资源，加快现有的低碳技术应用，增强关键低碳技术的自主创新能力（王军，2011）。低碳产业的发展，低碳技术是关键，最主要还是依靠技术人才。在我国，低碳产业研发的主体是政府，但是在发达国家企业才是研发的主体（都昌映，2014）。所以，一方面要依托郑州市大型企业集团、高能耗企业，积极推动以企业为主体，以产学研相结合的方式培育低碳产业技术（陈希勇，2010）；另一方面引进低碳发展科技人才，将郑州市高校作为低碳技术人才培养的基地，高校可以设置相关低碳专业，组织培养低碳人才，并尽快实现科技成果产业化（戴桂林和于晶，2011）。

四、推动产业结构升级，构建高新技术产业体系

加强生产资料整合，促进产业结构升级优化和生产要素集聚。依托产业集聚区建设，发挥郑州市独有的区位优势，重点发展现代服务业、高新技术产业和先进制造业，建设全国性的物流中心，引领中原城市群发展现代产业体系。

1. 调整产业结构，引导企业低碳转型

调整产业结构，推进高碳产业向低碳产业逐步转型。郑州市正处于工业化、城镇化的迅速发展阶段，降低碳排放强度的难度较大。目前，郑州市碳

排放强度降幅最小的十个产业是：塑料制品业，家具制造业，燃气生产和供应业，橡胶制品业，金属制品业，文教体育用品制造业，纺织服装、鞋、帽制造业，有色金属矿采选业，食品制造业，电气机械及器材制造业。这些产业基本都是传统型产业，由于在经济中的地位的下降，这些产业逐渐失去了优化产业升级的动力，面临着技术设备陈旧、结构冗余分散等问题。因此，郑州市在未来的经济发展中，要合并部分重合产业，加强产业集聚化，鼓励这些产业推陈出新，运用现代经营理念、方式和技术，改造传统产业，调整优化商业布局，发展新型商业业态，提高传统产业的整体素质和水平，打造出一批具有郑州市特色的高品质、高档次的传统产业，从而重新赢得市场。在发挥传统工业优势的同时，应加大传统产业结构内部调整和改革力度，严格限制电力、热力、金属冶炼等产能严重过剩行业规模，同时大力发展新能源、科技含量高的新兴产业，以达到有效优化产业结构并降低碳排放强度的目的。低碳产业是促使经济发展由高碳模式逐步向低碳模式转型的关键，未来市场竞争主要依靠的是低碳产业（司咏梅，2013）。郑州市应着重从两个方面强力发展低碳产业。一是大力发展服务业，作为中原地区的经济枢纽，郑州市交通便利，物流发达，应着力发展郑州市具有比较优势的服务业（如物流业），也可以以物流业为中心，进一步发展仓储、产品维修、售后服务等关联产业。例如，充分依托郑州市及周边铁路、公路及航空口岸等枢纽性基础设施建设，加大业务整合，加强产业配套，综合运用信息技术，加快物流业的信息化建设，提升物流安全水平，有重点地推进物流公共信息平台建设，完善货运交易中心项目建设；大力支持现代物流企业的发展，精心培育一批资金雄厚、信誉良好、具有强大竞争力的综合性现代物流企业；积极吸引国内外知名物流企业到郑州市设立总部或分支机构，提升郑州市物流运作水平。二是大力发展战略性新兴产业，如大力发展节能环保、新一代信息技术、生物、新能源、新材料、新能源汽车、高端装备制造等（赵荣钦和刘英，2015）；加快运用高新技术和先进实用技术改造钢铁、有色金属、电力、煤炭、建材、化工、纺织等传统产业；抑制高耗能、高污染行业，有效降低碳排放强度，以减少经济增长对传统工业的过度依赖。

2. 推动传统产业改造升级

围绕结构调整，推进供给侧结构性改革，改造提升传统产业，构建创新能力强、品质服务优、环境友好的现代产业体系。供给侧改革强调通过创新提升劳动力、土地等资源的质量，推进各生产要素的优化配置，从而提升产业生产整体素质、提升经济增长的水平、提高产品服务质量、提高全要素生产率、降低产业碳排放、提高碳排放效率从而实现绿色发展。需求侧改革的重点是投资、消费以及出口，而供给侧改革的重点是劳动力、土地、资金以及管理制度等要素。

传统产业主要指劳动密集型的、以加工制造为主的产业。传统产业包含了食品加工、纺织服装、建筑建材、机械设备、汽车工业、冶金工业等，基于该视角郑州市典型产业中的多数生产部门都属于传统产业。传统产业多数已处于生产生命周期中比较成熟的阶段，生产规模达到一定水平，产业技术相对成熟。用高新技术改造升级传统产业是加快转变经济发展方式、促进产业结构优化升级的重要途径。在郑州市经济发展中，重化工企业及传统工业在碳减排中起到了非常重要的角色，一方面要充分发挥它们在经济发展中的中坚力量以及长足的优势，另一方面应该加强对传统的重工企业进行改造，严加管制，推动其转型升级、技术和制度的创新，坚决淘汰落后产能产业，鼓励环境协调度较高的中小型企业的发展，支持企业提高创新科研、处理污染的能力。同时，郑州市也需要加大对其他工业行业的资本投入，壮大发展规模，特别是对能源利用率高、技术含量高的清洁产业加大政策支持和财政投入，合理协调各部门资源，促进管理体制的明确分工，加强对高新技术产业发展的引导。政府应给予部分资金资助以及大力的政策支持开展试点企业研究。首先，应建立一批科技含量高、低能耗、高附加值产业，如大力培育和发展电动汽车、光伏太阳能、节能环保等低碳产业。其次，可以借助老品牌的市场及认知度，在企业内部实行改革，淘汰冗杂部门，整顿工厂，加强工人的知识技能培训，打造有特色的高端产业，提高企业竞争力。例如，在钢铁、有色金属、电力、煤炭、建材、化工、纺织等传统产业广泛推广一批潜力大、应用面广的重大节能减排技术。传统产业生产效率虽然相对较低，但是如果将传统产业与高新技术相结合，传统产业将呈现出另一番生产局面，并有可能成为未来的明星产业而引领地区产业发展。

研究期内郑州市典型产业工业生产总值呈增加状态，产业碳排放有所下降，碳排放效率得到一定程度的提高，但是从产业组成看，郑州市仍然是一个传统产业占比较大的城市。在激烈的市场竞争中，传统产业普遍存在装备落后、产品技术含量低、市场竞争力弱、单位产值能耗高等一系列的问题。要实现生产质量及生产水平的上升就必须加快经济发展方式的变革，做好传统产业升级改造工作，用技术推动产业进步。以《郑州市城市总体规划（2010—2020 年）》为指导，积极推进高新技术产业发展，加强科技、管理等多方面的创新，建设创新型产业。从碳排放因素分解分析结果看，单位用地能源消耗和劳动力投入是驱动碳排放发生变化的主要因素，上述因素主要涉及能源、土地以及劳动力这三项生产指标。供给侧结构性改革应重点从上述因素入手，通过调整生产要素的投入过程以提高生产资料的利用效率，降低能源利用强度，调整产业用地布局，逐年减少建设用地增量，提高土地利用效率，提高劳动生产效率，建设节能型、科技型产业，推动城市产业低碳发展。

3. 加快发展新型制造业

按照市场的要求，制造业将物质、能源、资金等通过物理或者化学的手段加工成社会所需要的产品。制造业直接体现了一个地区的生产力水平，经济发达地区制造业在国民经济中占有非常重要的份额。

本书中郑州市制造业包含了食品制造、纺织服装、化工、医药、金属及非金属制造、计算机、汽车制造、机械制造业等众多部门，无论是企业数量还是生产总值，这些产业都有重要份额。制造业产值在工业生产总值中的比重由 2012 年的 92.90%上升到 2013 年的 94.15%；制造业中又以汽车制造业的表现最为突出，2012 年该产业对制造业工业生产总值的贡献率为 25.64%，2013 年为 24.75%（郑州市统计局，2014），比重虽然稍有下降，但是依然高于其他产业。在创造较高产值的同时，制造业却有着较低的碳排放水平。从碳排放效率看，该产业的效率一直处于比较靠前的位置。发展新型制造业应重点考虑类似产业，推动制造业由生产型向生产服务型转变，带动城市产业结构升级，加快建立低碳经济产业链。

新型制造业更注重依靠科技进步，用科技力量推动生产效益提高，降低能源消耗从而减轻环境污染，以实现可持续发展目标。郑州市要充分利用其快速便捷的交通系统，以交通沿线城镇为空间载体推动制造业改造升级，建立产业示范基地，培育先进的制造业中心。《中原城市群总体发展规划纲要》实施之后，郑州市对周边地区的发展有了更强的辐射作用，在带动地区联动发展方面具有举足轻重的地位。依托郑东新区及郑汴产业带，推动城市产业向东与开封对接；发展现代服务业，向东南方向，依托航空港，发展现代物流业；在城市西部，依托高新技术产业园区加强与洛阳等城市的联系，发展高新技术产业和机械等产业，强化高新技术产业园在区域发展中的带动作用，围绕高新产业中心，制定产业发展规划，鼓励对高新技术产业的投资，形成以高新技术产业园为中心的产业发展格局。新型制造业产品的科技含量更高，但是先进技术及设备的引进需要一定的资金支持，这对于很多小型企业而言难以实现。为了实现低碳发展目标，应鼓励企业并购及重组，形成以大企业集团为核心的集中度高、分工细化、协作高效的产业组织形态；通过兼并等方式，逐步缩减效率低、能耗大的小型企业数量，形成以大型企业为核心的生产体系，以此来提高生产效率。

五、优化产品性能，加大技术革新力度

郑州市经济发展主要依赖有色金属冶炼、化工、煤炭开采等传统工业，缺乏以技术创新和产业创新为主流的产业类型。因此，郑州市亟须构建结构优化、技术先进、清洁安全、附加值高、吸纳能力强的低碳产业体系。

（1）延长产品的生命周期，提高产品的低碳技术含量。目前产品存在高耗能、生命周期短等问题。产品包装浪费严重，更新换代速度快，应从以下几个方面改进：①采用环保包装，如可回收、可降解性材料，同时减少包装的铺张浪费；②使用清洁型原材料，如地板、家具等生产过程中减少化学材料的添加，使用生物材料等环保型材料；③通过改革产品结构来延长产品寿命，如LED 节能灯、可拆换地板、橱窗等，通过更换部件来延长保质期；④在生产工序中引进新技术，如设计新的汽车发动机，以清洁能源做燃料来减少汽油等化石燃料的使用。

（2）借鉴引进国内外先进技术，更新生产设备、提高劳动效率。劳动力投入指标是促进产业碳减排的主要动力，劳动力数量较多的产业主要包括电子、纺织、食品、造纸等，这些产业均属于劳动密集型产业，这些产业发展方式一般是扩大占地面积、增加劳动力数量、扩大产业规模，这样的发展方

式导致的结果是产业碳排放的增加。劳动力数量及效率是影响生产的重要因素，在占地面积及劳动数量逐年减少的情况下，用地效率及劳动效率的提高是促进产业工业总产值增长的动力，也是低碳产业的关键所在。通过改良生产设备及引进先进技术，提高劳动效率，促进产业低碳发展。郑州市处于经济快速发展阶段，各类产业均具有很大的发展空间，因此推动产业结构升级、改善生产技术及工艺、创新发展模式等均可驱动产业碳排放下降，促进产业低碳发展。

（3）建立低碳产业技术示范区。在郑州市组织低碳产业发展策略研究专项，重点突破低碳产业领域核心关键技术，如开展低碳产业、节能减排、循环经济、清洁能源等关键技术研究，以及重大技术装备产业化示范，加强示范基地建设。新郑、中牟两地的碳排放和碳排放强度较低，可以重点建设新郑、中牟低碳产业示范区，为其他区域低碳产业发展提供参考模式。从郑州市所有的部门来看，能显著带动产业升级的高新技术产业并不多，不利于带动投资结构的优化调整。因此，郑州市在未来应对信息技术、生物及医药等领域的高新技术产业给予大力支持，集中攻克制约产业和产业升级换代的核心技术问题，从而带动其他产业效率提高、能源更新及技术升级；加大高新技术的对外开放程度，扩大外商引资规模，从原来的以数量取胜变为以质量取胜。

六、加强低碳宣传，倡导低碳消费

消费者作为低碳产品的最终消费主体是企业向低碳化方向发展的动力。发展低碳产业需要政府的支持、市场的引导，并在市场机制下运行，以及消费者积极参与其中。郑州市要发展低碳产业，实现低碳经济，就必须要改变以往传统的生活消费方式，尽快在公共生活中形成崇尚自然、环保、节约的社会风尚，大力倡导绿色低碳、健康文明的生活方式和消费模式（郝东恒等，2012）。首先，在生活中应当增加低碳产品的使用，如太阳能热水器、风力发电等，逐步推进低碳农业产业链的构建，加强废物利用，形成能源利用循环圈。使用沼气等清洁能源不仅符合国家政策要求，也可以提高能源利用效率，减少二氧化碳的排放。其次，逐步建立低碳产品政府采购制度，将低碳认证产品列入政府采购清单，完善强制采购和优先采购制度，逐步提高低碳产品使用比重。最后，在生产领域、党政机关、社区和家庭、大中小学开展“低碳节约型社会”活动宣传，使低碳理念深入民心，不断增强市民低碳消费理念和低碳生活意识，树立人与自然和谐发展的思想，以促进郑州市传统产业不断向低碳产业发展。

参 考 文 献

蔡博峰. 中国城市二氧化碳排放空间特征及与二氧化硫协同治理分析[J]. 中国能源，2012，34（7）：33-37.

蔡博峰，刘春兰，陈操操，等.城市温室气体清单研究[M]. 北京：化学工业出版社，2009.

曹俊文. 江西省产业部门碳排放特征及减排途径——基于 1992—2007 年投入产出分析[J]. 经济地理，2011，31（12）：2111-2115.

曹淑艳，谢高地. 中国产业部门碳足迹流追踪分析[J]. 资源科学，2010，32（11）：2046-2052.

陈红敏. 个人碳排放交易研究进展与展望[J]. 中国人口·资源与环境，2014，24（9）：30-36.

陈希勇. 绵阳加快发展低碳产业的对策初探[J]. 今日南国（中旬刊），2010（8）：265-266.

谌伟，诸大建，白竹岚. 上海市工业碳排放总量与碳生产率关系[J]. 中国人口·资源与环境，2010，20（9）：24-29.

程叶青，王哲野，张守志，等. 中国能源消费碳排放强度及其影响因素的空间计量[J]. 地理学报，2013，68（10）：1418-1431.

丛建辉，刘学敏，赵雪如. 城市碳排放核算的边界界定及其测度方法[J]. 中国人口·资源与环境，2014，24（4）：19-26.

丛建辉，刘学敏，朱婧，等. 中小城市工业碳排放：核算方法与影响因素——以河南省济源市为例[J]. 资源科学，2013，35（11）：2158-2165.

戴桂林，于晶. 低碳人才培养所面临的问题与研究[J]. 北方经贸，2011（5）：28-29.

邓大跃，张然，李楠，等. 企业碳减排及减排绩效评估研究[J]. 河南师范大学学报（自然科学版），2011，39（2）：91-94.

邓吉祥，刘晓，王铮. 中国碳排放的区域差异及演变特征分析与因素分解[J]. 自然资源学报，2014，29（2）：189-200.

董会娟，耿涌，薛冰，等. 沈阳市中心城区和市郊区能耗碳排放格局差异[J]. 环境科学研究，2011，24（3）：354-362.

董捷，员开奇. 湖北省土地利用碳排放总量及其效率[J]. 水土保持通报，2016，36（2）：337-342.

都昌映. 日本低碳产业国际竞争力分析及对我国的启示[D]. 青岛：中国海洋大学硕士学位论文，2014.

杜娟，霍佳震. 基于数据包络分析的中国城市创新能力评价[J]. 中国管理科学，2014，22（6）：85-93.

方精云，朱江玲，王少鹏，等. 全球变暖、碳排放及不确定性[J]. 中国科学：地球科学，2011，41（10）：1385-1395.

丰超，黄健柏. 中国碳排放效率、减排潜力及实施路径分析[J]. 山西财经大学学报，2016，38（4）：1-12.

付加锋，黄江丽. 基于全生命周期理论的严寒地区建筑低碳发展潜力初探——以吉林省长春市为例[J]. 资源科学，2010，32（3）：499-504.

高广生. 《中国应对气候变化国家方案》减缓内容简介[J]. 中国能源，2007，29（8）：5-8.

高锦杰. 国外及我国试点省市碳配额总量设定及分配之经验借鉴[J]. 对外经贸，2016（2）：41-42.

顾朝林，谭纵波，刘宛，等. 气候变化、碳排放与低碳城市规划研究进展[J]. 城市规划学刊，2009，（3）：38-45.

顾朝林，袁晓辉. 中国城市温室气体排放清单编制和方法概述[J]. 城市环境与城市生态，2011，24（1）：1-4.

顾高翔，王铮. 投资控制下中国产业结构调整的碳治理模拟[J]. 地理研究，2017，36（11）：2225-2238.

顾剑华，秦敬云. 中国城市化进程碳增量效应的因素分解研究及预测[J]. 生态经济，2016，32（5）：44-47.

郭朝先. 产业结构变动对中国碳排放的影响[J]. 中国人口•资源与环境，2012，22（7）：15-20.

郭运功. 特大城市温室气体排放量测算与排放特征分析——以上海为例[D]. 上海：华东师范大学硕士学位论文，2009.

韩元军，吴普，林坦. 基于碳排放的代表性省份旅游产业效率测算与比较分析[J]. 地理研究，2015，34（10）：1957-1970.

郝东恒，殷阿娜，王殿茹. 河北省发展低碳产业实现路径[J]. 工业技术经济，2012，

31（3）：134-138.
何立华，杨盼，蒙雁琳，等. 能源结构优化对低碳山东的贡献潜力[J]. 中国人口·资源与环境，2015，25（6）：89-97.
贺胜兵，周华蓉，田银华. 碳交易对企业绩效的影响——以清洁发展机制为例[J]. 中南财经政法大学学报，2015，（3）：3-10.
侯丽朋，赵荣钦，刘英，等. 基于碳收支核算的郑州市碳排放压力分析及预测[J]. 水土保持研究，2016，23（2）：207-212.
黄贤金，于术桐，马其芳，等. 区域土地利用变化的物质代谢响应初步研究[J]. 自然资源学报，2006，21（1）：1-8.
江成瑶. 中国碳排放交易体制的建立对电力行业的影响研究[D]. 合肥：中国科学技术大学硕士学位论文，2014.
江洪，赵宝福. 碳排放约束下能源效率与产业结构解构、空间分布及耦合分析[J]. 资源科学，2015，37（1）：152-162.
姜庆国. 电煤供应链碳排放过程及测度研究[D]. 北京：北京交通大学博士学位论文，2013.
赖力，黄贤金，等. 中国土地利用的碳排放效应研究[M]. 南京：南京大学出版社，2011.
李建豹，黄贤金，吴常艳，等. 中国省域碳排放影响因素的空间异质性分析[J]. 经济地理，2015，35（11）：21-28.
李健，徐海成. 低碳产业发展问题与对策研究[J]. 科技进步与对策，2010，27（22）：81-84.
李平星，曹有挥. 产业转移背景下区域工业碳排放时空格局演变——以泛长三角为例[J]. 地球科学进展，2013，28（8）：939-947.
栗新巧，张艳芳，刘宏宇. 陕西省碳排放影响因素及其区域分异特征[J]. 水土保持通报，2014，34（4）：328-333.
林伯强，黄光晓. 梯度发展模式下中国区域碳排放的演化趋势——基于空间分析的视角[J]. 金融研究，2011，54（12）：35-46.
令狐大智，叶飞. 基于历史排放参照的碳配额分配机制研究[J]. 中国管理科学，2015，23（6）：65-72.
刘丙泉，程凯，马占新. 城镇化对物流业碳排放变动影响研究[J]. 中国人口·资源与环境，2016，26（3）：54-60.
刘春兰，陈操操，陈群，等. 1997年至2007年北京市二氧化碳排放变化机理研究[J]. 资源科学，2010，32（2）：235-241.
刘定惠，杨永春. 甘肃省碳排放变化的因素分解及实证分析[J]. 干旱区研究，2012，29（3）：510-516.
刘红光，范晓梅，刘卫东. 城市活动碳足迹计量及其对城市规划的启示——以北京市为例[J]. 城市规划，2012，36（10）：45-50.
刘红光，刘卫东，唐志鹏. 中国产业能源消费碳排放结构及其减排敏感性分析[J]. 地理科学进展，2010，29（6）：670-676.
刘瑞翔，安同良. 中国经济增长的动力来源与转换展望——基于最终需求角度的分析[J]. 经济研究，2011，46（7）：30-41.
刘薇，丁明磊，赵荣钦，等. 基于碳排放视角的工业行业全要素生产率研究[J]. 资源开发与市场，2017，33（3）：322-326.
刘卫东，刘红光，范晓梅，等. 地区间贸易流量的产业-空间模型构建与应用[J]. 地理学报，2012，67（2）：147-156.
刘燕华，葛全胜，何凡能，等. 应对国际 CO_2 减排压力的途径及我国减排潜力分析[J]. 地理学报，2008，63（7）：675-682.
刘英，赵荣钦，张战平，等. 城市开发区工业企业的碳排放效率比较——以南京江宁经济技术开发区为例[J]. 热带地理，2018，38（1）：103-111.
刘源，李向阳，林剑艺，等. 基于 LMDI 分解的厦门市碳排放强度影响因素分析[J]. 生态学报，2014，34（9）：2378-2387.
刘韵，师华定，曾贤刚. 基于全生命周期评价的电力企业碳足迹评估——以山西省吕梁市某燃煤电厂为例[J]. 资源科学，2011，33（4）：653-658.
刘竹，耿涌，薛冰，等. 城市能源消费碳排放核算方法[J]. 资源科学，2011，33（7）：1325-1330.
卢娜，冯淑怡，孙华平. 江苏省不同产业碳排放脱钩及影响因素研究[J]. 生态经济，2017，33（3）：71-76.
卢晓彤. 中国低碳产业发展路径研究[D]. 武汉：华中科技大学博士学位论文，2011.
卢愿清，史军. 中国第三产业能源碳排放影响要素指数分解及实证分析[J]. 环境科学，2012，33（7）：2528-2532.
陆宁，杨文君，丁荣，等. 2008—2012 年中国 30 个省域建筑业碳排效率评价[J]. 资源开发与市场，2015，31（6）：718-721.
吕可文，苗长虹，尚文英. 工业能源消耗碳排放行业差异研究——以河南省为例[J]. 经济地理，2012，32（12）：15-20.
伦丹，张军以，张婕，等. 基于低碳经济的碳排放与经济发展研究——以重庆市为例[J]. 重庆师范大学学报（自然科学版），2011，28（4）：26-31.
罗婷文，欧阳志云，王效科，等. 北京城市化进程中家庭食物碳消费动态[J]. 生态学报，2005，25（12）：3252-3258.
罗同文，李龙. 山东省应对气候变化对策探析[J]. 山东工商学院学报，2013，27（3）：6-9.
骆瑞玲，范体军，李淑霞，等. 我国石化行业碳排放权分配研究[J]. 中国软科学，

2014（2）：171-178.
骆跃军，骆志刚，赵黛青. 电力行业的碳排放权交易机制研究[J]. 环境科学与技术，2014，37（S1）：329-333.
马大来，陈仲常，王玲. 中国省际碳排放效率的空间计量[J]. 中国人口・资源与环境，2015，25（1）：67-77.
马巾英，尹锴，吝涛. 城市复合生态系统碳氧平衡分析——以沿海城市厦门为例[J]. 环境科学学报，2011，31（8）：1808-1816.
马占新. 数据包络分析方法在中国经济管理中的应用进展[J]. 管理学报，2010，7（5）：785-789.
梅建屏，徐建，金晓斌，等. 基于不同出行方式的城市微观主体碳排放研究[J]. 资源开发与市场，2009，25（1）：49-52.
米国芳，赵涛. 中国火电企业碳排放测算及预测分析[J]. 资源科学，2012，34（10）：1825-1831.
牛超，王鑫，王风谦，等. 气候变化背景下碳减排特点及政策建议[J]. 中国人口・资源与环境，2011，21（3）：300-302.
潘海啸. 面向低碳的城市空间结构——城市交通与土地使用的新模式[J]. 城市发展研究，2010，17（1）：40-45.
潘家华. 人文发展分析的概念构架与经验数据——以对碳排放空间的需求为例[J]. 中国社会科学，2002，23（6）：15-25.
亓新政，赵嵩正，徐伟，等. 基于多因素综合评价法的城市土地定级评价研究——以银川市为例[J]. 人文地理，2008，23（6）：41-44.
齐玉春，董云社. 中国能源领域温室气体排放现状及减排对策研究[J]. 地理科学. 2004，24（5）：528-534.
钱杰. 大都市碳源碳汇研究——以上海市为例[D]. 上海：华东师范大学博士学位论文，2004.
钱明霞，路正南，王健. 产业部门碳排放波及效应分析[J]. 中国人口・资源与环境，2014，24（12）：82-88.
渠慎宁，郭朝先. 基于 STIRPAT 模型的中国碳排放峰值预测研究[J]. 中国人口・资源与环境，2010，20（12）：10-15.
任建兰，徐成龙，陈延斌，等. 黄河三角洲高效生态经济区工业结构调整与碳减排对策研究[J]. 中国人口・资源与环境，2015，25（4）：35-42.
任婉侠，耿涌，薛冰. 中国老工业城市能源消费碳排放的驱动力分析——以沈阳市为例[J]. 应用生态学报，2012，23（10）：2829-2835.
沈海滨. 世界趋前的德国低碳经济[J]. 东方企业文化，2010（13）：38-40.
盛济川，曹杰. 低碳产业技术路线图分析方法研究[J]. 科学学与科学技术管理，2011，

32（11）：85-92.

石敏俊，王妍，张卓颖，等. 中国各省区碳足迹与碳排放空间转移[J]. 地理学报，2012，67（10）：1327-1338.

石培华，吴普. 中国旅游业能源消耗与 CO_2 排放量的初步估算[J]. 地理学报，2011，66（2）：235-243.

帅通，袁雯. 上海市产业结构和能源结构的变动对碳排放的影响及应对策略[J]. 长江流域资源与环境，2009，18（10）：885-889.

司咏梅. 构建内蒙古低碳产业体系的思考[J]. 北方经济，2013，（9）：46-48.

宋德勇，刘习平. 中国省际碳排放空间分配研究[J]. 中国人口·资源与环境，2013，23（5）：7-13.

苏泳娴，陈修治，叶玉瑶，等. 基于夜间灯光数据的中国能源消费碳排放特征及机理[J]. 地理学报，2013，68（11）：1513-1526.

孙昌龙，靳诺，张小雷，等. 城市化不同演化阶段对碳排放的影响差异[J]. 地理科学，2013，33（3）：266-272.

孙小明. 新常态下低碳产业的机遇与发展模式选择[J]. 资源开发与市场，2016，32（8）：989-994.

孙秀梅，张慧，王格. 基于超效率 SBM 模型的区域碳排放效率研究——以山东省 17 个地级市为例[J]. 生态经济，2016，32（5）：68-73.

田云，张俊飚，李波. 中国农业碳排放研究：测算、时空比较及脱钩效应[J]. 资源科学，2012，34（11）：2097-2105.

汪宏韬. 基于 LMDI 的上海市能源消费碳排放实证分析[J]. 中国人口·资源与环境，2010，20（5）：143-146.

王海鲲，张荣荣，毕军. 中国城市碳排放核算研究——以无锡市为例[J]. 中国环境科学，2011，31（6）：1029-1038.

王晖. 中国走低碳社会发展道路的对策选择[D]. 大连：大连海事大学硕士学位论文，2011.

王军. 我国低碳产业发展的问题与对策研究[J]. 理论学刊，2011，（2）：47-51.

王开，傅利平. 京津冀产业碳排放强度变化及驱动因素研究[J]. 中国人口·资源与环境，2017，27（10）：115-121.

王可达. 广州低碳产业发展研究[J]. 开放导报，2013，22（1）：109-112.

王莉雯，卫亚星. 基于 RS 和 GIS 的沈阳碳排放空间分布模拟[J]. 资源科学，2012，34（2）：328-336.

王群伟，周鹏，周德群. 生产技术异质性、二氧化碳排放与绩效损失——基于共同前沿的国际比较[J]. 科研管理，2014，35（10）：41-48.

王群伟，周鹏，周德群. 我国二氧化碳排放绩效的动态变化、区域差异及影响因素[J].

中国工业经济，2010，27（1）：45-54.
王文军，傅崇辉，赵黛青. 碳交易体系之行业选择机制的经验借鉴与案例分析——以广东为例[J]. 生态经济，2012，28（7）：70-74.
王文军，谢鹏程，胡际莲，等. 碳税和碳交易机制的行业减排成本比较优势研究[J]. 气候变化研究进展，2016，12（1）：53-60.
王宪恩，王泳璇，段海燕. 区域能源消费碳排放峰值预测及可控性研究[J]. 中国人口·资源与环境，2014，24（8）：9-16.
王铮，刘晓，朱永彬，等. 京、津、冀地区的碳排放趋势估计[J]. 地理与地理信息科学，2012，28（1）：84-89.
王铮，朱永彬，刘昌新，等. 最优增长路径下的中国碳排放估计[J]. 地理学报，2010，65（12）：1559-1568.
魏本勇，方修琦，王媛，等. 基于投入产出分析的中国国际贸易碳排放研究[J]. 北京师范大学学报（自然科学版），2009，45（4）：413-419.
魏权龄. 数据包络分析（DEA）[J]. 科学通报，2000，45（17）：1793-1808.
文龙光，易伟义. 低碳产业链与我国低碳经济推进路径研究[J]. 科技进步与对策，2011，28（14）：70-73.
吴常艳，黄贤金，揣小伟，等. 中国工业行业碳排放效率分析——以江苏省为例[C]. 中国环境科学学会学术年会光大环保优秀论文集（2014）. 北京：中国环境科学学会，2014.
吴开亚，郭旭，王文秀，等. 上海市居民消费碳排放的实证分析[J]. 长江流域资源与环境，2013，22（5）：535-543.
吴贤荣，张俊飚，田云，等. 中国省域农业碳排放：测算、效率变动及影响因素研究——基于 DEA-Malmquist 指数分解方法与 Tobit 模型运用[J]. 资源科学，2014，36（1）：129-138.
吴燕，王效科，逯非. 北京市居民食物消费碳足迹[J]. 生态学报，2012，32（5）：1570-1577.
武义青. 把新能源装备制造业作为战略性先导产业来抓[J]. 公共支出与采购，2009，（11）：12-13.
肖皓，杨佳衡，蒋雪梅. 最终需求的完全碳排放强度变动及其影响因素分析[J]. 中国人口·资源与环境，2014，24（10）：48-56.
肖序，熊菲，周志方. 流程制造企业碳排放成本核算研究[J]. 中国人口·资源与环境，2013，23（5）：29-35.
谢传胜，董达鹏，贾晓希，等. 中国电力行业碳排放配额分配——基于排放绩效[J]. 技术经济，2011，30（11）：57-62.
谢士晨，陈长虹，李莉，等. 上海市能源消费 CO_2 排放清单与碳流通图[J]. 中国环境科学，2009，29（11）：1215-1220.
邢芳芳，欧阳志云，王效科，等. 北京终端能源碳消费清单与结构分析[J]. 环境科学，2007，28（9）：1918-1923.
熊灵，齐绍洲. 欧盟碳排放交易体系的结构缺陷、制度变革及其影响[J]. 欧洲研究，2012，30（1）：51-64.
徐成龙，任建兰，巩灿娟. 产业结构调整对山东省碳排放的影响[J]. 自然资源学报，2014，29（2）：201-210.
徐光华，林柯宇. 基于DEA的企业碳绩效评价[J]. 财会月刊，2015，36（33）：65-68.
许士春，刘沅涛，龙如银. 2002—2012 年江苏省化石能源消耗的影响因素[J]. 资源科学，2016，38（2）：333-343.
许小虎，邹毅. 碳交易机制对电力行业影响分析[J]. 生态经济，2016，32（3）：92-96.
宣晓伟，张浩. 碳排放权配额分配的国际经验及启示[J]. 中国人口·资源与环境，2013，23（12）：10-15.
薛俊宁，吴佩林. 技术进步、技术产业化与碳排放效率——基于中国省际面板数据的分析[J]. 上海经济研究，2014（9）：111-119.
薛磊，李琦，刘帅. 北京城市产业碳排放的小尺度空间分布[J]. 地理研究，2013，32（7）：1188-1198.
燕华，郭运功，林逢春. 基于 STIRPAT 模型分析 CO_2 控制下上海城市发展模式[J]. 地理学报，2010，65（8）：983-990.
杨青林，赵荣钦，邢月，等. 中国城市碳排放的空间分布特征研究[J]. 环境经济研究，2017，2（1）：70-81.
叶懿安，朱继业，李升峰，等. 长三角城市工业碳排放及其经济增长关联性分析[J]. 长江流域资源与环境，2013，22（3）：257-262.
叶玉瑶，陈伟莲，苏泳娴，等. 城市空间结构对碳排放影响的研究进展[J]. 热带地理，2012，32（3）：313-320.
游和远，吴次芳. 供地控制指标引导产业碳排放的效率分析[J]. 经济地理，2014，34（3）：136-141.
游和远，吴次芳. 土地利用的碳排放效率及其低碳优化——基于能源消耗的视角[J]. 自然资源学报，2010，25（11）：1875-1886.
于洋，崔胜辉，林剑艺，等. 城市废弃物处理温室气体排放研究：以厦门市为例[J]. 环境科学，2012，33（9）：3288-3294.
余德贵，吴群. 基于碳排放约束的土地利用的结构优化模型研究及其应用[J]. 长江流域资源与环境，2011，20（8）：911-917.
余敦涌，张雪花，刘文莹. 基于随机前沿分析方法的碳排放效率分析[J]. 中国人口·资源与环境，2015，25（11）：21-24.

余慧超，王礼茂. 中美商品贸易的碳排放转移研究[J]. 自然资源学报，2009，24（10）：1837-1846.
原嫄，席强敏，孙铁山，等. 产业结构对区域碳排放的影响——基于多国数据的实证分析[J]. 地理研究，2016，35（1）：82-94.
袁力，王翔. 我国隐性经济规模与碳排放分解因素的研究[J]. 中国管理信息化，2012，15（8）：40-41.
张彩平，肖序. 企业碳绩效指标体系[J]. 系统工程，2011，29（11）：71-77.
张冠群，毕克新. 浅谈低碳经济知识创新体系[J]. 北方经贸，2013（2）：100.
张金萍，秦耀辰，张艳，等. 城市 CO_2 排放结构与低碳水平测度——以京津沪渝为例[J]. 地理科学，2010，30（6）：874-879.
张恪渝，廖明球，韩永明. 改进型环境 DEA 模型的北京市碳排效率度量[J]. 计算机与应用化学，2016，33（5）：615-622.
张雷. 中国一次能源消费的碳排放区域格局变化[J]. 地理研究，2006，25（1）：1-9.
张丽君，秦耀辰，张金萍，等. 郑汴都市区产业 CO_2 排放演变机理及脱钩分析[J]. 地理科学进展，2012，31（4）：426-434.
张鲁秀，李光红，亓晓庆. 企业低碳技术创新资金支持模型与策略研究[J]. 山东社会科学，2014（6）：168-172.
张旺，周跃云. 北京能源消费排放 CO_2 增量的分解研究——基于 IDA 法的 LMDI 技术分析[J]. 地理科学进展，2013，32（4）：514-521.
张维阳，段学军，于露，等. 现代工业型与传统资源型城市能源消耗碳排放的对比分析——以无锡市与包头市为例[J]. 经济地理，2012，32（1）：119-125.
张晓平，王兆红，孙磊. 中国钢铁产品国际贸易流与碳排放跨境转移[J]. 地理研究，2010，29（9）：1650-1658.
张肖，吴高明，吴声浩，等. 大型钢铁企业典型工序碳排放系数的确定方法探讨[J]. 环境科学学报，2012，32（8）：2024-2027.
张昕. 全国碳市场重点排放单位纳入门槛设定原则[J]. 中国经贸导刊，2016，33（2）：10-13.
张雪花，李响，叶文虎，等. “全碳排”核算与碳绩效评价方法研究[J]. 北京大学学报（自然科学版），2015，51（4）：639-646.
张英. 区域低碳经济发展模式研究——以山东省为例[D]. 济南：山东师范大学博士学位论文，2012.
张志强，曲建升，曾静静. 温室气体排放评价指标及其定量分析[J]. 地理学报，2008，63（7）：693-702.
赵敏，张卫国，俞立中. 上海市能源消费碳排放分析[J]. 环境科学研究，2009，22（8）：984-989.

赵荣钦，黄贤金，彭补拙. 南京城市系统碳循环与碳平衡分析[J]. 地理学报，2012，67（6）：758-770.

赵荣钦，黄贤金，钟太洋. 中国不同产业空间的碳排放强度与碳足迹分析[J]. 地理学报，2010，65（9）：1048-1057.

赵荣钦，刘英，马林，等. 基于碳收支核算的河南省县域空间横向碳补偿研究[J]. 自然资源学报，2016，31（10）：1675-1687.

赵荣钦，刘英. 区域碳收支核算的理论与实证研究[M]. 北京：科学出版社，2015.

赵荣钦. 城市系统碳循环及土地调控研究[M]. 南京：南京大学出版社，2012.

赵涛，田莉，许宪硕. 天津市工业部门碳排放强度研究：基于 LMDI-Attribution 分析方法[J]. 中国人口・资源与环境，2015，25（7）：40-47.

赵志耘，杨朝峰. 中国碳排放驱动因素分解分析[J]. 中国软科学，2012（6）：175-183.

郑州市统计局. 郑州统计年鉴 2014[M]. 北京：中国统计出版社，2014.

郑州市统计局. 郑州统计年鉴 2016[M]. 北京：中国统计出版社，2016.

中华人民共和国科学技术部.《气候变化国家评估报告》解读[J]. 环境保护，2007，35（11）：20-26.

周茂荣，谭秀杰. 欧盟碳排放交易体系第三期的改革、前景及其启示[J]. 国际贸易问题，2013（5）：94-103.

周五七，聂鸣. 中国工业碳排放效率的区域差异研究——基于非参数前沿的实证分析[J]. 数量经济技术经济研究，2012，29（9）：58-70.

周颖，蔡博锋，刘兰翠，等. 我国火电行业二氧化碳排放空间分布研究[J]. 热力发电，2011，40（10）：1-3.

朱潜挺，吴静，洪海地，等. 后京都时代全球碳排放权配额分配模拟研究[J]. 环境科学学报，2015，35（1）：329-336.

朱勤，彭希哲，陆志明，等. 中国能源消费碳排放变化的因素分解及实证分析[J]. 资源科学，2009，31（12）：2072-2079.

朱守先，庄贵阳. 基于低碳化视角的东北地区振兴——以吉林市为例[J]. 资源科学，2010，32（2）：230-234.

朱永彬，王铮，庞丽，等. 基于经济模拟的中国能源消费与碳排放高峰预测[J]. 地理学报，2009，64（8）：935-944.

庄贵阳. 低碳经济：气候变化背景下中国的发展之路[M]. 北京：气象出版社，2007.

宗刚，牛钦玺，迟远英. 京津冀地区能源消费碳排放因素分解分析[J]. 生态科学，2016，35（2）：111-117.

Adom P K，Bekoe W，Amuakwa-Mensah F，et al. Carbon dioxide emissions，economic growth，industrial structure，and technical efficiency：Empirical evidence from Ghana，Senegal，and Morocco on the causal dynamics [J]. Energy，2012，47（1）：314-325.

Agnolucci P，Ekins P，Iacopini G，et al. Different scenarios for achieving radical reduction in carbon emissions：A decomposition analysis [J]. Ecological Economics，2009，68（6）：1652-1666.

Ali G，Nitivattananon V. Exercising multidisciplinary approach to assess interrelationship between energy use，carbon emission and land use change in a metropolitan city of Pakistan [J]. Renewable and Sustainable Energy Reviews，2012，16（1）：775-786.

Allen M R，Frame D J，Huntingford C，et al.Warming caused by cumulative carbon emissions towards the trillionth tonne [J]. Nature，2009，458（7242）：1163-1166.

Andreoni V，Galmarini S.Drivers in CO_2 emissions variation：A decomposition analysis for 33 world countries [J]. Energy，2016，103（5）：27-37.

Ang B W.The LMDI approach to decomposition analysis：A practical guide [J]. Energy Policy，2005，33（7）：867-871.

Bi J，Zhang R，Wang H，et al.The benchmarks of carbon emissions and policy implications for China's cities：Case of Nanjing[J]. Energy Policy，2011，39（9）：4785-4794.

Biesiot W，Noorman K J. Energy requirements of household consumption：A case study of the Netherlands[J]. Ecological Economics，1999，28（3）：367-383.

Birdsall N.Another look at population and global warming[M]. Washington D C：World Bank Publications，1992.

Bullock S H，Escoto-Rodriguez M，Smith S V，et al.Carbon flux of an urban system in Mexico[J]. Journal of Industrial Ecology，2011，15（4）：512-526.

Casler S D，Rose A. Carbon dioxide emissions in the U S economy：A structural decomposition analysis [J]. Environmental and Resource Economics，1998，11（3-4）：349-363.

Charnes A，Cooper W W，Rhodes E.Measuring the efficiency of decision making units[J]. European Journal of Operation Researches，1978，2（6）：429-444.

Chen S Q，Chen B.Network Environ Perspective for Urban Metabolism and Carbon Emissions：A Case Study of Vienna，Austria[J]. Environmental Science and Technology，2012，46（8）：4498-4506.

Christen A，Coops N C，Kellett R，et al.A LiDAR-based Urban Metabolism Approach to Neighborhood Scale Energy and Carbon Emissions Modelling[R]. Vancouver：University of British Columbia，2010.

Daies J H.Pollution，Property and Prices[M]. Toronto：University of Toronto Press，1968.

Dhakal S，Shrestha R M. Bridging the research gaps for carbon emissions and their management in cities [J]. Energy Policy，2010，38（9）：4753-4755.

Dhakal S.Urban energy use and carbon emissions from cities in China and policy implications[J]. Energy Policy，2009，37（11）：4208-4219.

Dhakal S.Urban energy use and greenhouse gas emissions in Asian mega-cities[R]. Kitakyushu：Institute for Global Environmental Strategies，2004.

Du H B，Matisoff D C，Wang Y Y，et al.Understanding drivers of energy efficiency changes in China [J]. Applied Energy，2016，184（2）：1196-1206.

Fan J L，Liao H，Liang Q M，et al. Residential carbon emission evolutions in urban-rural divided China：An end-use and behavior analysis[J]. Applied Energy，2013，101（1）：323-332.

Geng Y，Zhao H Y，Liu Z，et al.Exploring driving factors of energy-related CO_2 emissions in Chinese provinces：A case of Liaoning[J]. Energy Policy，2013，60（6）：820-826.

Gioli B，Toscano P，Lugato E，et al.Methane and carbon dioxide fluxes and source partitioning in urban areas：The case study of Florence，Italy[J]. Environmental Pollution，2012，164（1）：125-131.

Glaeser E L，Kahn M E.The greenness of cities：Carbon dioxide emissions and urban development[J]. Journal of Urban Economics，2010，67（3）：404-418.

Gomi K，Shimada K，Matsuoka Y.A low-carbon scenario creation method for a local-scale economy and its application in Kyoto city[J]. Energy Policy，2010，38（9）：4783-4796.

González I，Barba-Brioso C，Campos P，et al.Reduction of CO_2 diffuse emissions from the traditional ceramic industry by the addition of Si-Al raw material[J]. Journal of Environmental Management，2016，180（9）：190-196.

Guo C X.The Factor Decomposition on carbon emission of China—Based on LMDI decomposition technology[J].Chinese Journal of Population Resources and Environment，2011，9（1）：42-47.

Hentrich S，Matschoss P，Michaelis P.Emissions trading and competitiveness：Lessons from Germany[J]. Climate Policy，2009，9（3）：316-329.

Howitt O J A，Revol V G N，Smith I J，et al.Carbon emissions from international cruise ship passengers' travel to and from New Zealand[J]. Energy Policy，2010，38（5）：2552-2560.

IPCC. 2006.IPCC Guidelines for National Greenhouse Gas Inventories[OL]. http://www. ipcc-nggip.iges.or.jp/[2017-3-1].

IPCC.Climate change 2013：The physical science basis[M]. New York：Cambridge University Press，2013.

Jiang J H.China's urban residential carbon emission and energy efficiency policy[J]. Energy，2016，109（8）：866-875.

Kennedy C，Cuddihy J，Engel-Yan J.The changing metabolism of cities[J]. Journal of Industrial Ecology. 2007，11（2）：43-59.

Kennedy C，Pincetl S，Bunje P.The study of urban metabolism and its applications to urban planning and design[J]. Environmental Pollution，2011，159（8-9）：1965-1973.

Kennedy C，Steinberger J，Gasson B，et al.Methodology for inventorying greenhouse gas emissions from global cities[J]. Energy Policy，2010，38（9）：4828-4837.

Kim J H.Changes in consumption patterns and environmental degradation in Korea[J]. Structral Change and Economic Dynamics，2002，13（1）：1-48.

Larsen H N，Hertwich E G.The case for consumption-based accounting of greenhouse gas emissions to promote local climate action[J]. Environmental Science & Policy，2009，12（7）：791-798.

Li L，Chen C，Xie S，et al.Energy demand and carbon emissions under different development scenarios for Shanghai，China[J]. Energy Policy，2010，38（9）：4797-4807.

Li L，Chen K.Quantitative assessment of carbon dioxide emissions in construction projects：A case study in Shenzhen[J]. Journal of Cleaner Production，2017，141（1）：394-408.

Lin B Q，Sun C W. Evaluating carbon dioxide emissions in international trade of China[J]. Energy Policy，2010，38（1）：613-621.

Lin B，Ouyang X. Analysis of energy-related CO_2（carbon dioxide） emissions and reduction potential in the Chinese non-metallic mineral products industry[J]. Energy，2014，68（8）：688-697.

Liu J，Feng T，Yang X.The energy requirements and carbon dioxide emissions of tourism industry of Western China：A case of Chengdu city[J]. Renewable and Sustainable Energy Reviews，2011，15（6）：2887-2894.

Liu Z，Geng Y，Adams M，et al.Uncovering driving forces on greenhouse gas emissions in China' aluminum industry from the perspective of life cycle analysis[J]. Applied Energy，2016，166（3）：253-263.

Malla S.CO_2 emissions from electricity generation in seven Asia-Pacific and North American countries：A decomposition analysis[J]. Energy Policy，2009，37（1）：1-9.

McNeill J R.Dow sing the human volcano[J]. Nature，2000，407（12）：674-675.

Meng F Y，Su B，Thomsom E，et al. Measuring China's regional energy and carbon emission efficiency with DEA models：A survey[J]. Applied Energy，2016，183（2）：1-21.

Neamhom T，Polprasert C，Englande A J.Ways that sugarcane industry can help reduce carbon emissions in Thailand[J]. Journal of Cleaner Production，2016，131（9）：561-571.

Pan X Z，Teng F，Wang G H.Sharing emission space at an equitable basis：Allocation scheme based on the equal cumulative emission per capita principle[J]. Applied Energy，2014，113（1）：1810-1818.

Phdungsilp A.Integrated energy and carbon modeling with a decision support system：Policy scenarios for low-carbon city development in Bangkok [J]. Energy Policy，2010，38（9）：4808-4817.

Qin B，Han S S.Planning parameters and household carbon emission：Evidence from high- and low-carbon neighborhoods in Beijing[J]. Habitat International，2013，37（1）：52-60.

Ren L J，Wang W J.Analysis of Existing Problems and Carbon Emission Reduction in Shandong's Iron and Steel Industry[J]. Energy Procedia，2011，5（4）：1636-1641.

Schipper L，Bartlett S，Hawk D，et al.Linking life-styles and energy use：A matter of time? [J]. Annual Review of Energy，1989，14（1）：271-320.

Schipper L，Murtishaw S，Khrushch M，et al.Carbon emissions from manufacturing energy use in 13 IEA countries：Long-term trends through 1995[J]. Energy Policy，2001，29（9）：667-688.

Selvakkumaran S，Limmeechokchai B，Masui T，et al.An explorative analysis of CO_2 emissions in Thai industry sector under low carbon scenario towards 2050[J]. Energy Procedia，2014，52（4）：260-270.

Shui H Y，Jin X N，Ni J.Manufacturing productivity and energy efficiency：A stochastic frontier analysis[J]. International Journal of Energy Research，2015，39（12）：1649-1663.

Sissiqi T A.The Asian financial crisis—Is it good for the global environment?[J]. Global Environmental Change，2000，10（1）：1-7.

Sovacool B K，Brown M A.Twelve metropolitan carbon footprints：A preliminary comparative global assessment[J]. Energy Policy，2010，38（9）：4856-4869.

Soytasa U，Sari R，Ewing B T.Energy consumption，income，and carbon emissions in the United States[J]. Ecological Economics，2007，62（3-4）：482-489.

Streets D G，Jiang K，Hu X，et al.Recent Reductions in China's Greenhouse Gas Emissions[J]. Science，2001，294（5548）：1835-1837.

Svirejeva-Hopkins A，Schellnhuber H J.Urban expansion and its contribution to the regional carbon emissions：Using the model based on the population density distribution[J]. Ecological Modelling，2008，216（2）：208-216.

Tamaki T，Nakamura H，Fujii H，et al. Efficiency and emissions from urban transport：Application to world city-level public transportation[J]. Economic Analysis & Policy，2016，（9）：1-9.

Topio P.Towards a theory of decoupling：Degrees of decoupling in the EU and case of road traffic in Finland between 1970 and 2001[J]. Transport Policy，2015，12（2）：137-151.

Wang J，Lv K J，Bian Y W，et al.Energy efficiency and marginal carbon dioxide emission abatement in urban China[J]. Energy Policy，2017，105（6）：246-255.

Wang Y，Ge X L，Liu J L，et al.Study and analysis of energy consumption and energy-related carbon emission of industrial in Tianjin，China[J]. Energy Strategy Reviews，2016，10（5）：18-28.

Warren-Rhodes K，Koenig A.Escalating trends in the urban metabolism of Hong Kong：1971—1997[J]. AMBIO：A Journal of the Human Environment，2001，30（7）：429-438.

Wolman A.The metabolism of cities[J]. Scientific American，1965，213（13）：178-193.

Wu H Q，Du S F，Liang L，et al.A DEA-based approach for fair reduction and reallocation of emission permits[J]. Mathematical and Computer Modelling，2013，58（5-6）：1095-1101.

Xiao L，Zhao R.China's new era of ecological civilization[J].Science，2017，358（6366）：1008-1009.

Xu B，Lin B，Lund H，et al.Reducing CO_2 emissions in China's manufacturing industry：Evidence from nonparametric additive regression models[J]. Energy，2016，101（4）：161-173.

Xu B，Lin B.Regional differences in the CO_2 emissions of China's iron and steel industry：Regional heterogeneity[J]. Energy Policy，2016，88（1）：422-434.

Xu J H，Yi B W，Fan Y.A bottom-up optimization model for long-term CO_2 emissions reduction pathway in the cement industry：Acase study of China[J]. International Journal of Greenhouse Gas Control，2016，44（1）：199-216.

Xu J，Yang X，Tao Z.A tripartite equilibrium for carbon emission allowance allocation in the power-supply industry[J]. Energy Policy，2015，82（1）：62-80.

Yan J，Zhao T，Kang J.Sensitivity analysis of technology and supply change for CO_2 emission intensity of energy-intensive industries based on input-output model[J]. Applied Energy，2016，171（6）：456-467.

Ye B，Jiang J J，Li C，et al.Quantification and driving force analysis of provincial-level carbon emissions in China[J]. Applied Energy，2017，198（7）：223-238.

Yoichi K.Impact of carbon dioxide emission control on GNP growth：Interpretation of proposed scenarios[R]. Paris：Presentedat the IPCC Energy and Industry Subgroup，Response Strategies Working Group，1989.

You F，Hu D，Zhang H T，et al.Carbon emissions in the life cycle of urban building system in China—A case study of residential buildings[J]. Ecological Complexity，2011，8（2）：201-212.

Yu X H，Zhang M S.Decomposition of factors influencing carbon emissions in the region of Beijing-Tianjin-Hebei，based on the perspective of terminal energy consumption[J]. Chinese Journal of Population Resources and Environment，2014，12（4）：338-344.

Zetterberg L.Benchmarking in the European Union Emissions Trading System：Abatement incentives[J]. Energy Economics，2014，43（2）：218-224.

Zhang X H，Zhang R，Wu L Q，et al.The interactions among China's economic growth and its energy consumption and emissions during 1978—2007[J]. Ecological Indicators，2013，24（24）：83-95.

Zhang Y J，Wang A D，Da Y B.Regional allocation of carbon emission quotas in China：Evidence from the Shapley value method[J]. Energy Policy，2014，74（11）：454-464.

Zhao M，Tan L，Zhang W，et al.Decomposing the influencing factors of industrial carbon emissions in Shanghai using the LMDI method[J]. Energy，2010，35（6）：2505-2510.

Zhao R，Min N，Geng Y，et al.Allocation of carbon emissions among industries/sectors：An emissions intensity reduction constrained approach[J]. Journal of Cleaner Production，2017，142（1）：3083-3094.

Zhou W，Wang T，Yu Y，et al.Scenario analysis of CO_2 emissions from China's civil aviation industry through 2030[J]. Applied Energy，2016，175（8）：100-108.